现代水网智能控制论

尚毅梓　胡　昊等　著

科学出版社

北京

内 容 简 介

本书是水网领域的智能控制论学科专著，是现代水网水资源统一调度控制向更高水平自主运行控制发展的重要分支，以人工引调水工程和大江大河自然水系的水网通道为纲，水利水电枢纽等国家水网控制性节点工程为目，编排全书内容，包括水网闸控输水通道自主运行控制模型理论、河流枢纽电站运行风险控制理论、水网节点工程群闭环联动控制原理等，重点研究水网工程自主运行、智能控制系统的设计及实现。

本书可作为智慧水利、智慧流域、智慧水务等领域高年级本科生和研究生的教学参考书，也可供相关领域的研究人员参考。

审图号：GS 京（2024）0467 号

图书在版编目（CIP）数据

现代水网智能控制论 / 尚毅梓等著 . —北京：科学出版社，2024.3
ISBN 978-7-03-078096-6

Ⅰ.①现⋯ Ⅱ.①尚⋯ Ⅲ.①水资源管理–智能控制–研究–中国
Ⅳ.①TV213.4

中国国家版本馆 CIP 数据核字（2024）第 041556 号

责任编辑：刘 超 / 责任校对：樊雅琼
责任印制：赵 博 / 封面设计：无极书装

科 学 出 版 社 出版
北京东黄城根北街 16 号
邮政编码：100717
http://www.sciencep.com
北京建宏印刷有限公司印刷
科学出版社发行 各地新华书店经销

*

2024 年 3 月第 一 版 开本：787×1092 1/16
2024 年 8 月第二次印刷 印张：13 3/4
字数：330 000
定价：150.00 元
（如有印装质量问题，我社负责调换）

前　言

国家非常重视水资源安全及空间均衡，近年来规划并建设了大量引调水工程及江河湖库水系连通工程，河−渠−湖−库紧密耦合的现代水网结构正在逐步形成。然而，新建的渠库加入到天然河湖中，改变了河流水系的水动力特征，大量新增的闸、坝、泵等水利工程措施，进一步加剧了水网水资源整体调控的难度。为解决这些问题，国家启动的重大科技计划及多个研发专项将复杂水网调度控制列为重点研究内容，指引科研工作者重点"运用先进的自动化、智能化与智慧化技术手段……解决水网中分散工程群的集中控制难题，实现复杂环境下的快速响应"。作者领衔的科研团队以水网水资源统一调度控制为突破点，研究了人工引调水工程、天然河流枢纽电站及其耦合而成的复杂水网的无人值守自主运行问题，构建了现代水网智能控制论，理论和技术先后在南水北调中线、北疆额河供水工程、引大济湟调水总干渠工程、金沙江下游−三峡梯级水电站等国家网工程中实践应用。此外，以专利技术为核心建立的"水安全保障能力提升技术体系"，2019 年被水利部列为技术示范项目，推广应用于京津冀、河南和山东等地（区）水网规划建设项目及企事业单位经营性项目，近三年产生直接经济效益 4.285 亿元，贡献利税 4620 万元。

依托该项研究成果，团队已发表论文 98 篇，其中科学引文索引（SCI）收录期刊论文 58 篇；授权发明专利 35 项；原始取得软件著作权 8 项；出版地方行业标准 2 项；技术指导文件 5 件。研究成果产生了重要学术影响，团队负责人被聘为国际水资源协会（IWRA）会刊 *Water International*（SCI 收录期刊）副主编，世界最大开源书籍出版商 IntechOpen 集团水科学领域责任主编，Frontiers 出版社环境信息学与遥感领域副主编，兼任旗下两家 SCI 收录期刊 *Frontiers in Environmental Science*、*Frontiers in Ecology and Evolution* 副主编和新兴来源引文索引（ESCI）收录期刊 *Frontiers in Water* 副主编，以及担任 *Hydrology*、*Journal of Ecology & Natural Resouces* 等国际期刊编委，获全国生产力促进（服务精英）、中国灾害防御青年科学奖、水利青年科技英才、北京市"新时代·创新先锋"、北京市科学技术协会"经理学术实践 创新争先"等荣誉称号。截至目前，已培养国际化高层次人才 1 名、全国生产力促进（服务精英）2 名，培训水网水动力模拟与调控专业技术人才 300 余人次。

本书以"现代水网智能控制论"为题，是对团队历时十余年基础理论研究、科技创新以及工程应用工作的高度总结凝练，在当下国家积极推动水网建设过程中，本书记述的科研成果具有显著先进性的时代特征，它对水利学科发展的推动和贡献主要体现在如下 5 个方面。

（1）研发了智能水网控制理论研究实验平台（PCsP），攻克了单体工程自主运行工况下的复杂水网水动力整体模拟难题，包括找到了水力自调节闸门作用下的渠道"谐振"成因，揭示了过闸流量变化诱发渠道水位振荡的机理；提出了一种基于自组装技术的水网模拟平台搭建新方法，解决了自主运行工程群不间断流量调节作用下的水网水动力实时模拟难题。

（2）创建了线性闸控输水通道智慧化运行控制理论，包括探明了分水计划临时变动的风险传递机制，构造出能够根据临时更改的分水计划（2h）做出适应性调整的闸群协同调度模型，有效解决了渠道水位陡涨陡落的问题；研发出能够抗击控制点水位发生扰动异常的闸门鲁棒稳定控制模型，降低了闸前水位波动幅度；创建了具有反馈内环的闸门群复合控制模式，实现闸群-闸门的智能耦联控制。

（3）创新了大江大河流域水网工程风险调度的理论，包括提出水电站枢纽多尺度模型耦合方法，通过将多尺度径流预测模型与多尺度发电调度模型嵌套耦合，解决了水调-电调非一致决策导致的风险冲突；发明了梯级下游反调节电站弃水控制技术，通过提高下游电站调峰运行时的水位预测精度，减小了梯级水电站短期实时调度中的弃水风险；发明了水轮发电机组避振运行技术，通过有功功率在梯级上的重新分配与动态平衡，解决了电站带负荷运行时轴系振动增大致使机组故障、发电效率降低这一棘手难题。

（4）创立了水网节点工程智慧化运行控制模式，主要是提出了供水-发电并联联动、供水-发电串联联动、倒虹吸进出口闸联动、调节池引分水闸联动四种闭环控制模式，破解了水网流量变化大、水工设备安全难维护、人工响应不及时等诸多难题，实现了复杂水网关键节点不同类型工程联动联调的自动化以及提升了应急救援的效率。

（5）创建了环形水网基于水资源统一调度的自动联动控制理论、方法和模型，突破了以往水网中河渠湖库和闸坝泵相对分离的调度控制模式，填补了相关理论研究的空白，包括：提出了水网多目标风险调度自主决策模型方法，创建了环形水网大量不同类型水工程群联合自动控制方法及模式，实现了湖库水量调度、闸群实时控制和泵站补充调控等子系统的有序集成；提出了水网"常态—应急—常态"平稳过渡机制，通过主动的水位、流量控制，实现了城市水网日常调度及应急调度的全自动化治理。

本书分为7章：第1章是绪论，简要介绍了水网智能控制的起源与兴起，系统性地综述了当下水网智能控制的最前沿研究成果，在分析研判水网建设发展趋势的基础上，给出了现代水网智能控制论的构建思路，撰稿人为尚毅梓、胡昊；第2章为解决现代水网研究的实验环境问题，提出了自主运行水网的动态模拟技术等、创建智能水网控制理论研究实验平台（PCsP），运用 PCsP 揭示了水网闸控输水通道"谐振"机理，撰稿人为尚毅梓、郭延祥、冶运涛；第3章提出了水网闸控输水通道自主运行控制模型理论，包括扰动可预知模型、鲁棒控制模型和智能耦联复合控制模型等新适合水网通道控制的一系列理论方法，撰稿人为尚毅梓、尚领；第4章研究了国家骨干网上的梯级水电枢纽，在水网一体化调度过程中的风险控制问题，创建了河流枢纽电站群运行风险控制及调度集成理论方法，撰稿人为尚毅梓、刘志武、徐杨、杨旭、王武昌、刘亚新；第5章针对水网关键节点的联合自动控制难题，提出了供水-发电串、并联，倒虹吸进、出口闸和调节池引、分水闸的四种控制模式及联动机制，给出了联动控制设计原则与通用模型算法，撰稿人为尚毅梓、李晓飞；第6章介绍了复杂构造水网的自主运行控制理论，以环形水网为例开展了卓有成效的实践性探索，撰稿人为尚毅梓、冶运涛；第7章总结了研究团队在水网智能控制方面的主要结论，撰稿人为尚毅梓、胡昊。

　　本书的出版得到了北京市杰出青年科学基金项目（JQ21029）的资助，团队在创新研究过程中得到了河南省跨流域区域引调水运行与生态安全工程技术研究中心、国家级职业教育教师教学创新团队课题研究项目（ZH2021040101）、河南省重大科技专项（221100320200）、开封市重点研发专项（22ZDYF007）的支持，特此致谢。由于作者水平有限，有些问题需要进一步深入探讨和研究，书中难免有不足之处，敬请读者批评指正。

2023 年 11 月于北京

目　　录

第1章 | 绪 论

1.1 水网智能控制的起源与兴起

国家非常重视水资源安全及空间均衡，近年来规划并建设了大量引调水工程及江河湖库水系连通工程，河–渠–湖–库紧密耦合的复杂水网结构正在逐步形成，然而人工修建的渠库加入到原来的天然河湖中，改变了原有水网水系的水动力特征，大量新建的闸、坝、泵等水利工程，更进一步加剧了水网整体调控的复杂程度[1,2]。传统的工程调度与控制手段现已不能适应复杂水网的专业化、精细化、智能化管理要求，改变迫在眉睫。

自动化是智能化的基础，也是智能控制发展的最初阶段。水利自动化是集"水利信息自动采集–传输–分析"和"水利设施自主决策控制"于一体的综合工程，包括闸门、大坝和泵站的智能监控以及水雨情的自动化监测等专项工程[3,4]。早在"七五"期间，我国水利自动化工作就已起步研究，1972 年在江都水利枢纽工程(由 33 台套立式轴流泵、12 座水闸、3 座船闸以及引排河道组成)进行自动化试验，在站上建一总控室，对整个枢纽进行遥测、遥控，但由于核心控制单元的算法逻辑存在问题，无法正常使用，一直到 20 世纪 90 年代中后期，闸门、泵站都还是采用的单站保护和控制模式[5]。"九五"期间，"金水工程"启动，经过 20 年的持续建设，连接起 7 个流域机构、24 个核心防洪省(市)、224 个地级水情分中心和 228 个地级工情分中心，以及 3002 个中央报汛站和 927 个重点防洪县工情采集点，实现了水利信息的自动采集—传输—分析，改变我国由人工采集雨水情信息参数，再通过电报电话等方式传递的传统报汛手段[6]。然而，以群组为基础的大量、多类型工程联调联控自动化技术研发及应用方面却一直进步缓慢。现如今，以南水北调、新疆额尔齐斯河(下称额河)等为代表的引调水工程大量建成并投入使用，迫使我们不得不改变以单站为基础的调度控制，开展现代水网智能控制理论技术研究，着力研发工程群集控运行技术[7]。2005 年起，国务院南水北调工程建设委员会设立"南水北调中线一期长距离调水水力调配与运行控制"项目，经过"十一五""十二五"的持续研究，研发出"闸群集中–闸站当地–闸门液压"三级自动化控制平台[8]，并于 2012 年首次启用，全线约 300 座节制闸、退水闸、倒虹吸工作闸、分水闸、泵站、连通井、保水堰等协同自动调节，无需人工干预，自主将水位、流量的波动变化控制在一定范围和时间内，在确保渠道安全的同时，配给水量精准输送至用户，成为我国水利工程智能联动控制技术发展的一个里程碑，但与欧美发达国家相比，我国还存在着较明显差距。

引调水工程在空间上呈线性放射状，闸、坝、泵等水力控制设施离散分布于工程沿线，且任一设施的非计划性动作都会改变当下的水动力过程，并对彼此运行产生难以预测的影响，这给传统的"水量分配计划调度–水利工程当地控制"模式带来了极大困难[9]。20

世纪 70 年代，美国就对其西部的调水工程成功实施了统一自动化调度控制，显示出其良好的应用前景[10]。譬如，1973 年竣工通水的加利福尼亚州调水工程(由 71 座节制闸、23 座水库、22 座泵站以及 5 条干支渠构成)率先构建了供水工程群分布式集中控制模式及平台(COLOSSUS)，在萨克拉门托(Sacramento)设立中央控制室，在南加利福尼亚(Southern California)、圣华金(San Joaquin)县、圣路易斯(Saint Louis)市、三角洲(Delta)和奥罗维尔(Oroville)设置分中心，削减巡检操作员岗位 1367 个，开启了大量、多类型工程协同控制技术研发应用的先河[11]。中央控制室安装有基于运筹学线性规划算法设计的调度计划编制模型，用于制定日前供水、发电计划，即在满足供水、生态、防洪和发电前提下，使整个供水工程的电费最省(峰荷时段多发电，谷荷时段多抽水)。分控制中心作为调度方案的实际执行者，制定面向时刻(15min)的控制序列，沿水流的实际传播过程，协调上、下游闸、坝、泵启闭操作，渠道小时水位变幅严格控制在规定的允许范围内。90 年代以后，水动力数值模拟技术的发展进一步推动了闸、坝、泵协同控制技术进步[12]，1992 年建成通水的中亚利桑那调水工程(由 39 座节制闸、33 座分水闸、1 座抽水蓄能电站、14 座泵站组成)创建了基于机理模型驱动的供水工程群主动控制方法及平台，首次实现了闸、坝、泵的同步调整，变被动为主动，进一步提高了输水效率，配给水量从科罗拉多河(Colorado River)输送至凤凰城(Phoenix)，最大时滞由之前的 3.5d 缩短至现在的不足 4h[13]。

我国的水利自动化经历了如下三个发展阶段：2000 年以前，我国水利工程中使用的闸门、机组等水力设施，基本上是国外的成套进口，包括硬件和软件。2000 ~ 2015 年，主要是解决了设备国产化的问题，但从实际的使用效果来看，国产化与成套进口的自动化控制系统是有差距的。2015 年是一个重要的转折点，总理的政府工作报告中提出了"互联网+"概念，即利用人工智能(artificial intelligence，AI)、物联网(internet of things，IoT)和云端服务等互联网技术对传统的调度业务进行全流程改造，"智慧水利"成为热点，水利工程(群)协同、自动控制则是其中的技术核心；2015 年至今，在南水北调、新疆额河和长江三峡等工程相继开展了相关技术应用的探索。总的来说，我国新建闸门、水库、泵站均已实现了以计算机监测为主的远程自动化控制，已建大中型水利工程的自动化改造也已完成，绝大多数小型水利工程安装有当地自动控制设备，这为水利工程(群)联动自动控制技术应用奠定了基础[14]。不过，缺少了工程群自动联动联调控制模式、算法及平台，这些自动化设备(装置)已沦落为调度方案的执行工具，自动控制也仅限于水利设施的遥测、遥控，究其本质还是人工控制的延伸，距离"自主决策、自动运行"的无人值守全自动化运行还有相当的距离。

国家水网工程空间范围大、层次多、尺度多、时标多，在空间和时间上呈网格化分布，导致机理上很难精确建模[15]。很显然，我国在建的水网较引调水工程线性放射状水系的结构更为复杂，实际控制的难度也更大，尤其是当它处于过渡过程时，具有显著的时变、强耦合、非线性等特点，这让整个水网的流态控制变得十分困难。20 世纪 90 年代，数据驱动控制方法诞生，人工智能、大数据(Big Data)、物联网、云计算(cloud computing)等逐步融入自动控制，2000 年以后，智能控制出现在西方发达国家城市水利工程的运行管理工作中，如美国[16]、英国[17]、德国[18]、荷兰[19]、甚至还包括日本[20]、韩国[21]，主要是借助水网非恒定流数学模型和 AI 算法，构建水利工程群实时调度模型及平台，通过智能优选、拟合决策提供调度方案，数学模型一方面用于校验调度方案的可行性，另一方面为调度模型提供边界、约束、预案等经验知识。随着时间和经验的积累，模型智能学习机制生成越来越准确的方案，直到达到水利工程可以直接实施的地步。

国家新构筑的水网与天然水系的水工程群调度控制有着显著的不同，水网中闸、坝、泵群水力联系紧密，水网内不同区域的水量[22]、水质调控目标通常不同[23]，甚至会有冲突，形成更加复杂的制约关系[24,25]。著者领衔的项目团队在国家水网建设的大背景下，依托南水北调、新疆额河、金沙江下游–三峡梯级、京津冀与我国北方四大综合能源基地水网工程等水资源调度控制的原型试验场，研究了人工渠道、天然河流以及耦合而成水网的无人值守自主运行问题，在现代水网智能控制理论创建及实践方面取得重要创新与技术突破。

1.2　水网智能控制前沿问题研究

工程群智能运行控制是水网运行管理的核心，其中闸是水网水流控制的最主要设施，泵作为闸的重要补充，实现闸门的容错调节以及紧急状态下的非常规调度；湖、库则承担着维持水网水量总体平衡的职能，是水网调节运行的"缓冲器"。以往虽有工程群联合调度的思维，水网工程的调度运用事实上却是相对独立的，多采用水位、流量自动化监测，人工经验协调、控制的模式。然而，随着水系连通程度不断提高，水网规模越来越大，受控对象(包括河、渠、湖、库等调度对象；闸、坝、泵等控制对象)日益增多且呈现出类型多、分布广、多样化等特征，这对传统工程调度与控制手段提出了挑战。针对水系网络化后的动力特征变化，建立多工程组合运用下的水网水动力分析模型、河–渠–湖–库联合调度模式和闸–坝(电站)–泵群实时、协同控制方法，以期有效地对水网非恒定流进行过程控制，帮助决策机构在"供水、航运、造景及生态多目标实现"和"防洪排涝、蓄水抗旱、工程安全"之间找到平衡，并为复杂环网状水系水动力机理分析、工程群一体化调控策略研究提供理论依据和指导，已成为一项富有挑战性，并具有重要现实意义和理论价值的工作。

1.2.1　复杂结构水网数值模拟研究进展

水网高效运行的调控方法是建立在充分了解水网水动力特征的基础之上的，而用数值方法对水网水动力过程进行描述就是被控水网的数学模型，它在水力过渡过程的分析与控制中起到至关重要的作用。从结构上看，水网就是由河道及分汊点组成的网络化水系，每个分汊点至少有三个河道与其相连或有上下游边界相连通。水网可以分为树状水网及环状水网两种，树状水网包括一系列分汊点，其中可能包括一级或多级分汊，但内部不形成环状；环状水网就是内部成环的一类水网[26]。复杂的水网是指树状水网与环状水网交织在一起。目前水动力分析手段已极为丰富，形成了以原型观测、物理模型(physical model, PM)实验和数学模型(mathematical model, MM)模拟为代表的研究方法[27]。不过，由于水网的复杂性，已有研究较少运用物理模型实验手段研究水网，水网的水动力特征分析主要依赖数学模型，原型观测仅作为数学模型的辅助校核工具。

1. 水网水动力模型构建

水网水动力数学模型大体划分为：节点-河道模型、单元划分模型、混合模型以及 AI 仿真模拟器四类[28]。

节点-河道模型将水网中的每一河道视为相对独立的单一河道，其控制方程均为圣维南(St. Venant)方程组，即

连续方程：

$$B\frac{\partial Z}{\partial t}+\frac{\partial Q}{\partial x}=q_l \tag{1-1}$$

动量方程：

$$\frac{\partial Q}{\partial t}+2\frac{Q}{A}\frac{\partial Q}{\partial x}-\left(\frac{Q}{A}\right)^2\frac{\partial A}{\partial x}-g\left(\theta-\frac{\partial Z}{\partial x}\right)A+\frac{|Q|Qgn^2}{AR^{4/3}}=0 \tag{1-2}$$

式中，Z 为水位；Q 为流量；B 为水面宽度；A 为过水断面面积；q_l 为单位长度上的旁侧入流或出流；g 为重力加速度；t 为时间；x 为沿程距离；R 为水力半径；n 为糙率；θ 为河床与水平方向夹角。河道连接处称为节点汊点，每个节点处均应满足水流连续方程和动量方程。求解由边界条件、圣维南方程组和汊点衔接方程联立的闭合方程组，即可得到各河段内部断面的未知水力要素。原则上该模型可应用于任意水网，但实际水网中除河道外，还存在大量湖泊、水库、坑塘等非河道水体，从而影响了模型的准确性和可靠性[29]。

单元划分模型能够根据天然河道、湖泊、人工渠道、水库等水体不同的动力特征，进行区块化的建模分析，能够提升湖泊、水库多且水位-流量关系稳定的平原水网模拟精度[30]。它将水力特征相似、水位-流量关系稳定的水域概化为一个个相互独立的单元，单元间水流交互的媒介是连接河道，存在河型和堰型两种形式，河道本身并无调蓄能力，在无水工建筑物或障碍物(不存在局部水头损失)的情况下认为是河型连接；堰型连接存在局部水头损失，进一步分为自由出流和淹没出流两种形式，由此水网可划分为若干单元。然后，它以单元几何中心的水位为特征水位，提取水位与水面面积的对应关系，列写微分形式的质量平衡方程式，经有限差分法离散后得到以单元水位为基本未知量的方程组，进而求解出各单元的代表水位和单元间流量。然而，该模型没有考虑水网除水位之外的其他动力特性的差别，忽略了圣维南方程组的惯性项，仅适用于河道流速时空变化不大的情况，对于感潮河段及汛期洪水涨落比较急剧的情况则不适用[31]。

混合模型综合了节点-河道模型和单元划分模型的优点，是目前较为常用的水网水动力模型构建方法[32]。它将水网区划分为骨干河道和成片水域两类，骨干河道采用节点-河道模型，对成片水域采用单元划分的方法将其划分为单元，再引入当量河宽的概念，把成片水域的调蓄作用概化为骨干河道的滩地，将其纳入节点-河道模型一并计算。该模型因能充分考虑河、渠、湖、库等水体的动力特征差异及其相互作用，模拟精度得以显著提升。不过它结构复杂，当应用于复杂水网水动力模拟时，计算速度经常无法满足实时调控的时间节点要求(≤15min)。此外，主要河道和成片水域的划分还带有经验性质，归类或选取不当均会导致模型计算结果产生重大偏差[33]。

此外，为避免大规模的数值计算，提高计算效率。一些尝试性的研究根据实际的水网拓扑结构对 AI 算法进行了改造，创造出复杂水网智能仿真模拟器，如利用蒙特卡罗方法和有关概念建立的水网计算随机游动模型，能够避免求解大型矩阵，且该模型节点汊点与河道断面无需按一定顺序编号，计算简单、灵活[34]；此外，人工神经网络与平原水网在结构上具有诸多相似之处，两者都是由各个内部单元通过并联或串联形成一个相互制约的整体网络结构，这使得它们必须得保持内部各个单元(或"神经元")的动态平衡，才能实现网络输入与输出状态的最佳匹配，所以理论上人工神经网络可对复杂水网进行任意类型的水动力数值模拟[35]，以上这些都为复杂水网水动力特征分析提供了新的研究方法。

2. 水网水动力模型数值求解

目前，水网机理数学模型的建立依据依旧还是圣维南方程组，不过该方程组属于一阶双曲线型拟线性偏微分方程组，在数学上尚无法求得其解析解。在高性能计算机普及之前，通常采用瞬态法、马斯京根法、特征线法以及扩散波等简化方法求解。随着超级计算机应用及并行技术的发展，使得数值方法求解完整圣维南方程组成为可能，其中有特征线法、有限差分法、有限元法和有限体积法等，其中最为常用的是有限差分法。

有限差分法求解圣维南方程组有显式和隐式之分[36]。显式差分格式易于理解，便于编制计算程序，但显式差分格式是有条件稳定的，因而较少用来求解水网水动力模型。隐式差分法绝对稳定、收敛快，在早期的简单水网计算中经常用到。使用隐式差分格式解算水网非恒定流过程，是直接求解由内断面方程和边界方程组成的方程组，未知量系数矩阵阶数为水网中选取的计算断面数的两倍，每进行一次迭代都需要求解这样一个高阶代数方程组，当遇到大型复杂水网的实时调度模拟时，它对计算平台性能提出了近乎苛刻的要求，因而大大降低了它的实际应用价值[37]。后来逐步发展的分级解法，能够有效地节省计算机内存，提高了计算速度，使大型水网的水动力模拟分析在个人计算机(PC)工作站上也能够完成。

分级解法的工作思路是，先将未知数集中到汊点上，待汊点未知数求出后，再将各河段作为单一河段求解。按方程组的连接形式，该数值求解方法又进一步被细分为二级解法[38]、三级解法[39]、四级解法[40]、水网分组解法[41]和汊点分组解法[42]。二级解法是将所有的边界条件和河段方程一起构成一个封闭的方程组，也就是二级连接方程组，在汊点上保留水位和流量 2 个未知数，可得到河道首尾断面的水力要素，然后代回各微分方程，便可以求出所有河段内部断面的未知量。三级解法是在二级解法的基础上，将参加计算的方程分为微分段、河段、汊点三级，逐级处理，再联合运算，在汊点上仅保留水位或流量 1 个未知数，求得水网中各微段断面的水位、流量等值，即先将每一河段内的微段方程依次消元得到河段方程，得出用该条河道首尾断面(首断面序号为 1，尾断面序号为 $n+1$)变量表示的某一子河段方程：

$$Q_1 = \alpha_1 + \beta_1 Z_1 + \gamma_1 Z_{n+1} \tag{1-3}$$

$$Q_{n+1} = \xi_{n+1} + \zeta_{n+1} Z_{n+1} + \eta_{n+1} Z_1 \tag{1-4}$$

式中，α_1、β_1、γ_1、ξ_{n+1}、ζ_{n+1} 和 η_{n+1} 均为递推系数。然后，代入边点方程和汊点连接方程

得到以水位(或流量)为变量的连接矩阵。假如,在水网中有 M 个汊点,汊点的水位控制方程组可表示为

$$A \times Z = B \qquad (1\text{-}5)$$

式中, A 为 $M \times M$ 维系数矩阵; Z 是未知变量(第 m 个汊点的水位); B 为第 m 个汊点的已知常量。求解式(1-5)得到所有 M 个汊点的水位,使所有单一河段的边界条件均为已知,最后由单一河段的式(1-3)和式(1-4)得到所有断面的水位 Z_{n+1} 和流量 Q_{n+1} 。四级解法是在三级解法的基础上,直接消元反代求解,消去边界点上的未知数,仅保留水网内部汊点的未知数。二级解法的系数矩阵的阶数为 $4N_r$ (河段数 N_r),三级解法系数矩阵为 $2N_r$,四级解法系数矩阵的阶数为 N_j (汊点数),汊点分组解法系数矩阵的阶数仅与分组以后汊点数最大值相等,因而计算的复杂度得以大大降低。

水网分组解法则更进一步,无须求解任何大型矩阵,它先将水网分成尽可能小的组,然后挑选合理方法求解分组后的水网,最后用打靶法将每组连接起来从而解出整个水网,不过该方法不适用于环形水网。改进后的汊点分组解法[43],则是将水网中汊点分为 NG 组,用 ng 表示汊点组的序号($1 \leqslant \text{ng} \leqslant \text{NG}$),分组时,要求每一汊点组最多与两个汊点组相连;每组汊点中的河段,可以是连接本组汊点的河段,也可以是一端连接本组汊点,另一端连接前一组或后一组汊点的河段,对每一组汊点均可以形成分组后的汊点方程组,由此可见,建立简洁、易组装的汊点方程组是汊点分组解法的前提条件。

1.2.2　人工渠道闸门自动控制研究进展

闸门是水网输水过程控制的主要设施,通常意义上所说的水网非恒定流控制,主要是研究闸门采用何种控制规则,既能确保河、渠工程安全(不发生堤岸破坏、漫溢等事故),又能满足用水户的要求,即适时、适量供水[44],包括闸门实时控制与闸群协同控制两级控制算法研发。传统意义上的闸门控制,基本依靠人工操作,控制过程完全依赖闸门操作员的操作经验,是典型的劳动密集型管理模式。这种运行模式存在着诸多显而易见的弊端。节制闸调控过程主观因素多,水量难以精确控制,极易造成弃水或供水不足,从而引起不同流域、行政管理机构间的水权纠纷。为消除明渠输水过程人工调控的主观影响,1987 年法国 Neyrpic 公司研制出上游常水位控制闸门(AMIL 闸门),并在阿尔及利亚的 Oued Rhiou 灌溉工程进行了首次试安装。AMIL 闸门可以根据闸后水位变化自动调节闸门开度,能够较好地满足区域灌溉需求,时至今日这些闸门大部分仍在使用。为减少工程施工量,人工输水渠道多采用下游常水位运行模式,结合渠道具体运行方式,开发出淹没出流式(AVIO)、自由水面出流式(AVIS)等一系列闸门,这些闸门凭借设备投资小,技术简单、易普及等优势,在发展中国家得到了一定的应用。这种闸门基于固定水位运行,可调控幅度小。

闸门实时控制算法研究始于 20 世纪 30 年代,并于 60 年代率先在灌区应用[45],1952 年,美国加利福尼亚州(California)中央流域工程首次使用 Little Man 三点式当地控制器对 Friantkem 渠道运行进行控制,Little Man 控制器可以将闸门水位维持在目标值,输入为闸门前水位,输出为闸门开度增量。但是渠道流量幅度变化比较大,这一控制逻辑就很难保

持稳定。改进的两段式 Little Man 控制器可以同时保证在正常和加大流量情况下渠段能够正常工作,从而提高了系统流量控制的鲁棒性。然而这种控制器在控制误差较大的情况下,系统有严重的时间延迟。微分控制可以按照误差变率进行操作,结合了微分控制环节的 Clvin 算法在一定程度上加快了系统响应,但是闸门仍然不能进行连续操作,缺少灵活性。不过三点式算法应用比较灵活,结构比较简单。通过调整水位传感器安放位置,可以比较容易地实现上、下游常水位控制。随着微处理器的出现,比例-积分-微分控制器(PID)能够根据确定水力模型可以对节制闸进行稳定连续的调节,在渠道闸门控制系统上得到广泛的应用。比例+比例复位(P+PR)控制算法将微分控制引入渠道,并在 Umattilla 流域输水工程中得到实现。Buyalski[22]为消除水位波动对控制器的影响,在传统的比例+微分(PI)控制中加入滤波器,研制出电子水位过滤器+复位(EL-FLO plus reset),并将其应用到 Coming 渠道下游常水位控制。Sogreah 开发出 Sogreah PID 控制器用于 Kirkuk-Adhaim 渠道下游的常水位控制,此后,Sogreah 同时考虑了渠道上下游水位的影响,开发出常水位控制逻辑(BIVAL),在 Miami 的两个渠道上得到成功应用。

目前,闸控系统已具有很高的自动化水平,灌区用水基本实现了无人值守[46],如美国的 SacMan[47]、澳大利亚的 TCC[48]、法国的 SIC[49]等闸门控制系统。这些系统的闸门控制算法均采用 PID 算法及其改进形式,包括 EL-FLO[50]、P+PR[51]、GoRoSo[52]等系列控制算法。PID 算法将控制断面的实际水位与期望值的偏差作为闸门控制器输入,通过水动力模拟控制模型和闭环传递函数的反馈计算,输出下一时刻的闸门开度[53]。长距离河渠被认为是由闸门隔离而成的单个渠段的逐次串联,通过上、下游闸门的联动操作,实现对整个河渠的水动力过程实时控制[54]。河渠非恒定流输水过程具有强烈的动态、不确定性特征,如水位陡涨陡落、流速时大时小、流态时好时坏[55]。这些非线性特征以扰动形式存在并作用于河渠水系,将改变水力学模型的设定边界条件[56]。如果依赖确定性水力学模拟结果进行控制,就会产生控制误差并导致闸门误操作。近年来,具有扰动抑制能力的闸门控制器设计成为闸门实时控制研究的热点,研究成果可以归纳为以下两类,反映了两类截然不同的控制思路:一类是鲁棒型闸门控制器[57]。这种设计对扰动进行分类处理,将水动力模拟模型误差、随机发生的外部干扰以及水力条件摄动等均作为扰动,分别获取各类扰动的外包络线,并以一些最差的工况为基础(临界稳定)获取其鲁棒控制规则,使得闸门操作在有界摄动下既能防止闸门误动又能满足水流控制精度要求。另外一类是前馈-反馈复合闸门控制器[58]。这种设计将扰动进行分级处理,将河渠内大的流量变化作为大扰动,并针对大扰动提出人工主动干预防范的措施(前馈);将河渠内流量、水位的小变化视为小扰动,闸门控制器通过在线调整其控制参数实现自适应运行(反馈)。经验表明,上述这些闸门控制器在小型河渠上控制效果比较好(不超过 4 个闸门,3 个渠池)[59],如果有更多闸门的需要协同操作,控制参数整定或控制规则获取则变得十分困难[60],需要在更高的层级进行闸门群协同控制。

闸门群协同控制算法研究起步于 20 世纪 90 年代。现代控制理论的发展促进这项研究开展,而长距离输水工程的大量兴建则促成此项研究快速应用[61]。现代控制理论将河渠输水调度看作一个大时滞、分布式、非稳态过程控制问题[62],利用水动力学机理模型构造河渠的状态空间,运用参数估计、状态反馈(multiple-input multiple-output,MIMO)等技术手段建立闸门群向量控制序列，可以实现闸门群协同控制[63]。代表性算法包括，闸门群最优控制[64]和闸门群预测控制[65]两类。最优控制是将控制点水位或渠道槽蓄作为控制目标，将闸门操作频率、开度作为约束条件，构建有约束优化问题，采用线性二次型[66]等改进后的变分算法求取解析解（闸门群协调规则）；预测控制则是利用水动力学模型的模拟计算结果进行有预见性的闸门控制[67]。基于预测结果而不是传感器实测结果进行控制，延长了系统决策时间，可以容许闸控系统进行更大范围内的闸门协同运算操作[68]。更为直白地说，预测控制算法是将水流"大时滞"给控制带来的劣势转化为优势。

无人值守的智能控制应该是能对整个渠道闸门群实施整体管理，使闸门群联合调度和闸门自动控制有机结合[23]。美国亚利桑那州盐河工程[24,25]采用人工控制和开环控制分层结合，对渠段内所有 PI 控制器动态规划，以获取系统修正增益，并将增益矩阵的子集施加于状态反馈，大大增加了系统的可操作性。佛罗里达州（Florida）水资源管理局针对渠道的优化控制过程提出了二步法：第一步由渠段完成水位的调整；第二步调整水量使渠道稳定。山东省引黄济青管理局[26,27]尝试将其应用于引黄济青输水渠道的调控，以满足降低成本、提高输水效率、改善生态等多目标要求。闸门群协同控制算法的设计实现，以及闸门群协同控制算法与闸门实时控制算法的有机结合，促成了在更长距离的河渠实现无人值守自动化运行。

纵观人工渠道闸门控制自动化发展的这几十年，国内外绝大多数新建引调水工程都或多或少地包含一定程度的自动化[28]。最近几年我国人工渠道闸门自动控制研究进展较快，在南水北调、引黄济宁和引大济湟等引调水工程渠道上有所应用，但我们已掌握的这些渠道自主运行理论技术并不简单地适用于复杂水网的运行控制。现有渠道的实时控制研究多以单渠道-多渠池、串联输水过程为研究对象，这与水网条件下的河渠并发输水有着显著的不同，长距离输水工程通常从水库取水，取水位置和取水量都较为稳定。在水网中，人工渠道与天然河流直接连通，并直接从干流河道取水。由于河流槽蓄有限，从河流取水会直接影响干流河道流量-水位关系，造成了与从水库取水的显著不同的水动力特征[69]。此外，多数地区水网为满足防洪除涝要求，建设有大量泵站，已有研究较少考虑闸门与泵站之间的衔接及协同控制问题。除去这些因素，现代控制理论与智能控制技术在水网上实践与应用的缺失也是一项十分重要的制约因素，近年来，随着现代控制理论和智能控制技术的发展完善，非线性模型、预测算法和鲁棒控制等新理论、新技术不断涌现，当下之急是在以往人工渠道无人值守运行控制研究上，运用最新成果研发水网无人值守运行控制理论及技术。

1.2.3 天然河流湖库水量调度研究进展

与闸门、泵站等水力机械细观的水动力调节不同，天然河湖和人工水库等通常拥有较大的蓄水容积，在水网的调节运行中能够发挥宏观的水量调控作用，是水网的"缓冲器"。目前，关于河湖水库的调度主要是研究在不改变已有水网结构、规模前提下，通过非工程的水量调度措施来总体提升水网防洪与兴利效益[70]，其中，水量调度模型的建模理论与求解是核心研究内容。径流不确定性是水量调度的主要不确定性输入[71]，且预见期越长，径流预报的不确定性愈大、预报精度越差[72]；在给定输入、目标需求及约束环境下，水量调度模型是依据向量优化理论构建的，可行调度决策解集是通过快速求解技术而获得的[73]；依据效用理论建立风险效益评价指标体系，从可行调度决策解集中进行优选，并最终遴选出协商群体及决策者的期望方案[74]，这便是水网水量调度的最终目的。

水网中自然形成的湖泊和人工修筑大中型水库是水量调控的核心，它们均拥有大面积的水体，若能实施水量调度的优化，其防洪和灌溉、发电、航运、供水等效益可得到大幅提升[75]。目前，单一湖泊或水库的水量调度通常是基于预先设置的调度规则实现，而在实施调度过程中的控制方案再优化与再调整，则是通过建立优化调度模型，并优化调度规则来实现的。根据优化调度模型的参数结构进行分类，主要包括隐随机优化(ISO)、参数模拟(PSO)、显随机优化(ESO)三类模型。ISO模型由Young[76]在20世纪60年代首次提出，是一项利用隐随机优化方法来挖掘调度规则的技术。ISO模型具有明确逻辑机理，多种信息源(库容、前期入流信息、预报入流、降雨)都可作为模型的输入，成为提取水湖库调度规则的已知前提条件。其中的优化模型，如线性规划[77]、网络流优化[78]、动态规划[79]及其改进形式[80−82]的方法已较成熟，部分模型算法已在实际水库(湖泊)调度应用。PSO模型最先由Koutsoyiannis[83]提出，模型均以参数形式设定调度图及调度规则，因而不需要ISO模型复杂的数据挖掘过程，也能够避免库(湖)群联合调度计算中的"维数灾"[84,85]。ESO模型能够利用水文时间序列及概率分布来描述径流自身随机性、径流预报的不确定性和后验的概率信息，考虑了不确定性径流与径流预报过程对调度的影响，是当前的研究热点。其主要问题是，若入流或预报入流分级增加时，模型计算量增大，易出现"维数灾"。已有大量研究工作尝试从求解角度避免"维数灾"，采用启发式求解算法以提高模型的求解效率，如遗传算法[86]、蚁群算法[87]等一些智能算法及改进形式。同样，并行计算作为一项新技术，给大规模库(湖)群优化调度模型快速求解提供了技术可能性[88]。为满足实时调度需要，上述湖库优化调度模型在建模过程中都结合工程自身特点进行了或多或少的简化，因而这些模型及其求解算法都带有一定的局限性。

与单一湖泊或水库的水量调度不同，复杂水网中的湖库联合调度包括诸多效益目标和风险决策，效益目标包括防洪、除涝、发电、通航等，决策风险包括湖库本身的防洪风险、淹没风险、下游淹没损失等[89,90]；湖库联合调度的风险决策分析通常是将多目标问题转化成单目标求解[91,92]，或利用启发式算法求得Pareto解集来反映不同目标权重下最优方案的非劣解集合[93]。然而，这种多目标协同研究还仅仅局限于水库或湖泊，并针对其中的两项或几项主要功能进行协调，如防洪及生态之间的补偿运用等[94]，无法实现水网调度的多目标协同优化，也无法获取其全局最优解，更不能够协调利益主体的差异需求。这是因为，如若将湖库调度和河渠调度一体化考虑，其风险-效益因素分析便具有了特殊的复杂性[95]，特别是湖泊与水库、河渠水动力特性都有所不同。湖泊在高水位运行时具有水库调节性能，在低水位运行却呈现河道径流特点。天然湖泊独特的水动力特征，使得湖泊在调度或控制模型建模中一直是棘手问题。已有水库(群)优化调度研究通常将湖泊当作有调蓄能力的河道或节点调蓄工程简化处理；而渠道运行控制研究则将湖泊作为水库处理，为人工渠道提供恒定的取水条件。采用隔离的方法进行研究，简化了问题难度，但同时带来了模型描述上的巨大偏差。采用分段非线性理论开展水库-湖泊-河渠水动力过程建模的耦合与解耦研究，有助于对一体化调度问题的理解，但是这样做会显著增加模型的调控目标和调控维数，导致模型求解的"维数灾"。此外，分段非线性理论自身还不很成熟，进一步增加了该调控问题描述和建模上的困难。

总的来看，复杂水网中的水量调度属于分层分区控制的多信息、多目标、多阶段、效益风险博弈的多主体协商决策过程[96]。事实上，河渠调控运行同样包括与之不同的诸多效益目标，包括供水、生态等，决策风险包括堤岸安全、缺水风险、供水保证率等[97]，其中供水目标又涵盖水量和水质两方面内容[98]。上述两个问题都存在多个目标，关键是这些目标通常又是相互冲突、相互竞争的。如需获取最终能够落地实施的水网一体化调度方案，需要综合考虑多种不确定性因素带来的风险，在风险评价基础上，从诸多非劣解集合中优选出最终方案。与决策有关的风险研究方法包括模糊优选[99]、可变集优选决策[100]、熵权迭代理论[101]等。

1.2.4　水网工程联合自动控制探索实践

此前，无论是人工渠道的运行控制研究还是水网中的水量实时调度研究，均是将水网中河渠水动力控制和湖库水量调度隔离开来分别研究，虽然简化了水网问题的研究难度，但同时带来了水网调度效果与调度目标的巨大偏差，致使自动控制研究成果很难应用工程实践。因此，复杂水网的运行管理仍多采用人工控制模式，主要是利用操作人员多年积累的经验消除某些偏差，确保水网工程运行安全，不过在此模式下，水网中的主要调控设施（闸门-大坝-泵站）通过水流波动过程被动关联[102,103]，与当下这种水网工程的运行管理工作相适应，这种自动监测大多采用了分层分布式开放系统架构，按照水网分组及其关键控制断面，分成若干独立单元，每个单元都直接与上位机层进行通信[104]。多年的运行调度实践表明水利工程的被动适应过程并不利于水网高效、稳定运行，仍需要将水网工程群作为一个整体研究，采用水网工程联合自动控制技术手段，才可以最大地提高水网主动适应能力。

现代控制理论将水网的调控运行看作一个分布式、非稳态过程控制问题，主要是利用水力学控制模型（主要是 SS 模型）设计水工程群集中控制系统，运用参数估计、状态反馈（MIMO）等技术手段生成面向当前时段的向量控制序列，实时控制水网工程群的运行过程。已有的工业过程控制技术，主要是针对可精确建模的被控对象，采用 PID 为主的工业控制器（控制算法）使受控对象的输出自动跟踪控制回路的设定值（目标），采用实时优化、模型预测和反馈控制技术实现回路设定值的自主决策，以保证控制回路的闭环稳定[105]。虽然回路控制的被控对象也具有一定的非线性、多变量强耦合、不确定性等动态特性，但由于其运行在工作点附近，因此可以用线性模型和高阶非线性项来表示[106]。PID 的积分器可以消除高阶非线性项的影响，此外，使用工业过程中输入、输出与跟踪误差等数据，再辅助以集散控制系统（distributed control system，DCS），亦可有效消除目标追踪过程中的偏差。然而，当被控对象受到未知与频繁的随机干扰，始终处于动态时，积分器会失效，PID 将无法获得良好控制性能[107]。虽然鲁棒控制[108,109]、模型预测控制[110]等先进控制方法与 PID 结合后，在一定程度能够实现结构和参数的适应性调整，但这建立在设计者对受控水网水动力特征有着清楚认知的基础之上[111]。在水网运行的初期，水网水动力特征尚不完全清楚的情况下，基于数据驱动的 AI 控制算法，如模糊控制[112]、神经网络控制[113]等，貌似是个不错的选择。不过，简单地将信息模糊处理会使得模糊控制的精度降低和动态品质变差，若增加量化级数，则会导致规则搜索范围扩大，降低决策速度，不利于实时控制。类似地，神经网络在小样本且高维的数据环境下很可能出现欠学习现象，而设置较多的隐层神经元却经常出现过拟合现象，使控制准确度降低。因此，需要将水网复杂水动力特征和控制模型机理结构建立有效联系，构建更为准确的受控水网数学描述模型，提炼出水网工程群联合调度规则，也只有这样才能实际推动水网工程群集中调度控制研究进展。

水网本质上是一个开放的系统，其运行的外部环境时刻都在变化。自然水系中的下级河道是上级河道的流量输入，然而，在水网条件下，发生紧急事件或突发事故时，上级河道也可以成为下级河道的输入，也就是说，连通后的水网中存在流向顺逆不定、流量变化大等大量未知及不确定情况[114]，这样一来，水利工程(分组水网的闸、坝和泵等水力调控设施)的运行控制，就不能只要求回路控制层(控制断面的水位、流量、流速等)的状态输出准确跟踪回路设定值(本组水网的湖、库等调度目标)，更为重要的是要快速、安全地响应水网运行工况的突然变化，并兼顾达到水利工程的各项指标(电站发电量最大、泵站耗能最少、闸门启闭次数最小等)要求，而且还要按照调度平台的指令与其水网分组的回路控制输出相衔接，实现整个水网的调度工作目标，包括行洪排涝、蓄水抗旱、供水、航运、景观及生态等。从这个角度考虑水网调度控制的一体化，其被控对象应是多尺度、多变量、强非线性、不确定性、无法准确建立数学模型的复杂动力过程[115,116]，已有研究主要采用数据与模型相结合的方法来消除非精确建模影响，如基于特征模型的智能控制[117]和基于多模型切换的解耦控制[118]等。

国外实际应用案例针对这种复杂水网工程的集中控制自动化系统设计，主要采用了一种回路控制层和控制回路设定层的双层结构复合控制型式，回路控制层为快过程(调度目标追踪过程)，而控制回路设定层为慢过程(调度目标设定过程)，当进行控制回路设定时，回路控制层已处于稳态并使回路输出跟踪设定值，其中双层回路耦合方法研究是联动控制实现的关键。譬如，Seatzu[119]等将水网中的闸门开度控制与湖库水量调度之间的联系以超经验函数的形式表达出来，建立了水网的集总参数模型。Albuquerque[120]等使用Preissmann 隐式差分格式构造水网状态空间模式，设计将水量调度与水动力控制结合起来，可实现复杂结构水网的状态反馈。Malaterre[121]等将开环预测与反馈内环结合使用，采用线性二次型调节器(linear quadratic regulator，LQR)对系统状态空间进行优化，引入 Kalman 滤波器对控制误差进行补偿。Sawadogo[122]等模拟了水网汉点及通道(河流河道、人工渠道等)的波动耦合作用，给出了水网不同来流过程及取、退水干扰下，水网状态维持平稳不变的水库、闸门联动规则。随着并行处理技术的发展，中央监控平台逐步采用了计算机集群，足以支持大规模云计算，实时控制成为可能[123,124]。Fawal[125]等对更为复杂的水网系统进行拓扑分析，将水网分解为调蓄、供水、配水三个子系统，以算法收敛和系统解耦条件作为系统兼容性约束、Lagrange 系数用作调和变量，对模型进行求解，可实现水网通道与汉点工程群的统一调度控制，算法设计适应了多核、多线程的并行计算发展趋势。

Li[126]等提出应将通信容错机制纳入中央监控平台设计中，并探讨了多种控制器组合实现方式。Gomez[127]等认为对控制器进行合理组合可以简化优化调度逻辑，设计实现的每个控制单位都由两个控制器组成：一个用于执行中央监控系统的流量控制指令，目的是保证下游需水预期；另一个用于执行当地的控制指令。

从逻辑上讲，要获取整个水网工程联合自动控制方案，首先应根据水网目标建立性能指标 J，通过逼近设定指标的极值来获取水网工程群的各控制器的协同，实现设定目标的最优。实时控制的主要任务有如下两点：①动态调整控制参数，使之匹配受控通道或汊点工程群的水力特性；②协同控制器动作，寻求水网系统控制的全局或局部最优。

1.2.5 国内外理论技术研究的动态分析

纵观已有的相关研究，水量调度、闸门实时控制方面研究虽已广泛开展，但我国在水网工程群集中调度、一体化实时控制方面的应用成果却鲜有报道，可能有两方面原因，其一，以往河流多是天然主导型的，没有形成现今如此复杂的水网结构，大量、多类工程调控运用影响下的水流形态多变，交互作用频繁，难以实现不间断的连续模拟、分析，为总体把握水网不同运行条件下的水动力特征变化带来困难。其二，湖库联合运行优化调度和河渠输水过程实时控制问题，每一个都是多约束不确定性问题，解决起来都很复杂，其组合问题更是兼具高维数、多目标、群决策、强耦合、动交互等多种多类非线性特征，几乎无法寻求全局最优解，即便是可行解，其求取也是非常的困难。总之，已有的模型、方法与工具已难以有效解决上述难题，需要从交叉学科、领域寻找新的理论和技术支撑。

水网承担了城市行洪排涝、蓄水抗旱、供水、航运、造景等多种功能，持续促进着这些地区的繁荣发展[128,129]。在国家对江河湖库水系连通工程积极推进的现实情况下，将会有越来越多的城市或地区成为网河区[130,131]。不过，正是由于水网水系连通程度提高以及水网中水利工程群大量存在，导致水网整体调控的复杂程度大幅提升。近年来，我国大中城市洪涝、水污染、区域供水能力不足等风险事件频发，国家治水实践对水系连通后的水安全保障技术提出了迫切需要，明确传达了城市水网水利工程群运行控制为基础性科学技术创新的重要信息[132,133]，要求城市河渠湖库进行一体化调度，实现闸-坝-泵等水利工程协同"作战"，指引科研工作者"创新运用大数据、人工智能与自动化等新技术，解决工程运行管理中存在的不匹配、不协调和不适应的老问题"。

为此，本书选择以"面向水网的水工程群智能控制"为主题，突破以往河渠湖库调控相对分离的传统模式，从一体化、集总调度视角解析河渠湖库的水动力交互机制，从人工渠库-天然河湖组合运用下与单独运用下的异同分析入手，识别闸-坝-泵单独操作及协同操作诱发的水网非恒定流水动力特征变化，揭示水网条件下河渠湖库水动力交互机理，在此基础上，提出水资源供、需双向不确定性因素影响下的网状水系适应性运行机制，并建立闸-坝-泵水利工程群实时调度与风险管控模式，为水网水资源统一调度管理及水网工程群实时协同控制提供科技支撑。

1.3　现代水网智能控制论的构建

在国家水网建设的大背景下，依托南水北调、新疆额河、金沙江下游–三峡梯级、五大国家综合能源基地供水网络工程等水资源调度控制的原型试验场，针对现有理论技术的不足，开展现代水网智能控制理论研究及实践，包括四方面研究。

（1）人工构建闸控明渠的自主运行控制理论模型研究；

（2）河流上水库电站群的多维安全调度理论技术研究；

（3）河网水系节点工程群联合自动控制的方法模式研究；

（4）环形水网基于水资源统一调度的智能控制实践研究。

本书在人工渠道、天然河流以及耦合而成水网的无人值守自主运行问题上，取得了重要的理论创新与技术突破，图1-1给出了水网智能控制理论研究成果与实际被控对象对应关系，本书所取得的五方面创新性成果简要介绍如下。

（1）利用已有成熟模型程序，通过多模型组合、多进程并行来解决工程自动调节运行下复杂水网水动力模拟难题，突破了摒弃现有串行模型程序，重新开发并行计算平台的主流设计理念，构建了智能控制理论研究的基础实验平台。

（2）定量揭示了多闸门联合运用下的明渠输水过程水动力响应机理，提出了闸门群预知调度–闸门鲁棒控制模型及复合非线性反馈控制方法，丰富和发展了线性闸控渠道自主运行控制调度理论。

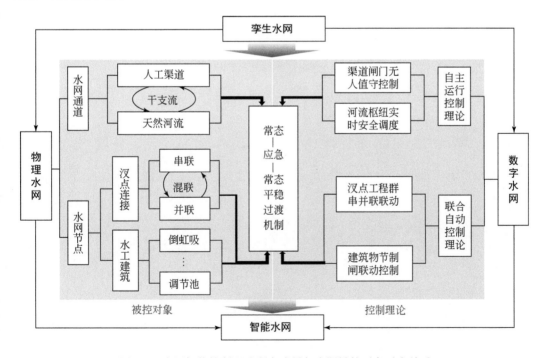

图 1-1　水网智能控制理论研究成果与实际被控对象对应关系

（3）创建了河流枢纽多尺度模型的嵌套耦合调度机制，发明了梯级水库防洪-发电实时调度、下游电站弃水控制及机组避振运行方法及模型系统，创新了天然河流水利枢纽群实时调度理论及多维安全调度技术。

（4）研发出供水-发电串联、并联，倒虹吸进出口闸，调节池引分水闸四种联动闭环控制模式、方法及系统，破解水网流量变化大、水工设备响应不及时等难题，使得水网节点工程群的总体响应速度由分钟级升至秒级。

（5）提出了复杂水网"常态—应急—常态"平稳过渡的适应性运行新机制，建立了平原城市环形水网基于水资源统一调度的自动联动控制理论模型，支撑了城市水系联排联调智慧水务平台研发。

第 2 章 水网控制理论研究的实验方法创新与新平台

本章主要介绍了智能水网控制理论研究实验平台(PCsP)技术，这是水网控制理论研究中最重要的基础工作[134]，创新性工作包括：①创建了河–湖–渠–库以及闸–坝等专业模型的时序调用方法，提出了网格数据"物理量–位置–时间"的隐式与半隐式交互模式，解决了自主运行工程群不间断流量调节作用下的水网水动力实时模拟难题；②提出了一种基于自组装技术的水网模拟平台搭建新方法，研发了组件化并行控制平台 PCsP；③揭示了水力自调节闸门作用下的渠道谐振成因，定量解析出上、下游闸门联合运用下的渠道水力互馈作用。

2.1　自主运行水网的并行模拟技术创建

本节提出了一种基于自组装技术的水网模拟平台搭建新方法，解决了自主运行工程群不间断流量调节作用下的水网水动力实时模拟难题。它突破了摒弃现有串行模型程序，重新开发并行计算平台的主流设计理念，创造性地构建了利用已有成熟模型程序，通过多模型组合、多进程并行来解决工程自运行工况下水网水动力模拟难题的技术体系，实现了数字孪生水网实验能力与效率的双提升。

2.1.1　组件化并行控制平台(PCsP)

PCsP(processing conversion and parallel control platform，PCsP)的主要贡献是构建了一个相对完整的技术体系，使之成为了智能控制理论研究的基础实验平台。它拥有三项核心技术：①附加过程函数库是 PCsP 的核心引擎，PCsP 只需在原有模型的时间循环内插入附加过程函数就可将原模型转变为并行计算平台的一个组件，组件间的"物理量–位置–时间"数据通过该函数进行交互，结合工程群运用规则的时序调用，即可实现河–渠–湖–库水网模型与闸–坝水力学模型的耦合计算、并行计算(一维、二维和三维模型)；②河–湖–渠–库以及闸–坝等专业模型的时序调用方法，创造性地运用水流在水网中的传递、衰减规律实现模型组件的自主装、卸载；③网格数据"物理量–位置–时间"的隐式与半隐式交互模式，是一种新型具有物理机制的滑动处理技术，充分考虑闸、坝等工程衔接处的水力过渡过程与瞬变特性，有效避免了插值法诱发的数值计算短波振荡和结果失真问题。

1. PCsP 设计理念创新

数值模拟模型表征的是研究对象物理过程随时间的变化。在用数值方法求解时，物理空间通过各种复杂的计算网格来分辨，不同数学模型在计算方法和空间模拟上相差很大。但是，物理过程的时间演进一般都是采用均匀（或一定规律变化的）时间步长来分辨，因此，各种不同数学模型在时间方向的处理方法几乎都是一样的，都可以按显式（或隐式求解代数方程后）概化为

$$Y^{n-1} = Y^n + \Delta T f(t, \ x^n, \ x^{n+1}, \ Y^n) \tag{2-1}$$

式中，f 为过程函数；x 为空间变量；Y 为求解的物理变量等向量；t 为时间；n 为表征时间层的标量；ΔT 为时间步长。

这类模型的时间算法都是一样的，其运算机制都可以表达成如图 2-1 所示的简单循环。模型组件化方法主要是针对此类结构的模型提出的，是建立在网格数据交互控制和时间步循环控制的基础之上。PCsP 拥有一个称为 Master 的主客户端，协同各模型组件的操作（图 2-2）。模型组件从 Master 接收指令，然后对指令作出响应。模型组件之间并没有直接联系，模型组件间的联接关系完全在 Master 端建立和管理。

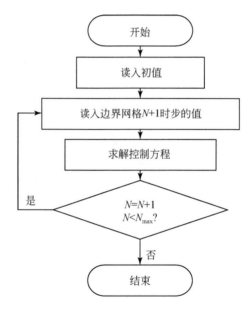

图 2-1　数值模拟模型的运算机制

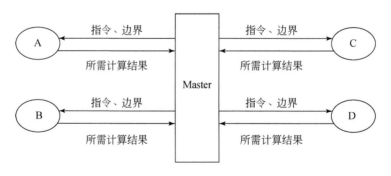

图 2-2　PCsP 平台的模型组件组织方式

模型组件只能按量和网格向 Master 输出数据和从 Master 接收数据，Master 在获得各模型组件的可输入输出量及对应网格信息后，以可视化方式显示给用户。用户依据实际需要配置组件间数据联接关系，指定源模型组件的输出量和输出网格、目标模型组件的输入量和输入网格以及两者数据之间的转换关系。在开始计算前，Master 将每个模型组件的输入输出量及对应网格信息汇总成两张表格传给模型组件。在每个时间步的数据交换中，输入输出数据都按这两张表格的格式进行组织，Master 依据自身存储的模型组件间数据对应关系，将模型组件的输出数据转换成相关目标模型组件的输入数据，转发给目标模型组件，实现模型组件间的数据交互，Master 的运行过程如图 2-3(a)所示。PCsP 的模型组件化操作是通过一个过程函数插件实现，将该过程函数插入到图 2-3(b)"读入边界网格 $N+1$ 时步的值"和"求解控制方程"之间的时间循环中，除此之外，无需对模型其他地方做任何修改，利用该插件既可输出上一时间步长的计算结果，又可以在从 Master 收到数据后，用所收到的数据修改模型参数，达到模型与外界(Master)实时交互的目的。

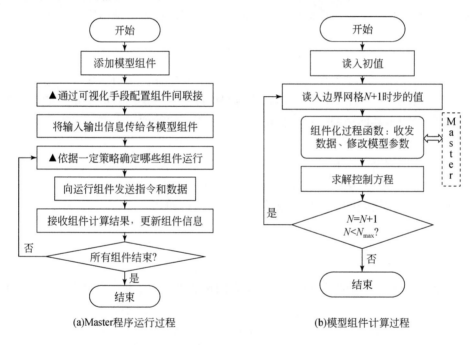

(a)Master程序运行过程　　　　　(b)模型组件计算过程

图 2-3　PCsP 主程序及其模型组件的运作机制设计

简单来说，PCsP 就是在各模型的时间控制循环内插入一个附加过程函数将模型组件化，采用中央控制的框架结构管理参与计算的各模型组件，通过指令控制模型组件的执行过程和顺序，实现模型组件间的无缝衔接和耦合计算。

2. PCsP 组件模块的运行机制

下面介绍 PCsP 平台对其模型组件控制机制的设计及实现，包括 PCsP 平台交互的数据类型及定义，数据信息流的分层管理和 PCsP 主程序与模型组件的数据交互机制等。

1）PCsP 交互的数据类型及定义

Master 与模型需要交互的数据主要是模型所模拟的物理量及其取值的时间和空间位置，如水动力模型的流量、水位等。除此之外，还有一些为方便交互而定义的指令、代码和描述符等。

量：量主要描述交互数据是什么的问题。模型组件与外界交互的信息可能是质量、动量、温度等各种意义的物理量，也可能是一些模型控制参数，为了统一表示这些物理量和参数，本节研究统一用量来表示，量有一个量名称和一个量代码，名称用于显示和用户操作，代码用于 Master 与模型组件间的信息传递。一个模型组件可交互的量完全由模型开发者命名和编码。一个模型组件所有能提供给外界的量称为可输出量，所有能从外界接收的量称为可输入量；在一次具体应用中实际提供给外界的量称为输出量，实际从外界接收的量称为输入量。例如，一维水动力学模型可接收流量和水位过程作为边界条件，则模型开发者可将这两个可输入量命名为"上边界流量过程"和"下边界水位过程"，量代码分别为 1 和 2，但在某次应用中可能只需要上游从 Master 接收流量边界，则本次应用的输入量只有一个，为"上边界流量过程"。

位置：在以网格分辨解空间的情况下，空间位置用网格来表示，不同的模型其网格划分差别很大，为了统一表示各种网格划分情况下的空间位置，本研究统一采用从 1 开始的网格编号来分辨网格。一定的网格表达方式与网格编号有一定的对应关系，如一维模型可以用其断面编号表示其网格编号；结构化平面二维网格的行列表示方式可以用以下公式来计算与网格编号的对应关系。

（1）已知二维网格的行和列，求网格编号

$$P = (I-1) \times J_{\mathrm{Max}} + J (I, \ J = 1, \ 2, \ 3, \ \cdots) \tag{2-2}$$

（2）已知二维网格的网格编号，求该网格所在的行和列

$$I = \mathrm{INT}\left(\frac{P}{J_{\mathrm{Max}}}\right) + 1 \tag{2-3}$$

$$J = P - (I-1) \times J_{\mathrm{Max}} \tag{2-4}$$

式中，P 为网格编号；I 为网格所在行号；J 为网格所在列号；J_{Max} 为最大列数；INT 为取整函数。

网格编号与模型本身网格表达方法的对应关系由模型开发者决定，因此，模型开发者在发布自己的模型组件时应一并将这种对应关系向模型组件的使用者说明。

时间：由于模型组件提供的是上一时步的计算结果，其取值的具体时间在 Master 端用模型的开始时间、时间步长和时间步数来推求。

数据：主要是各量在确定时间确定位置的取值和一些描述类的信息，如模型的名称、起止时间、时间步长、可执行文件存放路径等。在数据传递时，数值类数据用 8 字节实数表示，描述类数据用字段串表示。

指令：研究中指令实际是一组预先定义好的信息代码，用一个整数表示。指令共分四类：一是 Master 向模型组件下达执行某项任务的指令；二是模型组件向 Master 反馈的信息；三是加在数据的头部，表示数据的类型和格式；四是在分布式计算时，Master 与远程客户端的通信。常用的指令见表 2-1。

表 2-1 常用指令代码及含义

指令代码	含义	分类	指令代码	含义	分类	指令代码	含义	分类
1000	可输入信息表	3	1005	输出信息表	3	1010	向前推进一步	1
1001	可输出信息表	3	1006	计算指令	1	2000	请求远程模型信息	4
1002	配置指令	1	1007	时间信息	3	2001	启动远程模型	4
1003	模型名称	1	1008	输入数据	3	9998	计算结束	2
1004	输入信息表	3	1009	输出数据	3	9999	模型正常退出	2

2）PCsP 数据信息流的分层管理

许多的模型组件通过数据流和信息流联接成一个复杂的模型网，其关系是非常复杂的，要处理的信息数据也非常多。为了便于管理这些信息，将模型组合信息进行了分层组织，全部联接信息分为模型层、量层、网格层和数据操作四个层次。

第一层：模型层联接（Model Link）。模型层保存和管理模型级的联接信息，这些信息主要有一个组合模型中包含哪些模型组件、各模型组件的属性、哪些模型组件间有联接、每个联接的数据流向等。模型层联接信息可用表 2-2 表示。

表 2-2 模型层联接信息

模型组件	M_1	…	M_i	…	M_j	…	M_n
M_1		…	$ML_{1,i}$	…	$ML_{1,j}$	…	$ML_{1,n}$
…	…		…	…	…		…
M_i	$ML_{i,1}$			…	$ML_{i,j}$	…	$ML_{i,n}$
…	…		…	…	…		…
M_j	$ML_{j,1}$		$ML_{j,i}$	…		…	$ML_{j,n}$
…	…		…	…	…		…
M_n	$ML_{n,1}$		$ML_{n,i}$	…	$ML_{n,j}$		

表 2-2 中，M_i 代表第 i 个模型组件；$ML_{i,j}$ 代表以第 i 个模型组件为源，以第 j 个模型组件为目标的模型层联接。在一个模型层联接中，数据流是单向的，只能从源模型流向目标模型。如果两个模型组件间要双向交换数据，则应建立两个模型层联接，一个为 $ML_{i,j}$ 另一个为 $ML_{j,i}$。

第二层：量层联接（Quantity Link/What）。量层联接保存了在一个模型层联接中，源模型组件中的指定可输出量（源量）与目标模型组件中的指定可输入量（目标量）的联接关系。一个模型层联接可以有多个量层联接，即该模型层联接中，源模型组件的多个可输出量的数据会被送到目标模型组件的多个可输入量上去（表 2-3）。源量与目标量可以不同，这时源量必须能转换成目标量，如源量是一维模型某断面的流量，目标量可以是与该断面联接的二维模型的流速。因此，量层联接也可称为量映射。

表 2-3　量层联接信息

源量	目标量				
	QT_1	...	QT_j	...	QT_n
QS_1	$QL_{1,1}$	...	$QL_{1,j}$	...	$QL_{1,n}$
...	...	...	...	...	...
QS_i	$QL_{i,1}$	...	$QL_{i,j}$	...	$QL_{i,n}$
...	...	...	...	...	...
QS_m	$QL_{m,1}$	...	$QL_{m,j}$	...	$QL_{m,n}$

表 2-3 中，QS_i 代表一个模型层联接中源模型组件的第 i 个源量；QT_j 代表一个模型层联接中目标模型组件的第 j 个目标量，$QL_{i,j}$ 表示由第 i 个源量到第 j 个目标量的量映射。在应用中，根据实际情况可能只需要建立部分量映射即可，如一维水动力学模型组件可输出水位和流量两个量，但它作为一个二维河口模型的入流时，只需要输出流量给河口模型即可。

第三层：网格层联接(Grid Link/Where)。网格层联接信息主要包括两个向量和一个二维表格：一个向量是源量在源模型中取值的网格编号序列；另一个向量是目标模型中的目标量接收数据的网格编号序列；表格记录来自各源网格的数据到目标网格的数据转换信息。网格层联接信息可用表 2-4 表示。

表 2-4　网格层联接信息

网络编码	GT_1	...	GT_j	...	GT_n
GS_1	$GL_{1,1}$	...	$GL_{1,j}$	...	$GL_{1,n}$
...	...	...	...	...	...
GS_i	$GL_{i,1}$	...	$GL_{i,j}$	...	$GL_{i,n}$
...	...	...	...	...	...
GS_m	$GL_{m,1}$	...	$GL_{m,j}$	...	$GL_{m,n}$

表 2-4 中，GS_i 代表源量在源模型中取值的网格序列中第 i 个网格的网格编号；GT_j 代表目标量在目标模型中接收数据的网格序列中第 j 个网格的网格编号；$GL_{i,j}$ 表示第 i 个源网格到第 j 个目标网格之间的数据转换信息。

第四层：数据操作(Data Operation/How)。对应一个量从源模型组件输出的数据是一个一维数组，其元素个数和排列顺序与源网格的个数和排列顺序相同(假设有 n 个元素)；同样，目标模型组件能接收的一个量的数据也是一个一维数组，其元素个数和排列顺序与目标网格的个数和排列顺序相同(假设有 m 个元素)。在这两个数组之间建立不同的转换关系可大大提高模型联接的灵活性。本项目在权重法基础上增加一个加数矩阵的数据转换方法。计算公式为

$$\begin{bmatrix} t_1 \\ t_2 \\ \vdots \\ t_m \end{bmatrix} = \begin{bmatrix} a_{11} & a_{12} & \cdots & a_{1n} \\ a_{21} & a_{22} & \cdots & a_{2n} \\ \vdots & \vdots & & \vdots \\ a_{m1} & a_{m2} & \cdots & a_{mn} \end{bmatrix} \begin{bmatrix} s_1 \\ s_2 \\ \vdots \\ s_n \end{bmatrix} + \begin{bmatrix} b_{11} & b_{12} & \cdots & b_{1n} \\ b_{21} & b_{22} & \cdots & b_{2n} \\ \vdots & \vdots & & \vdots \\ b_{m1} & b_{m2} & \cdots & b_{mn} \end{bmatrix} \begin{bmatrix} 1 \\ 1 \\ \vdots \\ 1 \end{bmatrix} \tag{2-5}$$

或简记为

$$T = A \cdot S + B \cdot I \tag{2-6}$$

式中，T 为目标模型组件接收的数据；S 为源模型组件输出的数据；A 为每个源数据在每个目标数据中的权重所组成的矩阵；B 为每个源数据在转换为目标数据时的加数因子组成的矩阵。A、B 两矩阵的行列数与网格层联接相同，其元素都存储在相同位置的网格层联接的二维表格中。式(2-5)以分项形式表示更能体现网格层联接的信息，即

$$t_i = \sum_{j=1}^{n} \left(a_{ij} s_j + b_{ij} \right) \quad i = 1, \ 2, \ \cdots, \ m \tag{2-7}$$

式中，每个源网格的数据乘以它在第 i 个目标网格上的权重，再加上一个常数因子后传给目标网格接收。有了这样的数据转换，就可实现在模型组件间不同物理量、不同网格对应关系的转换。例如，单个网格上的流速乘以相应的网格控制面积即转为该网格的流量；二维模型中一个河道断面上所有网格的流量之和即为一维模型中该断面的流量（此时各网格的加数因子为 0）；而当需要交换水位的两个模型组件采用不同基准面时，加数因子就应该是这两个基面的差值。

3）PCsP 主程序与模型组件的数据交互机制

从 Master 首先启动，到模型计算完成，整个交互过程分为四个阶段：联网阶段、配置阶段、开始计算阶段和按时间步推进阶段，前三个阶段在模型组件时间循环的第一个时间步完成，从第二个时间步开始只执行第四阶段操作。系统运行和数据、指令的传递流程如图 2-4 所示。

联网阶段：Master 将自己的 IP 和端口号以文本研究件形式写在模型组件的文件夹下，启动模型组件后等待模型组件的联接请求。模型组件在第一次进入时间循环后先读取该文件，再根据文件中的 IP 和端口号与 Master 联接。模型组件在联通后进入等待指令的循环。

配置阶段：一个模型组件能够提供的信息是很多的，可以提供多个量，也可以提供一个量在多个网格上的值，而一次具体应用一般只使用其中的一部分。配置阶段的任务就是将模型组件所有可输入输出信息以表格形式提供给模型组件用户，由用户选择本次应用中在哪些网格上输入哪个量和输出哪些量在哪些网格的值。Master 在与模型组件联通后发送的第一条指令是配置指令，模型组件对配置指令的响应则是将模型的名称、起止时间、时间步长和所有可输入输出的量及所在网格信息以表格形式发送给 Master，执行完后回到等待指令状态。可输入表和可输出表的格式相同，如表 2-5 所示。

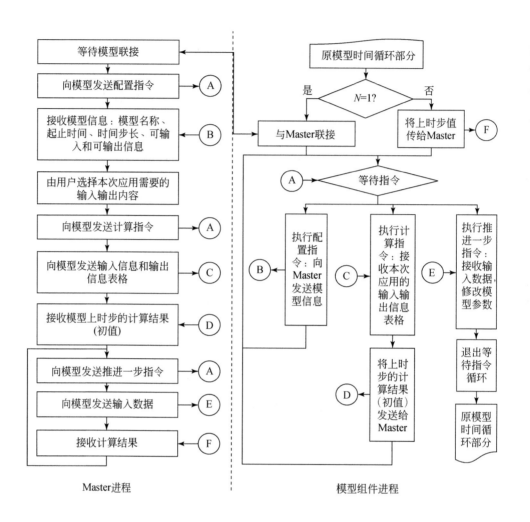

图 2-4　Master 与模型组件数据交互流程图

表 2-5　模型组件可输入（可输出）量及对应网格信息表

量	网格						
	G_1	G_2	…	G_j	…	G_{n-1}	G_n
Q_1	$\theta_{1,1}$	$\theta_{1,2}$	…	$\theta_{1,j}$	…	$\theta_{1,n-1}$	$\theta_{1,n}$
…	…	…	…	…	…	…	…
Q_i	$\theta_{i,1}$	$\theta_{i,2}$	…	$\theta_{i,j}$	…	$\theta_{i,n-1}$	$\theta_{i,n}$
…	…	…	…	…	…	…	…
Q_m	$\theta_{m,1}$	$\theta_{m,2}$	…	$\theta_{m,j}$	…	$\theta_{m,n-1}$	$\theta_{m,n}$

表 2-5 中，Q_i 表示编号为 i 的量；G_j 表示编号为 j 的网格；$\theta_{i,j}$ 表示第 i 个量在第 j 网格上是否可输入或可输出；$\theta_{i,j}=1$ 表示可输入或可输出；$\theta_{i,j}=0$ 表示不可输入或不可输出。

开始计算阶段：本阶段有两个任务，一是 Master 将用户的选择结果传给模型组件；二是模型组件在收到用户选择结果后，根据用户选择的输出信息组织上一时间步长的数据输出，由于这时处于第一时间步，实际输出的是模型的初值。用户选择结果用输入信息表和输出信息表两个相同格式的表格表示(表 2-6)。输入输出数据按输入输出信息表的格式和顺序组织。

表 2-6　模型组件输入(输出)信息内容表

量代码	网格编号						
Q_{x1}	$G_{x(1,1)}$	$G_{x(1,2)}$	...	$G_{x(1,j)}$	...	$G_{x(1,m1-1)}$	$G_{x(1,m1)}$
...	...	...	...	...	...	...	...
Q_{xi}	$G_{x(i,1)}$	$G_{x(i,2)}$	...	$G_{x(i,j)}$	...	$G_{x(i,mi-1)}$	$G_{x(i,mi)}$
...	...	...	...	...	...	...	...
Q_{xn}	$G_{x(n,1)}$	$G_{x(n,2)}$	...	$G_{x(n,j)}$	...	$G_{x(n,mn-1)}$	$G_{x(n,mn)}$

表 2-6 中，Q_{xi} 为第 i 行量的量代码；$G_{x(i,j)}$ 为第 i 行第 j 列的网格编号。

按时间步推进阶段：本阶段 Master 和模型组件同步循环，在每一时间步开始，Master 传给模型组件需要的边界条件，模型组件用接收的边界条件修改原模型读入的边界条件，然后退出等待指令循环，执行原模型时间循环内的功能，由于此时的边界条件已被更新，达到了对模型的实时控制的目的。在进入 $N+1$ 时步循环后，模型组件首先将上一时步即刚计算的结果传给 Master，再进入等待指令状态。Master 在收到模型的计算结果后，回到发送向前推进一步指令的位置进行循环，直到计算完最后一个时间步。

3. AMDS 辅助操作系统设计

研究以服务用户的实际应用需求为目标，为尽可能降低使用 PCsP 的难度，设计开发了组合模型辅助开发系统(assembling models development system，AMDS)，目前已实现 5 种主要功能。AMDS 主体由模型组件化模块、模型组合模块和运行控制模块三部分构成，除此之外，还包括可扩展的模型配置模块，以期实现从普通的单一串行模型到模型组件再到组合模型的一体化解决方案，其体系结构如图 2-5 所示。

AMDS 具有的五项基本功能如下所述。

功能一：辅助模型开发者实现模型组件化。在已有单一串行模型(原模型)代码的情况下，导入组件化中间件支持库，将组件化模板代码插入原模型相应的位置，修改其中与模型有关的操作即可。数据的组织、发送、接收及组件化函数的总体结构都由组件化中间件和模板处理。例如图 2-6 所示为修改边界条件的子函数模板，其中以"HYG_"开头的函数由组件化中间件提供。模型开发者只需补充第 9 行所要求的操作，前面第 4、7 和 8 行已经替模型开发者获得了物理量(由量代码表示)、位置(由网格编号表示)和具体取值，根据这些信息修改模型边界条件对模型开发者来说是很容易做到的。

功能二：辅助模型使用者建立和维护模型组件间的联接关系。基于模型使用者对物理问题有深入了解但对模型不熟悉的假设，全程实现可视化操作，不需要编程，真正实现"搭积木"式的组合模型开发方式。

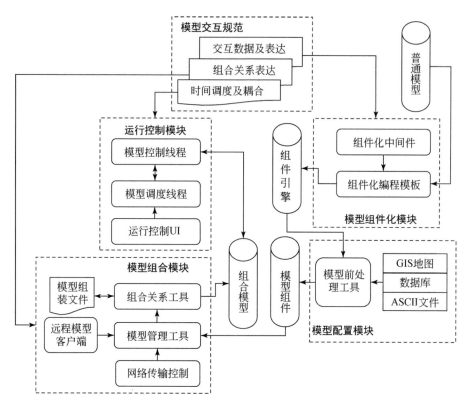

图 2-5　AMDS 体系结构

```
1    SUBROUTINE GetBound
2        nLine=HYG_GetTotalImItem()    !获得输入量总数
3        DO i=1,nLine
4            iQuCode=HYG_GetImQuCode(i)  !获得量代码
5            nCol=HYG_GetImTotalGridPerQu(i) !获得当前量对应的网格总数
6            DO J=1,nCol
7                iGridCode=HYG_GetImGridNum(i,j)   !获得网格编号
8                Val= HYG_GetImData(i,j)  !获得数据
9                {根据量代码、网格编号和数据修改模型边界条件。}
10            ENDDO
11        ENDDO
12    END SUBROUTINE GetBound
```

图 2-6　修改边界条件子函数模板

　　功能三：实现组合模型的时间调度和耦合。PCsP 将前文所提出的时间调度和耦合方法一一做了实现，模型使用者只需选择自己想要的耦合方法和平滑处理方式并设定相关参数即可。同样不需要编程。

　　功能四：模型前处理。模型前处理是一般模型管理系统的常见功能，将分散的数据通过数据库和图表等工具进行统一的组织管理，在模型配置时通过集成的可视化界面形象直观地呈现给用户。考虑到水利数学模型与地形数据关系较密切的特点，AMDS 集成了商业化 GIS 组件 ESRI ArcEnging 和 MySQL 数据库，系统主界面如图 2-7 所示。

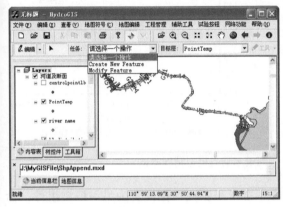
(a)AMDS主界面

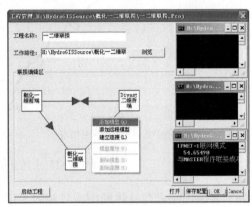
(b)模型组件配置界面

图 2-7　AMDS 的 OA 界面

PCsP 用 GIS 地图来存储地形和网格数据，由数据库存储序列性的数据（如断面流量过程数据），在地图元素的属性表中存储该几何元素到数据库中数据的索引。例如，河道断面在 GIS 地图中为一个多段线（polyline），在其属性表中可指明该断面的流量过程数据保存在数据库中哪个库和哪个表中。在模型配置界面，只需要指明模型各参数取值，对于地形和数据库中的数据，系统会自动提取出来，配置成模型所需要的格式。

功能五：远程模型管理。模型与组合控制平台间采用网络通信，从这个角度讲，AMDS 系统中模型可以不做任何改动直接放到别的主机上进行分布式计算。但在组合时必须让组合控制平台知道远程模型在哪台主机并能够启动它。为此，AMDS 系统提供了远程模型管理客户端来管理远程模型。用户将客户端安装在远程主机上，联接组合控制平台后，将本地模型加入客户端，在 PCsP（Master）端就可以看到该远程模型了。

2.1.2　PCsP 实验性能的标准算例测试

本节利用一些具有代表性的算例，检验测试了 PCsP 在水网水动力过程模拟中的有效性和可行性，这些算例分别代表了 PCsP 在不同条件下的应用效果和性能，可以推广应用至更复杂的工况。

1. 单一一维模型的组合并行

现有水网中某一河道（图 2-8），全长共布置 239 个断面，从上游到下游依次编号为1～239。本例将该河道拆分为上、下两段，上游 1 号断面提供流量过程边界条件，下游 239号断面提供水位过程边界条件，分别构建两个一维水动力模型组件（用同一个模型引擎）对上、下段分别进行模拟，在分界点联接组合计算，比较其计算结果和整体模型的差别。

本例用 1～126 号断面数据配置为一个模型组件，命名为"组件 A"，断面编号为 1～

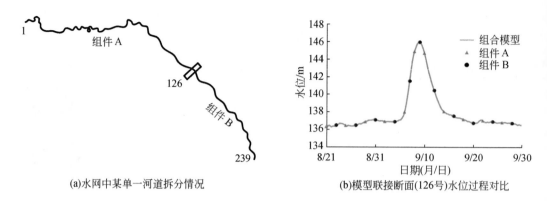

(a)水网中某单一河道拆分情况　　　　(b)模型联接断面(126号)水位过程对比

图2-8　研究区水网某单一河道水动力模拟精度测试

126，各断面编号与整体断面编号相同。用126～239号断面数据配置为另一模型组件，命名为"组件B"，断面编号为1～114，对应整体断面编号的126～239。在两个组件之间建立联接关系：组件A的126号断面流量给组件B的1号断面(实际为同一断面)；组件B的1号断面水位给组件A的126号断面。实验结果表明，组件A、组件B和组合模型水位过程最高点误差不超过0.006m，具有很高精度，表明PCsP的模型组件化运用策略有效。

2. 一维二维模型的组合并行

当研究区域的空间尺度相差较大时，选择网格通常比较困难，使用较大网格不能很好描述小尺度区域物理量的空间分布及变化，而较小网格会因大尺度区域的网格数目过多而增加不必要的计算量。将复杂区域分解成简单的子区域，在每个子区域上使用适当的网格和模型，通过多模型组合来模拟复杂区域是一个可行的办法。

本例以概化一维及平面二维水动力学模型组合来说明用组合模型解决本类问题的过程[135]。现有水网中某计算域如图2-9所示，上游一维区域长100km，宽1km，断面为矩形，河道比降0.03%。下游二维平面区域为12km×10km的矩形，水下地形为平底，高度等于河道出口高度；两个区域轴线重合，二维区域出口在右侧中间位置，宽度1km；其他地方为固壁边界。网格划分方法如图2-9所示：一维河道等距布置11个断面(一维模型的断面序列可当作一维网格)，从入口到接合处依次编号为C1～C11，两个相邻断面间距离都为10km。二维区域采用200m×200m的正方形网格，X方向共60列网格，用I表示，Y方向共有50行网格，用J表示。网格编号的计算公式为

$$P = (I-1) \times J_{max} \qquad (2-8)$$

式中，P为网格编号；$J_{max}=50$为最大行数。

联接区域在一维模型中为第11号断面。在平面二维模型中为第1列($I=1$)、第23～28行($J=23～28$)，网格编号按式(2-8)计算得23～28。

本例分别采用一维模型、二维模型和两者组合的模型(PCsP)模拟整个区域，衔接区的水位变化过程对比见图2-9(c)。如图2-9(c)所示，三个模型的计算结果十分吻合，表明PCsP可以将一维、二维模型组合运用，而且进一步证明了PCsP对各模块的计算过程控制有效、计算精度可靠。

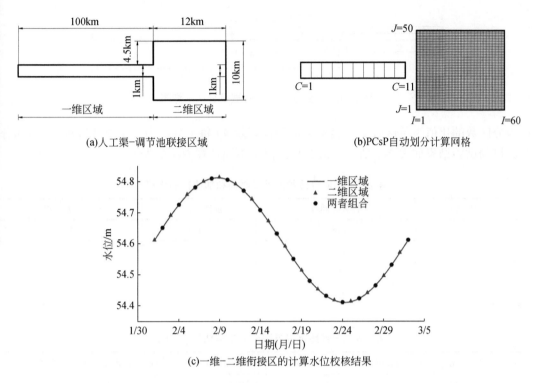

(a)人工渠-调节池联接区域   (b)PCsP自动划分计算网格

(c)一维-二维衔接区的计算水位校核结果

图 2-9　研究区水网某计算域水动力模拟精度测试

3. 并行计算效率与精度测试

本节证明了 PCsP 能在不降低精度情况下进一步提高计算效率。为使实验结果具可比性，采用了标准算例进行实验测试[136]，即使用 PCsP 计算热传导过程，对已有串行程序的并行化效率与精度校验。热传导方程的描述为

控制方程：

$$\frac{\partial u}{\partial t}-\frac{\partial^2 u}{\partial x^2}=0 \quad x\in(0,1),\ t\in(0,T] \tag{2-9}$$

初始条件：

$$u(x,0)=u^0(x) \quad x\in(0,1) \tag{2-10}$$

边界条件：

$$u(0,t)=u(1,t)=0 \quad t\in(0,T] \tag{2-11}$$

假如将整个计算域分为长度相等的两个子区域，前半段记为 A 区域，后半段记为 B 区域。为了实现耦合计算，两个子区域各向对方区域延伸 h 的长度，重叠处有三个重合断面，两子区域 x 的取值区间分别为 $(0,0.5+h]$ 和 $[0.5-h,1)$，两个计算域各有 22 个网格（断面）。两个子区域的模型分别称为组件 A 和组件 B。如图 2-10 所示。

通过调整分区数目，在同一台四核 PC 上计算相同的时间步数(取 2000 步)，比较计算效率。定义加速比为 $S=T_s/T_p$，其中：T_s 为串行计算时间；T_p 为并行计算时间；定义加速

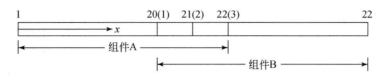

图 2-10 一维热传导计算域及分区示意图

比与分区数的比值为单区效率，表示单进程计算效率(每个分区为一个单独进程)。不同分区数目的试验结果如表 2-7 所示，表 2-8 给出了不同计算方法的误差。

表 2-7 不同分区数的计算时间和加速比的比较

分区数(N)	计算时间/s	加速比(S)	单区效率(S/N)
1	2489	1	1
2	1248	1.99	0.995
4	883	2.82	0.705
6	996	2.50	0.417

表 2-8 一维热传导方程分区求解结果($t=0.5$)

x	真解(10^{-3})	隐式解(10^{-3})	Zhang 等[136]结果(10^{-3})	PCsP 结果(10^{-3})	相对误差/%
0.1	2.2224	2.3654	2.3409	2.3731	6.78
0.3	5.8184	6.1928	6.1266	6.2088	6.71
0.5	7.1919	7.6547	7.5670	7.6623	6.54
0.7	5.8184	6.1928	6.1266	6.2088	6.71
0.9	2.2224	2.3654	2.3409	2.3731	6.78

实验表明，PCsP 不仅保证了计算精度，而且提升了计算效率。同时发现，当分区数为 4 时，这时四个计算核心已经用完，加速比达到最大值 2.82，这意味着，如若增加并行数(分区数)，可进一步减少计算耗时。

2.1.3 各类复杂水网的水流数值实验

1. 环形水网的水流数值实验

本节采用环形水网(looped channel networks，LCN)的标准算例[137]。图 2-11 为 LCN 结构图，表 2-9 为水网通道的水力特征参数。

表 2-9 LCN 通道(河道、渠道等)水力特征参数

通道编号	底坡(S_0)×10^{-4}	曼宁系数	底宽/m	边坡系数	长度/km
1, 10	1	0.025	100	1:2	2

通道编号	底坡$(S_0) \times 10^{-4}$	曼宁系数	底宽/m	边坡系数	长度/km
2, 4, 5, 7, 8	2	0.025	50	1:2	1
3, 6, 9	1	0.025	75	1:2	1

河道和节点的编码见图 2-11，上游边界节点为 6，7 和 8，下游边界节点为 9 和 10。上游节点 6 和 7 给定恒定的入流过程 10m³/s，节点 8 给出了入流流量过程(图 2-12)，下游节点 9 和 10 给定恒定的水位 5m，设定时间步长为 3min。图 2-13 为 PCsP 模拟结果及其与算例结果(Adlul 模拟结果)的对比值，PCsP 模拟结果与算例结果吻合很好，表明 PCsP 能够有效组织各模型进行环形水网水流计算。

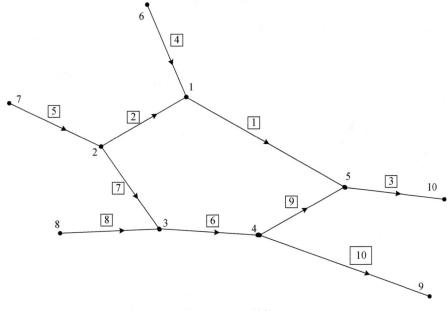

图 2-11　LCN 结构

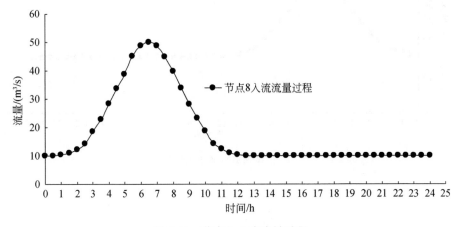

图 2-12　节点 8 入流流量过程

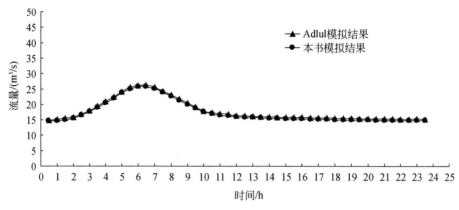

(a)河道1首断面流量对比

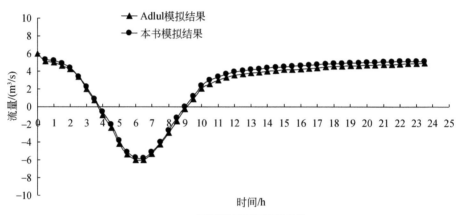

(b)河道7末断面流量对比

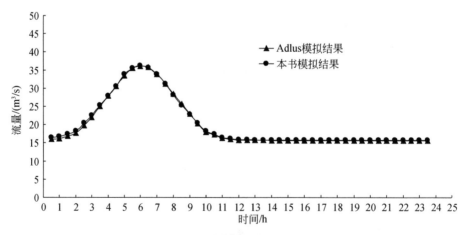

(c)河道6首断面流量对比

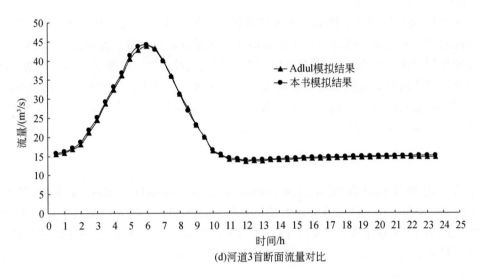

(d)河道3首断面流量对比

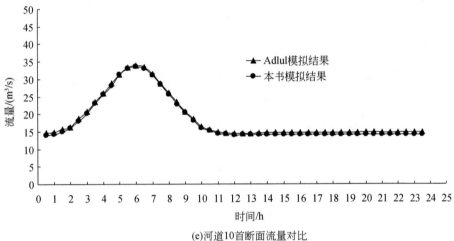

(e)河道10首断面流量对比

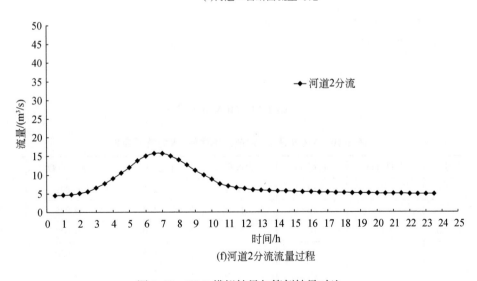

(f)河道2分流流量过程

图 2-13　PCsP 模拟结果与算例结果对比

由图 2-13 还可以看出，随着节点 8 流量逐渐增加，河道过流能力限制了河道 7 产生的流量不能通过，部分流量通过河道 7 由河道 2 承载部分宣泄流量。流量大约为 25m³/s，河道 7 开始出现倒流，至 50m³/s 的最大流量时，倒流流量最大，这些多余的流量通过河道 2 进行分流，致使河道 2 过流流量随着河道 6 流量的加大而变大，这个最大值的出现时间与河道 8 最大流量的出现时间基本一致，证明了该模拟结果准确、合理，进一步表明 PCsP 能有效应对 LCN 多种入流情景下的复杂状况。

2. 混合型水网水流数值实验

本节采用树状和环状混合水网（mixed channel networks，MCN）的标准算例[138]。图 2-14 为 MCN 的结构，河道详细水力特征参数见表 2-10。上游入口节点 1，2，3，4，5，6 和 7 给出相同的流量边界，见图 2-15；下游节点 14 的水位过程边界条件如图 2-16 所示。计算结果见图 2-17，图 2-17（a）为不同算法的节点 11 和节点 12 的水位计算结果，图 2-17（b）给出了渠首断面流量的比较。

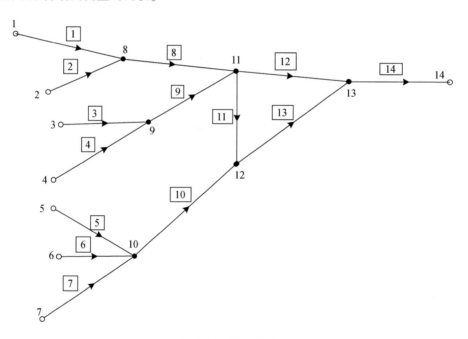

图 2-14　MCN 结构

表 2-10　MCN 通道（河道、渠道等）水力特征参数

河道编号	长度/km	底宽/m	边坡系数	底坡(10⁻⁴)	曼宁系数	河段数/条
1，2，8，9	1.5	10	1：1	2.7	0.022	15
3，4	3.0	10	1：1	4.7	0.025	30
5，6，7，10	2.0	10	1：1	3.0	0.022	20
11	1.2	10	1：0	3.3	0.022	12
12	3.6	20	1：0	2.5	0.022	36

续表

河道编号	长度/km	底宽/m	边坡系数	底坡(10⁻⁴)	曼宁系数	河段数/条
13	2.0	20	1：0	2.5	0.022	20
14	2.5	30	1：0	1.6	0.022	25

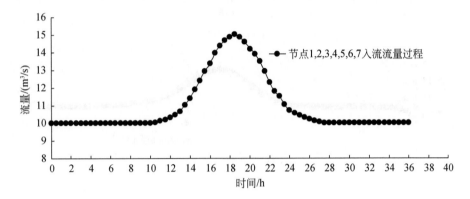

图 2-15　节点 1，2，3，4，5，6，7 入流流量过程

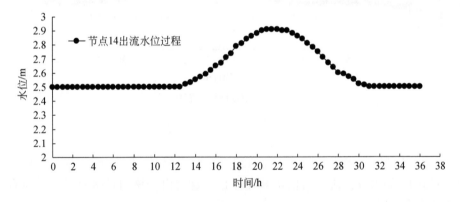

图 2-16　节点 14 出流水位过程

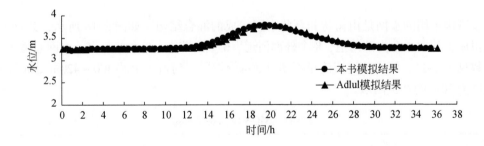

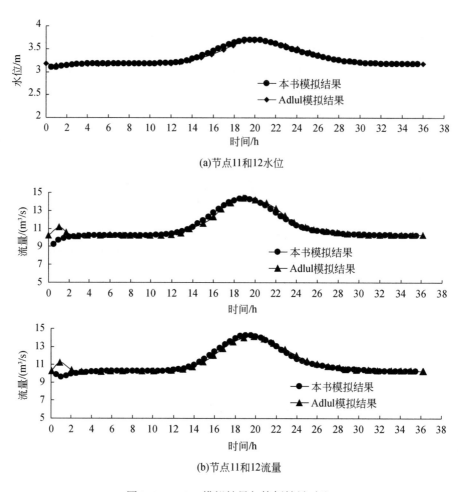

(a)节点11和12水位

(b)节点11和12流量

图 2-17　PCsP 模拟结果与算例结果对比

PCsP 模拟结果与算例结果(Adlul 模拟结果)吻合很好,表明 PCsP 技术同样适用于混合水网。河道 13 的水位、流量明显高于河道 12,这是由于该河道接收了上游所有支流的汇入,计算结果合理。

3. 闸堰调控下的 MCN 实验

本算例采用的水网是由树状和环状水网组成的混合结构,如图 2-18 所示,共有 14 个河道组成,其中 6 个内部河道,8 个外部河道,6 个内节点,8 个外节点,水网通道水力特征参数见表 2-11,河道 3 过流流量不超过 $30\text{m}^3/\text{s}$ [139]。河道 3 上游 400 ~420m 处布设闸堰顶宽度为 20m 的宽顶闸堰。

表 2-11　MCN 水力特征参数

河道编号	长度/km	底宽/m	边坡系数	底坡/10⁻⁴	曼宁系数
1,3,6,10,11	1.2	10	1:0	3.3	0.022
4,7,8,9	1.8	10	1:1	3.3	0.022

河道编号	长度/km	底宽/m	边坡系数	底坡/10⁻⁴	曼宁系数
12，13	2.8	10	1∶1	5.0	0.025
2	2.0	20	1∶0	2.5	0.022
5	3.6	20	1∶0	2.5	0.022
14	2.0	30	1∶0	2.0	0.022

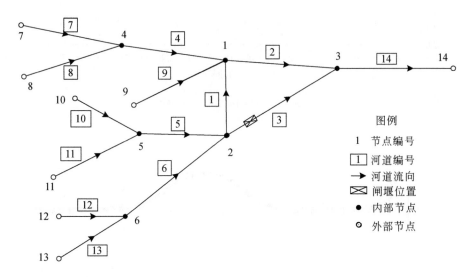

图 2-18　MCN 结构

　　水网节点 7，8，9，10，11，12，13 处给定如图 2-19 所示的入流流量过程；节点 14 处给定出流的水位过程，见图 2-20。所有河道计算断面间距均定义为 100m，闸堰所处位置在河道 3 的断面 5 和断面 6 之间。图 2-21 是无此闸堰情景下水网河道 3 的过流流量、断面 5 和断面 6 的水位与算例结果(YEN 模拟结果)的比较。

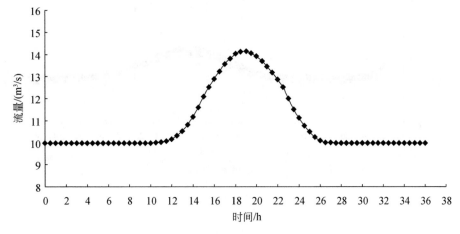

图 2-19　节点 7～13 的入流流量过程

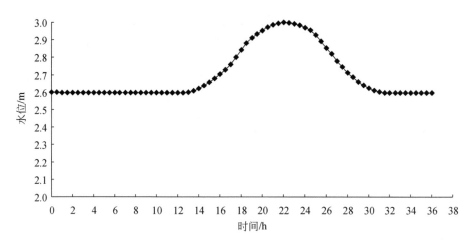

图 2-20　节点 14 出流水位过程

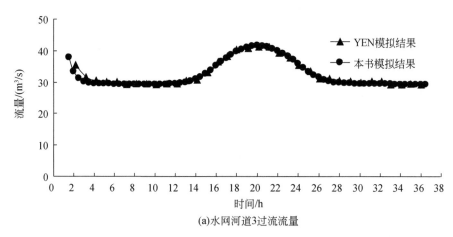

(a)水网河道3过流流量

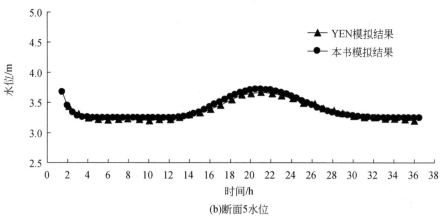

(b)断面5水位

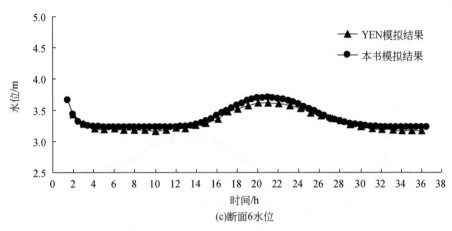

(c)断面6水位

图 2-21　在无此闸堰情况下 PCsP 模拟结果与算例结果对比

图 2-22 和图 2-23 分别为自由出流和淹没出流情况下水网河道堰上过流流量、堰前后水位与算例结果的比较；图 2-24 为水网河道 1 和 3 流量变化过程；表 2-12 给出两种方法

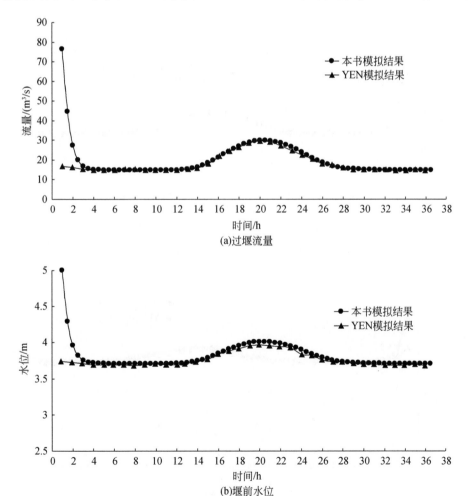

(a)过堰流量

(b)堰前水位

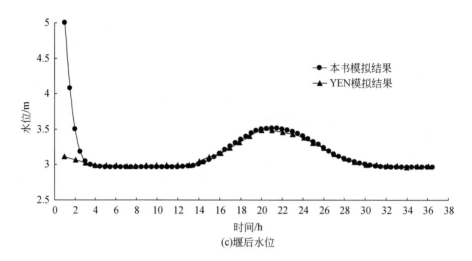

(c)堰后水位

图 2-22　自由出流 PCsP 模拟结果与算例结果对比

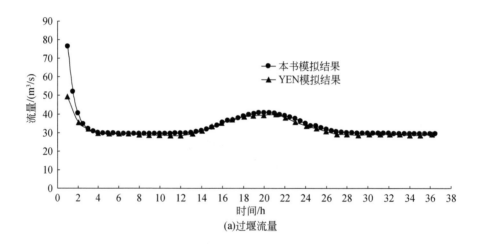

(a)过堰流量

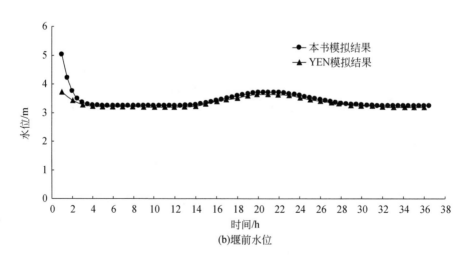

(b)堰前水位

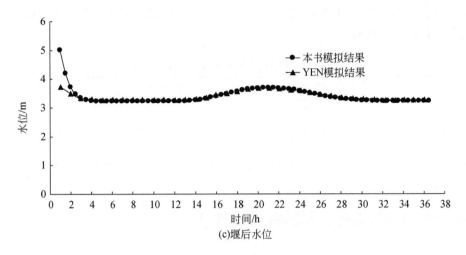

(c)堰后水位

图 2-23 淹没出流 PCsP 模拟结果与算例结果对比

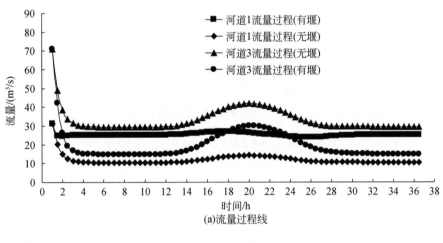

(a)流量过程线

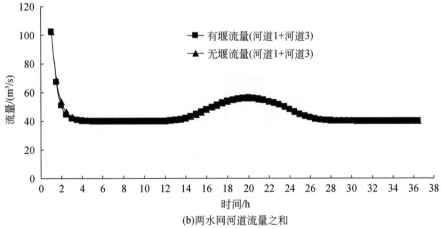

(b)两水网河道流量之和

图 2-24 河道 1 和 3 流量过程线

的误差分析，实验结果表明 PCsP 能自动适应有、无堰转化，而且在此情景下的计算稳定性和收敛性良好，且具有较高精度。

表 2-12　PCsP 模拟结果与算例结果比较

工况	Yen 和 Lin[139] 结果/（m³/s）	PCsP 模拟结果/（m³/s）	相对误差/%
无堰时流量	41.16	41.25	0.22
淹没出流	39.96	40.02	0.15
自由出流	29.61	29.68	0.24

2.1.4　PCsP 的水流水质耦合模拟技术

1. 一维水网模型的水质计算方法

在一维水动力模型基础上，基于均衡域中的物质质量守恒原理，主要考虑污染物的移流和紊动扩散作用，构建一维水动力模型的水质变化计算方法，用于模拟以下 9 种水质变量在试点城市河网常规和应急运行下的输移扩散过程：①假想的一种可降解物质；②假想的一种不可降解物质；③溶解氧；④氨氮；⑤亚硝酸氮；⑥硝酸氮；⑦生化需氧量（BOD）；⑧叶绿素 α；⑨可溶性磷。

河道均衡域的示意图见图 2-25，均衡域在任意时刻的体积为

$$V_j = \frac{1}{4}(A_{j-1/2}+A_j)\Delta x_{j-1} + \frac{1}{4}(A_{j+1/2}+A_j)\Delta x_j \tag{2-12}$$

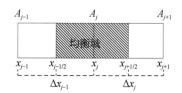

图 2-25　均衡域示意图

式中，A 为河道断面的横截面积；x 为断面的桩号；Δx_j 为 x_{j+1} 与 x_j 的差值。其中，

$$A_{j-1/2}=(A_{j-1}+A_j)/2;$$
$$A_{j+1/2}=(A_{j+1}+A_j)/2。$$

则均衡域的体积为

$$V_j = \frac{1}{8}(A_{j-1}+A_j)\Delta x_{j-1} + \frac{1}{8}(A_{j+1}+A_j)\Delta x_j \tag{2-13}$$

则计算时间步长 Δt 内均衡域中污染物质质量的变化量为

$$\Delta m = V_j^{n+1}C_j^{n+1} - V_j^n C_j^n \tag{2-14}$$

式中，C 为污染物浓度；n 为前一计算时刻；$n+1$ 为后一计算时刻。

移流扩散是水体自净的一个重要作用，其形式主要有移流、分子扩散、紊动扩散和弥

散。考虑到分子扩散以及弥散对水质分布的影响较小，这里主要考虑移流和紊动扩散作用下的水质方程。

1）移流作用

污染物的迁移沿流向 x 的输移通量为 $F_x = uC$，其中，F_x 为过水断面上某点沿 x 方向的污染物输移通量；u 为某点沿 x 方向时均流速；C 为某点污染物的时均浓度。则整个断面的污染物输移速率为

$$F_A = Au_{均}C_{均} = QC_{均} \tag{2-15}$$

式中，F_A 为断面 A 上的污染物输移通量；$u_{均}$ 为断面上的平均流速；$C_{均}$ 为平均浓度；Q 为断面上的流量。则计算时间步长 Δt 内从断面 A 通过的污染物的质量为：$m = F_A\Delta t = Au_{均}C_{均}\Delta t = QC_{均}\Delta t$。

a. 计算时间步长 Δt 内，移流进入均衡域的污染物质量为

$$m_{11} = F_{j-1/2}\Delta t = Q_{j-1/2}C_{j-1/2}\Delta t \tag{2-16}$$

式中，$F_{j-1/2}$ 为 $x_{j-1/2}$ 处的污染物输移率；$Q_{j-1/2}$ 为 $x_{j-1/2}$ 处的平均流量，计算公式为 $Q_{j-1/2} = \frac{Q_{j-1}+Q_j}{2}$；$C_{j-1/2}$ 为 $x_{j-1/2}$ 处的平均浓度，计算公式为 $C_{j-1/2} = \theta C_{j-1}+(1-\theta)C_j$，其中，$\theta$ 为上风因子，取值范围为 $0 \leqslant \theta \leqslant 1$。当 $Q_{j-1/2} > 0$ 时，取 $\theta \geqslant \frac{1}{2}$；当 $Q_{j-1/2} < 0$ 时，取 $\theta < \frac{1}{2}$。若当 $Q_{j-1/2} > 0$ 时，取 $\theta = 1$（或 $Q_{j-1/2} < 0$ 时，取 $\theta = 0$），则为完全上风格式，这时对于移流作用，通过均衡域边界 $x_{j-1/2}$ 处的浓度取为入流方向节点的浓度值。

b. 计算时间步长 Δt 内，移流离开均衡域的污染物质量为

$$m_{12} = F_{j+1/2}\Delta t = Q_{j+1/2}C_{j+1/2}\Delta t \tag{2-17}$$

式中，$F_{j+1/2}$ 为 $x_{j+1/2}$ 处的污染物输移率；$Q_{j+1/2}$ 为 $x_{j+1/2}$ 处的平均流量，计算公式为 $Q_{j+1/2} = \frac{Q_j+Q_{j+1}}{2}$；$C_{j+1/2}$ 为 $x_{j+1/2}$ 处的平均浓度，计算公式为 $C_{j+1/2} = \theta C_j+(1-\theta)C_{j+1}$。

2）离散作用

离散作用可表示为 $M_d = -E_d\frac{\partial C}{\partial x}$。式中，$M_d$ 为污染物沿纵向的离散通量；C 为断面污染物平均浓度；E_d 为纵向离散系数。通常的明渠流中 E_d 可达 $10 \sim 10^3\,\mathrm{m}^2/\mathrm{s}$，与分子扩散系数 E_m 和紊动扩散系数 E_t 比起来大得多，因此在平原河网中，起主导作用的基本上是纵向离散系数。

a. 计算时间步长 Δt 内，离散作用进入均衡域的污染物的质量为

$$m_{41} = A_{j-1/2}M_{dj-1/2}\Delta t = -A_{j-1/2}E_{dj-1/2}\frac{C_j-C_{j-1}}{\Delta x_{j-1}}\Delta t \tag{2-18}$$

式中，$E_{dj-1/2}$ 为 $x_{j-1/2}$ 处的污染离散系数，计算公式为 $E_{dj-1/2} = \frac{E_{dj-1}+E_{dj}}{2}$；$A_{j-1/2}$ 为 $x_{j-1/2}$ 处的过水面积，计算公式为 $A_{j-1/2} = \frac{A_{j-1}+A_j}{2}$。

b. 计算时间步长 Δt 内，离散作用离开均衡域的污染物的质量为

$$m_{42} = A_{j+1/2} M_{dj+1/2} \Delta t = -A_{j+1/2} E_{dj+1/2} \frac{C_{j+1} - C_j}{\Delta x_j} \Delta t \tag{2-19}$$

式中，$E_{dj+1/2}$ 为 $x_{j+1/2}$ 处的污染物离散系数，计算公式为 $E_{dj+1/2} = \frac{E_{dj+1} + E_{dj}}{2}$；$A_{j+1/2}$ 为 $x_{j+1/2}$ 处的过

水面积，计算公式为 $A_{j+1/2} = \frac{A_{j+1} + A_j}{2}$。

则污染物在均衡域的质量变化为

$$\begin{aligned}
\Delta m_1 &= m_{11} - m_{12} + m_{41} - m_{42} \\
&= Q_{j-1/2} C_{j-1/2} \Delta t - Q_{j+1/2} C_{j+1/2} \Delta t \\
&\quad - A_{j-1/2} E_{dj-1/2} \frac{C_j - C_{j-1}}{\Delta x_{j-1}} \Delta t + A_{j+1/2} E_{dj+1/2}
\end{aligned} \tag{2-20}$$

对公式（2-20）进行求解，即可以计算出水质变化的过程。

2. 二维水网模型水动力水质耦合模拟

PCsP 推荐采用基本无震荡（essentially non-oscillatory，ENO）格式，构建非结构三角形网格二维水动力–水质的数学模型，采用 Roe 格式求解跨单元边界的法向通量。二维浅水控制方程及污染物对流–扩散方程表达形式如下

$$\begin{cases}
\dfrac{\partial h}{\partial t} + \dfrac{\partial (hu)}{\partial x} + \dfrac{\partial (hv)}{\partial y} = 0 \\[2mm]
\dfrac{\partial (hu)}{\partial t} + \dfrac{\partial (hu^2 + gh^2/2)}{\partial x} + \dfrac{\partial (huv)}{\partial y} = gh(S_{ox} - S_{fx}) \\[2mm]
\dfrac{\partial (hv)}{\partial t} + \dfrac{\partial (huv)}{\partial x} + \dfrac{\partial (hu^2 + gh^2/2)}{\partial y} = gh(S_{oy} - S_{fy})
\end{cases} \tag{2-21}$$

$$\frac{\partial (hC)}{\partial t} + \frac{\partial (huC)}{\partial x} + \frac{\partial (hvC)}{\partial y} = \frac{\partial}{\partial} \left(D_x \frac{\partial (hC)}{\partial x} \right) + \frac{\partial}{\partial} \left(D_y \frac{\partial (hC)}{\partial y} \right) + S \tag{2-22}$$

式中，t 为时间；g 为重力加速度；h 为水深；u、v 分别为 x、y 方向的水平流速分量；S_{ox}、S_{oy} 分别为 x、y 方向上的水底坡度；$S_{fx} = \dfrac{n^2 u \sqrt{u^2 + v^2}}{h^{4/3}}$、$S_{fy} = \dfrac{n^2 v \sqrt{u^2 + v^2}}{h^{4/3}}$ 分别为 x、y 方向的摩阻底坡；S 为污染物的源汇项；D_x、D_y 分别为 x、y 方向污染物的扩散系数；C 为污染物（化学需氧量（COD）、生化需氧量（BOD）等）学的垂线平均浓度。

跨单元边界的法向通量的计算用黎曼（Riemann）间断问题的 Roe 解法，界面两侧变量值用 ENO 格式进行组合重构。

$$(F \cdot n)_{lr} = \frac{1}{2} \left\{ (f \cdot n)_l + (f \cdot n)_r - \sum \bar{\alpha}_k \bar{\rho}_k \bar{e}_k \right\} \tag{2-23}$$

式中，f 为二维浅水控制方程；$\bar{\alpha}_1 = [h] - \bar{\alpha}_4$；$\bar{\alpha}_2 = \{[Ch] - \bar{c}[h]\} - \bar{\alpha}_3$。$\bar{\alpha}_3 = \dfrac{1}{2\bar{c}} \{([\bar{v}h] n_x +$

$\bar{u}[h] n_y) - ([Ch] + \bar{c}[h] \bar{c}) - ([vh] n_x + [uh] n_y)\}$；$\bar{\alpha}_4 = \dfrac{1}{2\bar{c}} \{([uh] n_x + [vh] n_y) - ([\bar{u}h] n_x +$

$\bar{v}[h] n_y) - \bar{c}[h]\}$。$\bar{\rho}_1 = \bar{u} n_x + \bar{v} n_y - \bar{c} n$；$\bar{\rho}_2 = \bar{u} n_x + \bar{v} n_y$；$\bar{\rho}_3 = \bar{u} n_x + \bar{v} n_y$；$\bar{\rho}_4 = \bar{u} n_x + \bar{v} n_y + \bar{c} n$。

$$\vec{e}_1 = \begin{bmatrix} 1 \\ \bar{u}-\bar{c}n_x \\ \bar{v}-\bar{c}n_y \\ C \end{bmatrix}; \quad \vec{e}_2 = \begin{bmatrix} 0 \\ -\bar{c}n_y \\ \bar{c}n_x \\ 1 \end{bmatrix}; \quad \vec{e}_3 = \begin{bmatrix} 0 \\ \bar{c}n_y \\ -\bar{c}n_x \\ 1 \end{bmatrix}; \quad \vec{e}_4 = \begin{bmatrix} 1 \\ \bar{u}+\bar{c}n_x \\ \bar{v}+\bar{c}n_y \\ C \end{bmatrix}。$$

$\bar{u}$，$\bar{v}$，$\bar{c}$ 为质量加权平均值为

$$\bar{u} = \frac{\langle u\sqrt{h}\rangle}{\langle\sqrt{h}\rangle} = \frac{u_1\sqrt{h_1}+u_r\sqrt{h_r}}{\sqrt{h_1}+\sqrt{h_r}}; \quad \bar{v} = \frac{\langle v\sqrt{h}\rangle}{\langle\sqrt{h}\rangle} = \frac{v_1\sqrt{h_1}+v_r\sqrt{h_r}}{\sqrt{h_1}+\sqrt{h_r}}; \quad \bar{c} = \sqrt{\frac{1}{2}g(h_1+h_r)}。$$

在非结构网格中，ENO 格式的构造较为复杂，现考虑一阶 ENO 多项式的构造，如图 2-26，在单元 1 中构造一个线性多项式，设构造的多项式为 $P^k(x, y) = a+bx+cy$，其中 $k = 1，2，3$。以单元 1，2，3 构造为例，记：$s = \{\Delta_1, \Delta_2, \Delta_3\}$，令 $P_I(x, y) = u_I(x, y)$，$I = 1，2，3$ 可得

$$A\alpha = U \tag{2-24}$$

其中，$\alpha = (a, b, c)^\mathrm{T}$；$U = (u_1, u_2, u_3)^\mathrm{T}$；

$$A = \begin{bmatrix} 1 & \langle x\rangle_{\Delta_1} & \langle y\rangle_{\Delta_1} \\ 1 & \langle x\rangle_{\Delta_2} & \langle y\rangle_{\Delta_2} \\ 1 & \langle x\rangle_{\Delta_3} & \langle y\rangle_{\Delta_3} \end{bmatrix}$$

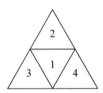

图 2-26　ENO 格式控制单元

如果矩阵 A 可逆，则上式方程有唯一解，一般情况下矩阵 A 都是可逆的。由克莱姆（Gramer）法则求出多项式系数 a，b，c 为

$$\begin{cases} a = ((u_1\alpha_1+u_2\alpha_2+u_3\alpha_3)/|A|) \\ b = ((u_1\beta_1+u_2\beta_2+u_3\beta_3)/|A|) \\ c = ((u_1\gamma_1+u_2\gamma_2+u_3\gamma_3)/|A|) \end{cases} \tag{2-25}$$

式中，

$$\begin{cases} \alpha_1 = \langle x\rangle_{\Delta_2}\langle y\rangle_{\Delta_3}-\langle x\rangle_{\Delta_3}\langle y\rangle_{\Delta_2} \\ \alpha_2 = \langle x\rangle_{\Delta_3}\langle y\rangle_{\Delta_1}-\langle x\rangle_{\Delta_1}\langle y\rangle_{\Delta_3}; \\ \alpha_3 = \langle x\rangle_{\Delta_1}\langle y\rangle_{\Delta_2}-\langle x\rangle_{\Delta_2}\langle y\rangle_{\Delta_1} \end{cases} \begin{cases} \beta_1 = \langle y\rangle_{\Delta_2}-\langle y\rangle_{\Delta_3}, \ \beta_2 = \langle y\rangle_{\Delta_3}-\langle y\rangle_{\Delta_1}, \ \beta_3 = \langle y\rangle_{\Delta_1}-\langle y\rangle_{\Delta_2} \\ \gamma_1 = \langle x\rangle_{\Delta_3}-\langle x\rangle_{\Delta_2}, \ \gamma_2 = \langle x\rangle_{\Delta_1}-\langle y\rangle_{\Delta_3}, \ \gamma_3 = \langle x\rangle_{\Delta_2}-\langle x\rangle_{\Delta_1} \end{cases};$$

令 $\begin{cases} \varphi_1(x, y) = (\alpha_1+\beta_1 x+\gamma_1 y) \\ \varphi_2(x, y) = (\alpha_2+\beta_2 x+\gamma_2 y) \\ \varphi_3(x, y) = (\alpha_3+\beta_3 x+\gamma_3 y) \end{cases}$，则线性多项式为 $p(x, y) = u_1\varphi_1(x, y)+u_2\varphi_2(x, y)+u_3\varphi_3(x, y)$。

取点 (x, y) 为单元 1 边中点坐标时，$u_L = u_1\varphi_1(x, y)+u_2\varphi_2(x, y)+u_3\varphi_3(x, y)$。

同理，以单元 2，3，4 为主单元构造多项式来求得相应的 u_R。拟在构造的 3 个多项式中，选取 $|a|+|b|$ 最小的一个，以保证选取多项式的"最光滑"。这样，本研究所构造的格式具有数学推导意义上的二阶精度，几乎能够满足各类水网水动力水质耦合模拟精度和实时性要求。

2.2　水网闸控输水通道谐振机理研究

波动幅度大、持续时间长是渠道谐振的最大特点。谐振的存在使渠道更难以控制，对水网安全运行危害也最大（图 2-27）。对于闸控输水通道而言，虽说谐振是由水网结构和水力特征参数决定的，但闸门运用不当才是谐振的最直接诱因。因此，分析和掌握谐振产生机理，并由此制定避振控制策略，是已建成的闸控输水通道无人值守自动化运行的前提和基础。本节利用增量估计方法，列写出时域圣维南微分方程，在复数域进行拉普拉斯（Laplace）变换和求解，以研究非恒定流过程大时滞、强耦合等水动力特性，并对积分–时滞模型在成熟 PID 技术下的设计实现进行了探讨，不仅阐明了闸控输水通道谐振机理，而且定量解析出上、下游闸门联合运用下的水网水动力互馈作用。

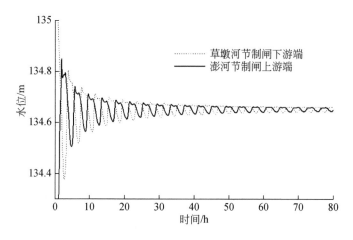

图 2-27　南水北调中线干渠输水过程发生谐振——PCsP 模拟再现（南水北调中线北京—石家庄段）

2.2.1　水网非恒定流输水过程时域数学模型

1. 水网非恒定流输水过程数学建模的条件设定

水网非恒定流输水过程通常采用 St. Venant 方程组描述，St. Venant 方程组是建立在一些前提与假设的基础之上，这些给定的前提条件是：①过水断面上的流速为均匀分布，流线弯曲小，过水断面动水压强分布符合静水压强分布规律；②断面水面水平，垂直方向的加速度可忽略，水流为长波渐变的瞬时流态，水面波动连续渐变；③河床为定床，河床底坡 $i \leqslant 0.1$（底坡线与水平线夹角 $\theta \leqslant 6°$）；④水网通道（河道、渠道等）纵坡、底坡与水平线夹角的余弦近似等于1，其夹角正切值与正弦值近似相等；⑤仅考虑沿程水头损失，局部水头损失可以忽略不计，边界糙率的影响和紊动可采用恒定流阻力公式计算。尽管水网非恒定流输水过程是非线性问题，若水网非恒定流满足该项前提和设定，就可以忽略系统非线性影响，用线性化方法来分析水网输水的非线性特征，这样就简化了复杂水网的建模过程[140]，这样一来，控制体积法、小偏差分析法等增量线性化手段，均可用来构建水网非恒定流输水过程时域数学模型。利用增量估计技术，建立时域数学模型需要完成如下三个步骤。

（1）识别水网状态的关键控制变量，确定受控对象的输入和输出。水网通道（河道、渠道等）的宽度、深度和长度相比可忽略不计，通道中的水流可认为是一元流。一元流输水过程中水位流量沿程变化对水网的影响最大，水位、流速沿程断面变化对其影响较小，本研究选用控制点水位 Z 和流量 Q 为控制变量，建立时域水动力学模型。

（2）分析水网非恒定流输水过程所遵循的物理规律，列出水网在稳态工作点附近的增量表达式，写出相应的微分方程。本节研究选取了有限控制体，利用能量守恒定律和动量定理对该控制体进行总流分析，列写出受控体积的平衡方程。

（3）消去中间变量，得到输出量和输入量之间的微分方程关系式，便是时域数学模型。为简化分析，本节研究将与输入量有关的项写在方程的右端，与输出量有关的项写在方程左端，方程两端变量的导数均按降幂排列。

接下来，主要对较为复杂的步骤(2)和(3)进行更为详细的介绍。

2. 水网通道的水力学微分方程式推导

微分方程是在时间域描述系统动态特性的数学模型。只要给定输入量和初始条件，便可对微分方程式求解，由此可了解系统输出量随时间变化的特性。时域数学模型不涉及任何变换，模型物理意义明确、概念清楚，是复数域变换的基础。本节研究从第一性原理出发，截取水网通道的某一连续流段，对流段（控制体积）内水流流动特性进行研究，推导出水网通道的水力学微分方程式，控制体积及水力参数示意图如图 2-28 所示。

1）水流连续性方程微分方程式推导

由质量守恒定理可知，总流入控制体内的流量必等于总的从控制体内流出的流量与控制体内流量的累积。

a. 单位时间内流量在控制体内累积

$$\rho \mathrm{d}x \frac{\partial A}{\partial t} \tag{2-26}$$

式中，t 为时间；ρ 为渠道内水流密度；A 为过水断面面积。水网中的人工通道多为棱柱或近似棱柱形渠道，断面规则。假定过水断面面积 A 通道水深的函数 $A = A(Z)$，则 $\frac{\partial A}{\partial t}$ 可表达为

$$\frac{\partial A}{\partial x} = B \frac{\partial Z}{\partial t} \tag{2-27}$$

式中，B 为过水断面宽度。

将其代入式(2-26)，可得

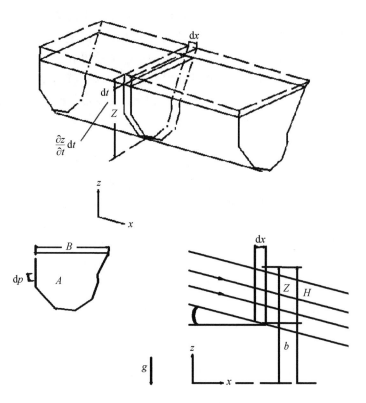

图 2-28 控制体积及水力参数示意图

$$\rho \mathrm{d}xB \frac{\partial Z}{\partial t} \tag{2-28}$$

b. 流入控制体的流量为

$$\rho Q + \rho \, q_l \tag{2-29}$$

式中，Q 为断面流，q_l 为单位长度上的旁侧入流或出流。

c. 流出控制体的流量为

$$-\rho \left(Q + \frac{\partial Q}{\partial x}\mathrm{d}x \right) \tag{2-30}$$

联立式(2-28)、式(2-29)和式(2-30)可得控制体内流量平衡表达式为

$$\rho \mathrm{d}xB \frac{\partial Z}{\partial t} = -\rho \, \frac{\partial Q}{\partial x}\mathrm{d}x + \rho \, q_l \mathrm{d}x \tag{2-31}$$

两边同除以 $\mathrm{d}x$ 和 ρ，式(2-31)则可简化表达为

$$B \frac{\partial Z}{\partial t} + \frac{\partial Q}{\partial x} = q_l \tag{2-32}$$

2）总流动量方程式的微分推导过程

由动量定理可知，控制体内动量的增量等于流入控制体的净动量加上作用于该控制体所有外力带来的冲量之和。那么控制体的动量在某一方向的变化，等于作用于该控制体上所有外力的冲量在同一方向上投影的代数和。如果视渠道断面平均流速 V 和瞬时流速 v 与

动量投影轴夹角相等，且设该夹角为 θ，列写控制体沿 x 轴方向的动量平衡表达式为

$$\rho A\mathrm{d}xV\cos\theta = \rho Q\cos\theta\mathrm{d}x\beta \tag{2-33}$$

a. 单位时间控制体内动量的增量为

$$\frac{\partial}{\partial t}(\rho Q)\beta\cos\theta\mathrm{d}x \tag{2-34}$$

式中，β 为动量修正系数，

$$\beta = \frac{\int_A v^2\mathrm{d}A}{V^2 A} \tag{2-35}$$

式(2-35)表示单位时间内通过断面实际动量与单位时间内以相应的断面平均流速通过动量的比值。

b. 进入控制体的净动量。单位时间内流入控制体的水体质量为 ρQ，平均流速在 x 方向上的投影为 $V\cos\theta$，则作用于控制体的动量为

$$\rho\beta QV\cos\theta \tag{2-36}$$

同理可得，控制体对外释放的动量为

$$-\rho\beta QV\cos\theta - \frac{\partial}{\partial x}(\rho\beta QV\cos\theta)\,\mathrm{d}x \tag{2-37}$$

将式(2-36)和式(2-37)相加，其结果为进入控制体的净动量

$$-\frac{\partial}{\partial x}(\rho\beta QV\cos\theta)\,\mathrm{d}x \text{ 或} -\frac{\partial}{\partial x}\left(\rho\beta\frac{Q^2}{A}\cos\theta\right)\mathrm{d}x \tag{2-38}$$

c. 作用于控制体的各外力冲量。考虑重力 G；边壁阻力 F_{fr}；压力 F_p 对控制体作用，列出各应力在 x 方向上的冲量表达式。边壁剪切应力在 x 方向上的冲量为

$$F_{\mathrm{fr}} = -\tau\cos\theta P\mathrm{d}x \tag{2-39}$$

根据 Manning 经验公式，可知边壁剪切应力 τ 为

$$\tau = \rho\,|\,V\,|\,Vg\,\frac{n^2}{R^{\frac{1}{3}}} \tag{2-40}$$

定义 $P = A/R$，则边壁剪切阻力造成的冲量，将式(2-39)改写为

$$F_{fr} = \frac{-\rho\,|\,Q\,|\,Qg\,n^2}{A\,R^{\frac{4}{3}}}\cos\theta\mathrm{d}x \tag{2-41}$$

压力 F_p 冲量为

$$F_p = \int_V \nabla p\mathrm{d}V \tag{2-42}$$

式中，∇ 为梯度算子，p 为压力，$\nabla = \left(\dfrac{\partial}{\partial x},\ \dfrac{\delta}{\delta y},\ \dfrac{\partial}{\partial z}\right)$。$y$ 轴垂直于 x 轴与 z 轴，V 为控制体体积。则压力冲量在 x 方向上的投影为

$$F_{p,s} = \left(\int_A \frac{\partial p}{\partial x}\mathrm{d}A\right)\mathrm{d}x \tag{2-43}$$

由基本假设(1)可知，过水断面动水压强分布符合静水压强分布规律。设静水压力分布满足[94]

$$p = \rho gz\cos^2\theta + p_0 \tag{2-44}$$

式中，p_0 为大气压力；$\cos^2\theta$ 因子为静水压力与 x 方向垂直。由图 2-28 可知，水网通道水位 $H(x, t)$、水深 $Z(x, t)$ 和底部高程 $b(x, t)$ 满足 $H = Z + b$，并将其代入式（2-44），可得过水断面的压力梯度场为

$$\frac{\partial p}{\partial x} = \rho g \frac{\partial}{\partial x}(Z + b - z)\cos^2\theta \qquad (2\text{-}45)$$

向量 z 与 x 轴垂直，则 $\frac{\partial z}{\partial x} = 0$，又由于 $\frac{\partial b}{\partial x} = -\sin\theta$，式（2-45）可进一步写为

$$\frac{\partial p}{\partial x} = \rho g\left(\frac{\partial X}{\partial x} - \sin\theta\right)\cos^2\theta \qquad (2\text{-}46)$$

将式（2-46）在过水断面 A 上对坐标 x 积分，可得压力净冲量 $F_{p,x}$ 为

$$F_{p,x} = -\left(\int \frac{\partial p}{\partial x}\mathrm{d}A\right)\mathrm{d}x = \rho g\left(\sin\theta - \frac{\partial Z}{\partial x}\right)\cos^2\theta A\mathrm{d}x \qquad (2\text{-}47)$$

联立式（2-34）、式（2-38）、式（2-41）和式（2-47）得

$$\frac{\partial}{\partial t}(\rho Q)\cos\theta\mathrm{d}x = -\frac{\partial}{\partial x}\left(\rho\beta\frac{Q^2}{A}\right)\cos\theta\mathrm{d}x - \frac{-\rho|Q|Qgn^2}{AR^{\frac{4}{3}}} - \cos\theta\mathrm{d}x$$

$$+\rho g\left(\sin\theta - \frac{\partial Z}{\partial x}\right)\cos^2\theta A\mathrm{d}x \qquad (2\text{-}48)$$

式（2-48）两边同除以共同项 ρ、$\cos\theta$ 和 $\mathrm{d}x$，产生如下偏微分方程

$$\frac{\partial Q}{\partial t} = -\frac{\partial}{\partial x}\left(\beta\frac{Q^2}{A}\right)\cos\theta\mathrm{d}x - \frac{|Q|Qgn^2}{AR^{\frac{4}{3}}} + g\left(\sin\theta - \frac{\partial Z}{\partial x}\right)\cos^2\theta A \qquad (2\text{-}49)$$

其中，

$$\frac{\partial}{\partial x}\left(\beta\frac{Q^2}{A}\right) = 2\beta\frac{Q}{A}\frac{\partial Q}{\partial x} - \beta\frac{Q^2}{A^2}\frac{\partial A}{\partial x} \qquad (2\text{-}50)$$

渐变流的动量修正系数值为 1.02～1.05，为计算简便计，本书取 β 为 1.0。又由基本假设（3）知 $\cos\theta \approx 1$、$\sin\theta \approx \theta$。将式（2-50）代入式（2-49）中。式（2-50）最终转化为

$$\frac{\partial Q}{\partial t} = -2\frac{Q}{A}\frac{\partial Q}{\partial x} + \left(\frac{Q}{A}\right)^2\frac{\partial A}{\partial x} - \frac{|Q|Qgn^2}{AR^{\frac{4}{3}}} + g\left(\theta - \frac{\partial Z}{\partial x}\right)A \qquad (2\text{-}51)$$

式（2-32）被称为连续方程，式（2-51）被称为动量方程。式（2-32）和式（2-51）共同构成了时域 St. Venant 方程组。

3）水网通道水动力时域微分方程式

忽略渠池旁侧入流 q_l 对渠道内水流波动过程的影响，将渠池旁侧入流与分水口分水共同作为渠道系统扰动，故可略去式（2-32）中的 q_l 项。此外，设

$$W = -B\left(\left(\frac{Q}{A}\right)^2\frac{\partial Z}{\partial x} + \frac{|Q|Qgn^2}{AR^{\frac{4}{3}}} - g\left(\theta - \frac{\partial Z}{\partial x}\right)\right)A \qquad (2\text{-}52)$$

时域 St. Venant 方程组可简写为

$$B\frac{\partial Z}{\partial t} + \frac{\partial Q}{\partial x} = 0 \qquad (2\text{-}53)$$

$$\frac{\partial Q}{\partial t} + 2\frac{Q}{A}\frac{\partial Q}{\partial x} + W = 0 \qquad (2\text{-}54)$$

设渠道稳态流速为 V_0；水波传输速度为 c_0；稳态水面宽度为 B_0；稳态水位为 Z_0；稳态流量为 Q_0；则水位偏差 $h=Z-Z_0$；流量偏差 $q=Q-Q_0$。给出 St. Venant 方程组的增量线性化表达为

$$\frac{\partial q}{\partial x}+B_0\frac{\partial h}{\partial t}=0 \tag{2-55}$$

$$\frac{\partial q}{\partial t}+2\,V_0\frac{\partial q}{\partial x}+\left(c_0^2-V_0^2\right)B_0\frac{\partial h}{\partial x}-\beta_0 q-\gamma_0 h=0 \tag{2-56}$$

式中，

$$\beta_0=\frac{\partial W}{\partial Q_0}\bigg|_0=-\frac{2gQ_0 n^2}{A_0 R_0^{\frac{4}{3}}}+\frac{2Q_0 B_0}{A_0^2}\left(\frac{\partial Z}{\partial x}\right)_0 \tag{2-57}$$

$$\gamma_0=\frac{\partial W}{\partial Y}\bigg|_0 \tag{2-58}$$

已知渠道在稳定状态时 $W_0=0$，将式（2-52）增量线性化为

$$\frac{Q_0^2 g\,n^2}{A_0 R_0^{\frac{4}{3}}}-g\theta A_0-B_0\frac{Q_0^2}{A_0^2}\left(\frac{\partial Z}{\partial x}\right)_0+gA_0\left(\frac{\partial CZ}{\partial x}\right)_0=0 \tag{2-59}$$

渠道稳态流速为 $V_0=Q_0/A_0$，将 $V_0=Q_0/A_0$ 代入式（2-59），式（2-59）两边再同除以 B_0，化简后可得

$$\frac{Q_0^2 g\,n^2}{B_0 A_0 R_0^{\frac{4}{3}}}-\frac{g\theta A_0}{B_0}-\left(V_0^2-\frac{gA_0}{B_0}\right)\left(\frac{\partial Z}{\partial x}\right)_0=0 \tag{2-60}$$

定义 Froude 数 $\mathrm{Fr}_0=V_0/c_0$，式（2-60）进一步改写为

$$\frac{V_0^2 n^2}{R_0^{\frac{4}{3}}}=\theta+\left(\mathrm{Fr}_0^2-1\right)\left(\frac{\partial Z}{\partial x}\right)_0 \tag{2-61}$$

将 $V_0=Q_0/A_0$ 代入式（2-57），可得

$$\beta_0=-\frac{2gV_0^2 n^2}{V_0\,R_0^{\frac{4}{3}}}+2\,V_0 g\frac{B_0}{gA_0}\left(\frac{\partial Z}{\partial x}\right)_0 \tag{2-62}$$

利用式（2-61）、c_0 和 Fr_0 对式（2-62）进行改写

$$\begin{aligned}\beta_0&=-\frac{2g}{V_0}\left(\theta+\left(\mathrm{Fr}_0^2-1\right)\left(\frac{\partial Z}{\partial x}\right)_0\right)+2\,V_0 g\frac{1}{c_0^2}\left(\frac{\partial Z}{\partial x}\right)_0\\&=-\frac{2g}{V_0}\left(\theta+\left(\mathrm{Fr}_0^2-1\right)\left(\frac{\partial Z}{\partial x}\right)_0\right)+\frac{2g}{V_0}\mathrm{Fr}_0^2\left(\frac{\partial Z}{\partial x}\right)_0\\&=-\frac{2g}{V_0}\left(\theta-\left(\frac{\partial Z}{\partial x}\right)_0\right)\end{aligned} \tag{2-63}$$

定义 $I_r=\theta/(\mathrm{d}Z/\mathrm{d}x)$，则 β_0 最终可表达为

$$\beta_0=-\frac{2g}{V_0}\theta(1-I_r) \tag{2-64}$$

通过类似变换，γ_0 可表达为

$$\gamma_0=g\theta B_0\left(\left(1+\kappa-\left(1+\kappa+(\kappa-2)\right)\mathrm{Fr}_0^2\right)I_r\right) \tag{2-65}$$

式中，

$$\kappa = 1 + \frac{4}{3} \frac{P_0 \mathrm{d}R}{B_0 \mathrm{d}Z}\bigg|_0 \qquad (2\text{-}66)$$

式(2-64)和式(2-66)为水力参数β_0和γ_0的最终简化表达式。式(2-55)和式(2-56)合称为非恒定流过程增量微分方程组,是非恒定流动态特性在时间域的数学描述。

2.2.2 水网通道非恒定流输水过程的复数域模型

针对时域数学模型,若给定初始边界条件,采用数值方法就可以迅速求解,所用数值方法有特征线法、有限差分法、有限元法和 Riemann 解法等。但是如果水网通道结构、水力参数或运行工况有些许改变,就要重新修正上、下游边界、列写并求解微分方程,这给变化环境下的水网水动力特征分析和闸控系统设计带来不便。传递函数不仅可以表征复杂系统的动态性能,而且可以用来研究复杂系统的结构或参数变化对系统性能的影响。

Laplace 变换具有重大的数学意义,Laplace 变换将指数关系运算转换为乘法关系运算,从而将微分方程化为代数方程,使问题得以解决。本节用 Laplace 变换法求解线性系统微分方程,得到了水网非恒定流输水过程在复数域中的数学模型(传递函数矩阵)。在研究中,Laplace 变换可将渠道内水位、流量等水力学信息从时域转换到复数域,Laplace 变换法解线性定常微分方程的步骤如下。

(1)考虑初始条件,对微分方程中的每一项进行 Laplace 变换,将微分方程转换为变量 s 的代数方程 $F(s)$,即复数域数学模型。

(2)由代数方程求出输出变量 Laplace 变换函数的表达式。

(3)对输出量 Laplace 变换函数求反变换,得到输出量的时域表达式,即为所求微分方程的解。

1. 时域微分方程至复数域模型的转换

将式(2-55)两边同乘以$-2V_0$再加到式(2-56),式(2-56)变为

$$\frac{\partial q}{\partial t} - 2V_0\beta_0\frac{\partial h}{\partial t} + (c_0^2 - V_0^2)B_0\frac{\partial h}{\partial x} - \beta_0 q - \gamma_0 h = 0 \qquad (2\text{-}67)$$

设 $h(x,s)$、$q(x,s)$ 分别为 $h(x,t)$ 和 $q(x,t)$ 的象函数。对式(2-67)进行 Laplace 变换,得

$$sq(x,s) - 2B_0V_0h(x,s) + (c^2 - V_0^2)B_0\frac{\partial h}{\partial x} - \beta_0 q(x,s) - \gamma_0 h(x,s) = 0 \qquad (2\text{-}68)$$

合并同类项,

$$-(2B_0V_0s + \gamma_0)h(x,s) + (c^2 - V_0^2)B_0\frac{\partial h}{\partial x} - (\beta_0 - s)q(x,s) = 0 \qquad (2\text{-}69)$$

将式(2-69)两边同除以$(c^2 - V_0^2)B_0$,可得

$$\frac{2B_0V_0s + \gamma_0}{(c^2 - V_0^2)B_0}h(x,s) + \frac{\beta_0 - s}{(c^2 - V_0^2)B_0}q(x,s) = \frac{\partial}{\partial x}h(x,s) \qquad (2\text{-}70)$$

式(2-55)经 Laplace 变换,可得

$$-sB_0 h(x, s) = \frac{\partial}{\partial x} q(x, s) \tag{2-71}$$

式(2-71)两边同时对 x 积分,将积分后的方程代入式(2-69),式(2-69)可改写为

$$-(c_0^2 - V_0^2)\frac{\partial^2}{\partial x^2} h(x, s) + (2 V_0 s + \gamma_0)\frac{\partial}{\partial x} h(x, s) + (s^2 + \beta_0 s) h(x, s) = 0 \tag{2-72}$$

式(2-72)可认为以 x 为变量的齐次二阶微分方程,其特征方程为

$$-(c_0^2 - V_0^2) r^2 + (2 V_0 s + \gamma_0) r + s^2 + \beta_0 s = 0 \tag{2-73}$$

求得式(2-73)的特征根为

$$p_{1,2}(s) = \frac{2B_0 V_0 s + \gamma_0 \pm \sqrt{(2B_0 V_0 s + \gamma_0)^2 - 4(c_0^2 - V_0^2) B_0^2 s (\beta_0^2 - s)}}{2(c_0^2 - V_0^2) B_0} \tag{2-74}$$

设 $v(x, s) = [h(x, s) \quad q(x, s)]^{\mathrm{T}}$,将式(2-70)和(2-71)表达为传递函数矩阵形式,即

$$\frac{\mathrm{d}v}{\mathrm{d}x} = F(x, s) v \tag{2-75}$$

式中,

$$F(x, s) = \begin{pmatrix} \dfrac{2B_0 V_0 s + \gamma_0}{(c_0^2 - V_0^2) B_0} & \dfrac{\beta_0 - s}{(c_0^2 - V_0^2) B_0} \\ -sB_0 & 0 \end{pmatrix} \tag{2-76}$$

2. 复数域传递函数的 Laplace 反变换

本节对 St. Venant 传递函数矩阵进行 Laplace 反变换,构造出矩阵解空间。式(2-73)有两个不同的特征根。运用分解部分分式法,对式(2-70)进行 Laplace 反变换,可获取其通解表达式为

$$h(x, s) = k_1 e^{p_1(s)x} + k_2 e^{p_2(s)x} \tag{2-77}$$

则式(2-71)的通解为

$$q(x, s) = -B_0 s \left(\frac{k_1}{s} e^{p_1(s)x} + \frac{k_2}{s} e^{p_1(s)x} \right) \tag{2-78}$$

将式(2-77)和式(2-78)表达为矩阵解空间,即

$$\begin{bmatrix} h(x, s) \\ q(x, s) \end{bmatrix} = k_1 \begin{bmatrix} -\dfrac{p_1(s)}{B_0 s} \\ 1 \end{bmatrix} e^{p_1(s)x} + k_2 \begin{bmatrix} -\dfrac{p_2(s)}{B_0 s} \\ 1 \end{bmatrix} e^{p_2(s)x} \tag{2-79}$$

2.2.3 复数域模型驱动的水力扰动机制解析

模型线性结构图能够简化变量之间运算,形象展示了水网内部水动力学机制关系,便利了水力学机理研究。本节将式(2-79)进行简化,在复数域内分析把握非恒定流主要特性。首先,考虑单个渠段情况,单段渠道概化示意图如图 2-29 所示。假设渠段长度为 L,渠段内水流为缓流(即渠段内水流流速 V_0 满足 $V_0 < c_0$),流量边界表示如下

$$q(x, s) = \begin{cases} q(0, s); & x=0 \\ q(L, s); & x=L \end{cases} \tag{2-80}$$

将式(2-80)代入式(2-79)即可求得系数k_1和k_2，即

$$k_1 = \frac{q(L, s) - e^{p_2 L} q(0, s)}{e^{p_1 L} - e^{p_2 L}}$$

$$k_2 = \frac{q(L, s) - e^{p_1 L} q(0, s)}{e^{p_2 L} - e^{p_1 L}} \tag{2-81}$$

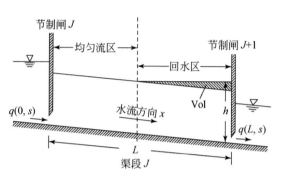

图 2-29　单个渠段的水动力概化

1. 水网复数域模型的线性结构图绘制方法

绘制模型结构图时，应首先列写水动力微分控制方程的解空间，并将它们用方框表示；然后，根据信号流向，用信号线依次将各方框连接便得到系统结构图。本节研究将矩阵解空间式(2-79)和式(2-81)用系统结构框图表示出来，渠池内的波动耦合过程如图2-30所示。

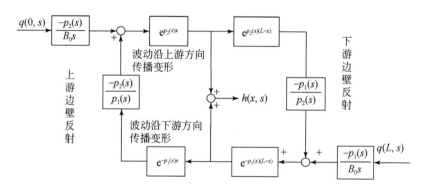

图 2-30　水网复数域模型的线性结构图

图中，微分环节$-p_2(s)/B_0 s$和$-p_1(s)/B_0 s$为渠道上、下游边界水位与流量的对应转换因子。比例环节$-p_2(s)/p_1(s)$和$-p_1(s)/p_2(s)$刻画了渠道边壁反射对水流形态的影响。幂指数$e^{-p_1(s)x}$和$e^{-p_2(s)x}$是对渠道水流沿x方向流动的波动变形的描述。

2. 水网通道内的波动耦合动力学机理揭示

扰动是水网通道内产生大幅波动的直接原因，闸门是水网水动力扰动的最主要来源。图 2-31 给出了节制闸开启导致渠道波动的示意图。如图 2-31 所示，当节制闸开启（图中的 ΔG_0）时，渠道上游将产生落水波，下游产生涨水波；当节制闸关闭时，情况恰好相反，渠道上游将产生涨水波，下游产生落水波。本节对波动变形因子 $e^{p_1(s)x}$ 和 $e^{p_2(s)x}$ 分析，从水波波及范围（$s=0$）和水波波幅变化（$s=\infty$），来理解水网通道中水流输送过程中的水波传输变形。

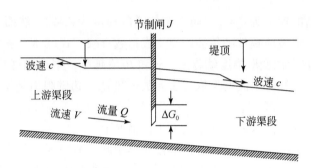

图 2-31　节制闸开启造成的扰动

（1）当 $s=0$ 时，水波传输范围分析如下。

$$e^{p_2(0)x}=1,\ e^{p_1(0)x}=e^{\frac{\gamma_0}{(c_0^2-V_0^2)B_0}x}\tag{2-82}$$

式（2-82）表明，当波动向上游传播时，水波随传播距离 x 成幂指数衰减，水波可能不会达到渠段上游；当波动向下游传播时，水波能量不会衰减，会一直传输到水网通道的下游终端。

（2）当 $s=\infty$ 时，水波波幅变化分析如下。

为简化表达、方便分析，对式（2-74）进行改写。设 $c_0^2-V_0^2=r^2$；$s=1/\sigma$；

$$a_1=\frac{4B_0V_0\gamma_0-4\,r^2B_0^2\beta_0}{\gamma_0^2};\ a_2=\frac{4\,c^2B_0^2}{\gamma_0^2}$$

并代入式（2-74）中，可得

$$p_{1,2}=p^{-1}\frac{2B_0V_0+\gamma_0\sigma\pm\gamma_0\sqrt{\sigma^2+a_1\sigma+a_2}}{2\,r^2B_0}$$

$$=p^{-1}\frac{2B_0V_0+\gamma_0\sigma\pm\gamma_0\sqrt{a_2}\sqrt{1+\frac{a_1}{a_2}\sigma+\frac{1}{a_2}\sigma^2}}{2\,r^2B_0}\tag{2-83}$$

利用 Newton 二次项定理对式（2-83）中的平方根项 $\sqrt{1+\frac{a_1}{a_2}\sigma+\frac{1}{a_2}\sigma^2}$ 进行展开，并用 $1/s$ 替换 σ，可得

$$p_{1,2}=\frac{\gamma_0}{B_0 2\,r^2}\pm\frac{\gamma_0^2 a_1}{8\,r^2cB_0^2}+\left(\frac{1}{c_0\mp V_0}\right)s\pm O(s^{-1})\tag{2-84}$$

若记

$$D^{\pm} = \frac{\gamma_0}{B_0} \frac{1}{2} \frac{1}{r^2} \pm \frac{\gamma_0^2 a_1}{8} \frac{1}{r^2 c B_0^2} = \frac{\gamma_0}{B_0} \frac{1}{2} \frac{1}{r^2} \pm \frac{\gamma_0 V_0}{2} \frac{1}{r^2 c B_0} \mp \frac{\beta_0}{2 c_0} \tag{2-85}$$

其中，D^+、D^- 分别对应 p_1 和 p_2。式（2-84）可简写为

$$p_{1,2}(s) = D^{\pm} + \left(\frac{1}{c_0 \mp V_0}\right)s \pm O(s^{-1}) \tag{2-86}$$

于是，当 s 趋向 ∞ 时 $e^{p_{1,2}(s)x}$ 精确表达如下

$$\lim_{s \to \infty} e^{p_{1,2}(s)x} = e^{D^{\pm}x} e^{-\frac{x}{c_0 \mp V_0}s} \tag{2-87}$$

水波向下游传播的速度为 $V_0 + c_0$，向上游传播的速度为 $V_0 - c_0$。然而，无论水波是向上游还是向下游传播，水波波幅都随传播距离 x 成指数衰减。式（2-82）式（2-87）表明，γ_0 和 B_0 值越大时，水波衰减变形幅度就越大；γ_0 和 B_0 值越小，则水波衰减变形幅度就越小。由上述推导分析过程可知，水波变形取决于参数 γ_0 和 B_0，边壁阻力是渠池内水波传播变形的主要原因。在渠池回水区，平均流速变化平缓、水面线几乎与地面平行，参数 γ_0 和 B_0 近似等于零，在渠池回水区内水波几乎不会发生传播变形。

水网通道闸控明渠的水力控制基本全部依靠节制闸。节制闸在明渠非恒定流输水过程中通常处在水面线以下，闸门过流为淹没出流[95]。行进水波遇到闸门发生发射，反射波以与前行波相反的方向传播。如果渠池长度 L 较短、渠池流量 Q 也较小，水波能量在全部耗散之前会在渠池内多次反射，进而引起渠池水位波动和流量振荡。可以说，渠池内的边壁反射是规则输水明渠中水位-流量多维对应现象产生的重要原因。渠池内反射波的振荡周期 T_r 可以用下式进行估计

$$T_r \approx \frac{T}{c_0 + V_0} + \frac{T}{c_0 - V_0} \tag{2-88}$$

如果水网通道的某渠段上游边界（即过闸流量）以 T_r 为周期做正弦形式变化，下游边界保持不变，则通道内将会出现频率和振幅均相同、传播方向相反的两列波的叠加，叠加后的波形并不向前推进，这种特殊现象称为驻波。设该渠段初始入流量为 $q_0(x, s)$，则驻波产生的上、下游边界条件可写为

$$q(x, s) = \begin{cases} \sin\left(\dfrac{2\pi}{T_r}t\right) + q_0(x, s); & x = 0 \\ q_0(x, s); & x = L \end{cases} \tag{2-89}$$

显而易见，驻波的谐振频率为 $\dfrac{2\pi}{T_r}$ 的整数倍，即

$$\omega_r(k) \approx \frac{2\pi k}{T_r}, \qquad k = 1, 2, \cdots \tag{2-90}$$

水力自调整闸门（如 AVIO 和 AVIS 闸门）还有恒水位监控系统，都是根据控制点水位的变化，对节制闸进行反方向调整，来实现其波动抑制功能[96]。当渠段内水位按某一频率波动，控制器据此反馈动态调整闸门开度，过闸流量通常会以水位波动频率为基频做有规律变化。此外，节制闸启闭过程中机械振动也会导致谐振。倘若上游渠池入流流量变化等于或逼近谐振频率，而此时下游节制闸尚未作出积极调整，水网通道内就极可能会出现

水位的剧烈振荡。波动幅度大、持续时间长是水网通道谐振的最大特点。谐振的存在使水网更难以控制,对水网工程安全运行危害也最大。由于边壁阻力的存在,振荡强度通常是随时间衰减的,振荡形式见图 2-27。

3. 水网通道水动力数学描述的积分–时滞模型

以速度 V_0-c_0 扩散的上行波遇到上游回水区会很快衰减,因而有回水区的渠段很少有谐振存在,几乎没有驻波发生。由此可见,回水区能够整合所处渠段内的水位波动,是水网通道的物理积分器。本研究根据渠池内的水流存在形态,将渠段可划分为均匀流区和回水区两个区域(图 2-32)[141],对式(2-89)进行 Pade 估计,并将估计公式用泰勒级数行展开,舍弃高次项,概化出回水区的低频动态特性为

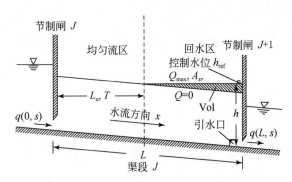

图 2-32 积分–时滞模型水力参数示意图

$$h(x, s) = \frac{a_1}{s}q(L_u, s) - \frac{a_2}{s}q(L, s) \tag{2-91}$$

式中,L_u 为均匀流区渠段长度。水波由 0 演进至 L_u 处所需时间为 T,本书中称 T 为时滞。

$$a_1 = \frac{\gamma_0}{B_0^2(c^2-V_0^2)} \cdot \frac{1}{1-e^{-\frac{\gamma_0}{B_0(c^2-\gamma_0^2)^2}}}, \quad a_2 = a_1 e^{\frac{\gamma_0}{B_0(c^2-\gamma_0^2)}(L-x)} \tag{2-92}$$

由图 2-33 可以看出,回水区内水面与地面近似平行,参数 γ_0 趋于 0。据此可确定回水区波动方程参数 a_1,a_2:

$$a_1 = \lim_{\gamma_0 \to 0}\frac{\gamma_0}{B_0^2(c^2-V_0^2)} \cdot \frac{1}{1-e^{-\frac{\gamma_0}{B_0(c^2-V_0^2)^2}2L}} = \frac{1}{B_0 L} = \frac{1}{A_s} \tag{2-93}$$

$$a_2 = \lim_{\gamma_0 \to 0}a_1 e^{-\frac{\gamma_0}{B_0(c^2-\Gamma_0^2)}(L-x)} = a_1 \tag{2-94}$$

式中,A_s 为回水区面积。

将式(2-93)和式(2-94)代入式(2-91)得

$$h(x, s) = \frac{1}{A_s}[q(L_u, s) - q(L_s s)] \tag{2-95}$$

设定分水口处于渠段下游回水区,分水流量变化为 $d(s)$,对回水区的波动方程(2-95)进行如下形式的改写:

$$h(x, s) = \frac{1}{A_s s}[q(L_u, s) - q(L, s) - d(s)] \quad\quad (2\text{-}96)$$

式(2-96)主要用来刻画回水区对渠池内扰动的积分特性,因此被称作积分模型。该模型物理意义明确,待定参数较少,实现简单,计算方便。回水区面积 A_s 不受断面变化影响,即使遇到不规则的过水断面,回水区面积也很容易准确地确定。水网通道内的水位波动幅度数值实验和现场测试表明,水位的波动幅度主要受流量补偿的时间滞后影响,由此建立了时滞模型[98],利用该模型能够对均匀流区的波动衰减过程进行较为精确的刻画,对流量补偿时滞进行较好的估计,时滞模型表达形式如下:

$$h(x) = -\frac{\beta_0}{\gamma_0}q(x) \quad\quad (2\text{-}97)$$

联立式(2-96)和式(2-97)可得方程组

$$h(x, s) = \begin{cases} -\dfrac{\beta_0}{\gamma_0}\mathrm{e}^{-T(x)s}q(0, s) & \forall x \in (0, L_u) \\ \dfrac{1}{A_s s}[\mathrm{e}^{-T(L_u)x}q(0, s) - q(L, s) - d(s)] & \forall x \in (L_u, L) \end{cases} \quad\quad (2\text{-}98)$$

方程组(2-98)称为积分–时滞模型。

2.3 本章小结

本章利用已有成熟模型程序,通过多模型组合、多进程并行来解决工程自动调节运行下复杂水网水动力模拟难题,突破了摒弃现有串行模型程序,重新开发并行计算平台的主流设计理念,构建了智能控制理论研究的基础实验平台。在此基础上,通过非恒定流水力结构特点分析,探讨了水力波动耦合、渠池内水位–流量振荡衰减等现象的成因及解决方法,具体包括以下内容。

(1)创造性地利用水流互馈作用机制实现了各类水利设施过流计算模块的自主装卸载,构建出时变边界条件下的水网水动力实时、连续、动态模拟新方法,在此基础上,研发出时序控制类过程模拟模型的并行计算平台架构(PCsP),通过过程函数(PC)接口交互模型间"物理量–位置–时间"数据,提出数值模拟网格数据模型的时间调度方法并创立并行模块的显式耦合、半隐式耦合两种模式,实现了一维、二维和三维水动力、水质或水沙等不同尺度和性质模型的组合计算、并行计算,适用于环形、扇形等结构形式的自主运行水网水动力快速、高精度模拟。

(2)给出了增量线性化在时域建模中的应用方法。本研究利用控制体积法构建了时域 St. Venant 微分方程,采用小偏差线性化技术对时域 St. Venant 进行增量估计,建立了非恒定流过程域数学模型。增量线性化技术使水力方程和控制方程在时间域获得了统一。在此基础上,进一步论述了非恒定流过程复数域建模的方法和步骤,探讨了 Laplace 变换在非恒定流过程复数域建模中的应用和意义,构造了传递函数矩阵,奠定了水力结构频域分析和综合的基础。

(3)创新运用 Laplace 变换将水位、流量等水力学信息从时域转换到复数域,建立了自动化设施作用于水流水力结构变异的传递函数，揭示了水网谐振成因及水流边壁反射、折射诱发的传播变形规律，实现了水网水动力学互馈机制的定量表达。研究发现水力自调节闸门（如 AVIO 和 AVIS 闸门）是根据控制点水位的变化，对节制闸进行反方向调整，来实现其波动抑制功能。研究发现：①当渠池内水位按某一频率波动，闸门控制器据此反馈动态调整闸门开度，过闸流量会以水位波动频率为基频做有规律变化；②倘若上游渠池入流流量变化等于或逼近谐振频率，而此时下游节制闸尚未作出积极调整，渠道就会出现水位的剧烈振荡，导致谐振发生。

（4）利用特征根分析法对非恒定过程频域动态特性进行了分析，定量刻画了回水区消除渠池内水位、流量振荡的作用，指出回水区是水网通道的物理积分器，保留回水区对于水网的安全、稳定运行具有重要意义。

（5）识别出水网通道回水区的波动抑制特性和均匀流区的时滞补偿功能，并采用模型结构图对渠池内波动耦合过程进行了定量描述，探索建立了水网通道单个渠段的积分–时滞数学模型，为后续受控渠道的状态空间模型的整体构建奠定了基础。

第3章 水网闸控输水通道自主运行控制模型理论

本章针对水力输移中的多变量、强耦合和非线性等特点，围绕状态空间建模理论、调度模型和控制算法等核心问题展开研究，建立了人工构建闸控输水明渠无人值守自动化运行的理论方法，包括：提出了闸群预见调度模型和闸门鲁棒控制算法，发明了具有反馈内环的闸门群复合控制模式，创建了水网通道闸群–闸门的智能耦联控制的理论技术体系。

3.1 可预知扰动的闸门群协同控制模型

本节针对非恒定流输水过程中的共性特征，分析了渠段间水动力模型的耦合关系，构建了渠道系统水位偏差、偏差变率和流量偏差的全状态空间模型，将加入预测模块的 LQR 算法在渠道系统状态空间中进行分析和综合，创造出扰动可预知模型，并给出了模型求解及加权矩阵确定的技术细节，促成了该模型理论在实际问题上的应用。

3.1.1 原有闸门群实时调度模型算法介绍

1. LQR 算法的构造原理

LQR(linear quadratic regulator) 即线性二次型调节器，其对象是现代控制理论中以状态空间形式给出的线性系统，目标函数为对象状态和控制输入的二次型函数。LQR 最优设计指设计出的状态反馈控制器 K 要使二次型目标函数 J 取最小值。

设水网通道离散状态空间方程为

$$x(k+1) = Ax(k) + B_u u(k)$$
$$y(k) = Cx(k) \tag{3-1}$$

式中，状态变量 $x(k)$ 为控制点水位、流量；控制变量 $u(k)$ 为过闸流量变率；输出变量 $y(k)$ 为水位偏差；均为平衡状态增量。矩阵 A 为水网内部各控制点水位、流量之间的对应关系；B_u 为控制矩阵，表示过闸流量变率对控制点水位、流量的影响；C 为输出矩阵，表示各控制点测量变量与状态变量之间的关系。

则系统的二次型最优控制问题的评价函数可表示为

$$J = \frac{1}{2} \sum_{k=0}^{\infty} \left[x^{\mathrm{T}}(k)Qx(k) + u^{\mathrm{T}}(k)Ru(k) \right] \tag{3-2}$$

式中，Q、R 为加权矩阵。

此时，使 J 最小的最优控制解为

$$u(k) = -Kx(k) \tag{3-3}$$

式中，$K = (R + B_u^{\mathrm{T}} P B_u^{\mathrm{T}})^{-1} B_u^{\mathrm{T}} PA$，正定矩阵 P 为 Riccati 方程的解。黎卡提（Riccati）方程为

$$P - A^{\mathrm{T}} PA + A^{\mathrm{T}} P B_u (R + B_u^{\mathrm{T}} R B_u)^{-1} B_u^{\mathrm{T}} PA - Q = 0$$

2. 预测算法的构造原理

预测算法利用脉冲响应的非参数模型，预测系统未来的输出状态，确定控制量的时间序列[102]。若在 k 时刻给系统施加控制增量 Δu，控制增量 Δu 在未来 m 个采样间隔序列为 $\Delta u(k)$、$\Delta u(k+1)$，$\cdots$，$\Delta u(k+m-1)$。

利用一阶差分将式(3-1)增量线性化为

$$\begin{bmatrix} \Delta x(k+1) \\ y(k+1) \end{bmatrix} = \begin{bmatrix} A & 0 \\ CA & I \end{bmatrix} \begin{bmatrix} \Delta x(k) \\ y(k) \end{bmatrix} + \begin{bmatrix} B_u \\ CB_u \end{bmatrix} \Delta u(k) \tag{3-4}$$

$$y(k) = \begin{bmatrix} 0 & I \end{bmatrix} \begin{bmatrix} \Delta x(k) \\ y(k) \end{bmatrix} \tag{3-5}$$

式中，I 为单位矩阵。

一步预测

$$\Delta \hat{x}\left(\frac{k+1}{k}\right) = A\Delta x(k) + B_u \Delta u(k) \tag{3-6}$$

$$\Delta \hat{y}\left(\frac{k+1}{k}\right) = CA\Delta x(k) + Iy(k) + CB_u \Delta u(k) \tag{3-7}$$

式中，$\left(\frac{k+i}{k}\right)$ 为在 $t = kT_s$ 时刻预测 $t = (k+i)T_s$ 时刻的值。

二步预测

$$\Delta \hat{x}\left(\frac{k+2}{k+1}\right) = A\Delta x(k+1) + B_u \Delta u(k+1) \tag{3-8}$$

$$\Delta \hat{y}\left(\frac{k+2}{k+1}\right) = CA\Delta x(k+1) + Iy(k+1) + CB_u \Delta u(k+1) \tag{3-9}$$

将式(3-6)代入式(3-8)得

$$\Delta \hat{x}\left(\frac{k+2}{k}\right) = A^2 \Delta x(k) + AB_u(k) + B_u \Delta u(k) \tag{3-10}$$

将式(3-7)代入式(3-9)得

$$\Delta \hat{y}\left(\frac{k+2}{k}\right) = CA\Delta \hat{x}(k+1) + I\hat{y}(k+1) + CB_u \Delta u(k+1) \tag{3-11}$$

将式(3-8)、式(3-9)代入式(3-11)得

$$\Delta \hat{y}\left(k+\frac{2}{k}\right) = C(A+A^2)\Delta x(k) + Iy(k) + C(B_u + AB_u)\Delta u(k) + CA\Delta u(k+1) \tag{3-12}$$

按照上述方式迭代，m 步预测

$$\Delta \hat{y}\left(\frac{k+m}{k}\right) = C(A+A^2+\cdots+A^m)\Delta x(k) + Iy(k) + C(B_u + AB_u + \cdots + A^n B_u)\Delta u(k)$$

$$+ C(B_u + AB_u + \cdots + A^{m-2}B_u)\Delta u(k+1) + \cdots + CB_u \Delta u(k+m-1)$$

预测步长为 p 时

$$\Delta\hat{y}(k+p\ \nabla k)=C(A+A^2+\cdots+A^p)\Delta r(k)+Iy(k)+C(B_u+AB_u+\cdots+A^pB_u)\Delta u(k)$$
$$+C(B_u+AB_u+\cdots+A^{p-2}B_u)\Delta u(k+1)+\cdots+CB_u\Delta u(k+p-1)$$

写成矩阵形式为

$$Y\left(\frac{k+1}{k}\right)=L_x\Delta x(k)+Iy(k)+L_u\Delta U(k) \tag{3-13}$$

式中,

$$Y\left(\frac{k+1}{k}\right)=\begin{bmatrix}\hat{y}\left(\dfrac{k+1}{k}\right)\\[2pt]\hat{y}\left(\dfrac{k+2}{k}\right)\\[2pt]\vdots\\[2pt]\hat{y}\left(\dfrac{k+p}{k}\right)\end{bmatrix};\quad \Delta U(k)=\begin{bmatrix}\Delta u(k)\\ \Delta u(k+1)\\ \vdots\\ \Delta u(k+m-1)\end{bmatrix};\quad I=\begin{bmatrix}I\\ I\\ \vdots\\ I\end{bmatrix}_{p\times1};$$

$$L_x=\begin{bmatrix}CA\\ C(A+A^2)\\ \vdots\\ \displaystyle\sum_{j=1}^{2}CA^1\end{bmatrix};\quad L_u=\begin{bmatrix}CB_u & 0 & 0 & \cdots & 0\\ C(B_u+AB_u) & CB_u & 0 & \cdots & 0\\ \vdots & \vdots & \vdots & \ddots & \vdots\\ \displaystyle\sum_{j=1}^{p}CA^{j-1}B_u & \cdots & \cdots & \cdots & \displaystyle\sum_{j=1}^{p}CA^{j-1}B_u\end{bmatrix}。$$

式(3-13)表征过去状态(第一项)、当前状态(第二项)以及未来未知(第三项)对系统的可能影响,$Y\left(\dfrac{k+1}{k}\right)$为系统对当前状态的综合评估。

3.1.2 闸门群可预知控制的理论方法创新

对于实际控制系统,要从初始状态 $x(t_0)$ 转移到目标集 $x(t_f)$,可以通过多种控制函数 $u(t)$ 来实现。所谓闸门群协同调度就是在某种性能指标下,从可行的控制函数中寻找最优的联合自动控制律。本节系统介绍了 LQR 算法和预测算法,根据闸控渠道运行特点,将计划内分水作为已知扰动、计划外分水作为未知扰动,把预测模块纳入到 LQR 设计中来,设计出扰动度量模型,并对模型进行求解,获取了总体优化的闸门群协同控制律。

1. 积分–时滞模型的状态空间构造方法

1) 积分–时滞模型的矩阵形式
首先,把积分–时滞模型[方程组(2-98)]转化为离散形式,离散后的表达式为

$$\Delta h(k)=h(k+1)-h(k)=\frac{T_s}{A_s}\{Q_{in}(k-k_d)-[Q_c(k)+Q_{offtake}(k)]\} \tag{3-14}$$

式中,$h(k)$ 为积分–时滞模型在 k 时刻状态;$\Delta h(k)$ 为积分–时滞模型由 k 时刻到 $k+1$ 时刻的状态变化;k 为时间步长;k_d 为时滞步长;T_s 为控制时间(采样时间);A_s 为回水区面积;h 为水位;Q_{in} 为入流流量;Q_c 为出流流量。

然后,利用增量线性化技术对式(3-14)进行一阶差分,设 h_{ref} 为控制水位,

$$\left.\begin{array}{c} e(k)=h(k)-h_{\text{ref}} \\ e(k+1)=h(k+1)-h_{\text{ref}} \end{array}\right\} \Rightarrow h(k+1)-h(k)=e(k+1)-e(k) \tag{3-15}$$

式中，e 为实际水位与控制水位的偏差；基于此，由式(3-14)可以导出

$$e(k+1)-e(k)=\frac{T_s}{A_s}\{Q_{\text{in}}(k-k_d)-[Q_c(k)+Q_{\text{offtake}}(k)]\} \tag{3-16}$$

$$e(k)-e(k-1)=\frac{T_s}{A_s}\{Q_{\text{in}}(k-1-k_d)-[Q_c(k-1)-Q_{\text{offtake}}(k-1)]\} \tag{3-17}$$

将式(3-17)代入式(3-16)有

$$e(k+1)=e(k)+[(e(k)-e(k-1))]+\frac{T_s}{A_s}[Q_{\text{in}}(k-k_d)-Q_{\text{in}}(k-1-k_d)]$$

$$-\frac{T_s}{A_s}\{[Q_c(k)-Q_c(k-1)]+[Q_{\text{offtake}}(k)-Q_{\text{offitake}}(k-1)]\} \tag{3-18}$$

在采样时间段 T_s 内，若记

$$\Delta e(k+1)=e(k+1)-e(k) ; \quad \Delta e(k)=e(k)-e(k-1)$$

$$\Delta Q_c(k)=Q_c(k)-Q_c(k-1) ; \quad \Delta Q_{\text{in}}(k)=Q_{\text{in}}(k)-Q_{\text{in}}(k-1)$$

$$\Delta Q_{\text{offtake}}(k)=Q_{\text{offtake}}(k)-Q_{\text{offake}}(k-1)$$

代入式(3-18)中，可得

$$e(k+1)=e(k)+\Delta e(k)+\frac{T_s}{A_s}\Delta Q_{\text{in}}(k-k_d)-\frac{T_s}{A_s}[\Delta Q_c(k)+\Delta Q_{\text{offtake}}(k)] \tag{3-19}$$

$$\Delta e(k+1)=\Delta e(k)+\frac{T_s}{A_s}\Delta Q_{\text{in}}(k-k_d)-\frac{T_s}{A_s}[\Delta Q_c(k)+\Delta Q_{\text{offtake}}(k)] \tag{3-20}$$

将式(3-6)和式(3-7)表达为矩阵形式，即

$$\begin{bmatrix} e(k+1) \\ \Delta e(k+1) \end{bmatrix}=\begin{bmatrix} 1 & 1 \\ 0 & 1 \end{bmatrix}\begin{bmatrix} e(k) \\ \Delta e(k) \end{bmatrix}+\begin{bmatrix} \dfrac{\Delta T}{A_s} \\ \dfrac{\Delta T}{A_s} \end{bmatrix}[\Delta Q_c(k)]+\begin{bmatrix} -\dfrac{\Delta T}{A_s} \\ -\dfrac{\Delta T}{A_s} \end{bmatrix}[\Delta Q_d(k)] \tag{3-21}$$

2）渠首段的状态空间方程构造

渠首入流流量通常由供水计划决定，本书因此将渠首流量变化 ΔQ_H 作为扰动，扰动 ΔQ_d 的离散形式为

$$\Delta Q_d(k)=Q_d(k)-Q_d(k-1)$$

考虑时滞步长 $k_d=n$，渠首段分水口个数为 m，建立渠首入流段状态空间表达式。记状态变量 $x(k)$ 为

$$x(k)=[e(k+1) \quad \Delta e(k+1) \quad \Delta Q_H(k) \quad \Delta Q_H(k-1) \quad \cdots \quad \Delta Q(k-(n-1))]^{\text{T}};$$

渠道控制变量 $u(k)$ 为

$$u(k)=[\Delta Q_c(k)]^{\text{T}};$$

扰动变量 $d(k)$ 为

$$d(k)=[\Delta Q_H(k) \quad \Delta Q_{d1}(k) \quad \Delta Q_{d2}(k) \quad \cdots \quad \Delta Q_{dm}(k)]^{\text{T}};$$

则渠首状态方程可表达为

$$x(k+1) = Ax(k) + B_u u(k) + B_d d(k) \tag{3-22}$$

式中,

$$
A = \begin{bmatrix}
1 & 1 & 0 & 0 & \cdots & \dfrac{T_s}{A_{si}} \\
0 & 1 & 0 & 0 & \cdots & \dfrac{T_s}{A_{si}} \\
0 & 0 & 0 & 0 & \cdots & 0 \\
0 & 0 & 0 & 1 & \cdots & 0 \\
\vdots & \vdots & \vdots & \vdots & & \vdots \\
0 & 0 & 0 & 0 & \cdots & 0
\end{bmatrix};
\quad
B_u = \begin{bmatrix}
-\dfrac{T_z}{A_{sy}} \\
-\dfrac{T_z}{A_y} \\
0 \\
0 \\
\vdots \\
0
\end{bmatrix};
\quad
B_d = \begin{bmatrix}
0 & -\dfrac{T_s}{A_{si}} & -\dfrac{T_s}{A_{si}} & \cdots & -\dfrac{T_s}{A_{si}} \\
0 & -\dfrac{T_s}{A_{si}} & -\dfrac{T_s}{A_{si}} & \cdots & -\dfrac{T_s}{A_{si}} \\
1 & 0 & 0 & 0 & 0 \\
\vdots & \vdots & \vdots & \vdots & \vdots \\
0 & 0 & 0 & 0 & 0
\end{bmatrix}。
$$

3) 普通渠段状态空间方程构造

考虑第 i 渠段,时滞步长 $k_d = n$,分水口个数为 m,建立普通渠段的状态空间表达式。若记状态变量 $x(k)$ 为

$$x(k) = [\, e(k+1) \quad \Delta e(k+1) \quad \Delta Q_H(k) \quad \Delta Q_H(k-1) \quad \cdots \quad \Delta Q(k-(n-1)) \,]^{\mathrm{T}};$$

控制变量 $u(k)$ 为

$$u(k) = [\, \Delta Q_c(k) \,]^{\mathrm{T}};$$

扰动变量 $d(k)$ 为

$$d(k) = [\, \Delta Q_{in}(k) \quad \Delta Q_{d1}(k) \quad \Delta Q_{d2}(k) \quad \cdots \quad \Delta Q_{dm}(k) \,]^{\mathrm{T}}。$$

普通渠段状态方程同样可表达为式(3-22)形式,故称式(3-22)为闸控明渠的状态空间模型。

2. 闸门群扰动可预知控制实现新思路

对比式(3-9)和式(3-10)可以发现,式(3-10)缺少扰动项 B_d。最优控制和预测控制算法都基于式(3-10)设计,将计划内分水与计划外分水都看作系统扰动,通过滚动优化和反馈校正环节来缩小控制偏差,使系统输出和期望值误差最小。然而,渠道计划内分水事先可以明确得知,将该分水过程看作系统未知扰动,显然不尽合理。

1) 可预见外扰的处理方法

本研究吸收预测模型的建模思路,将扰动矩阵 B_d 作为可预见外扰,尝试构造出一个包含有矩阵 B_d 的扰动度量模型。

由式(3-9)得知,渠道完整离散状态空间方程为

$$
\begin{aligned}
x(k+1) &= Ax(k) + B_u u(k) + B_d d(k) \\
y(k) &= Cx(k)
\end{aligned} \tag{3-23}
$$

设目标信号为 $Y_0(k)$,$Y_0(k)$ 通常为测控点水位或流量,在系统采样期 T_s 内可认为是恒定值,即 $\Delta Y_0(k+1) = Y_0(k+1) - Y_0(k) = 0$。系统误差信号可表示为

$$e(k) = Y_0(k) - y(k) \tag{3-24}$$

对式(3-24)增量线性化,可得

$$\Delta e(k+1) = \Delta Y_0(k+1) - \Delta y(k+1)$$

$$= \Delta Y_0(k+1) - \boldsymbol{CA}\Delta x(k) - \boldsymbol{CB}_u\Delta u(k) - \boldsymbol{CB}_d\Delta d(k) \qquad (3\text{-}25)$$

类似地，利用一阶差分对式(3-23)增量化线性化表示，即

$$\Delta x(k+1) = \boldsymbol{A}\Delta x(k) + \boldsymbol{B}_u\Delta u(k) + \boldsymbol{B}_d d(k) \qquad (3\text{-}26)$$

考虑到 $e(k+1) = e(k) + \Delta e(k+1)$，将式(3-25)和式(3-26)表达为矩阵形式，即

$$\begin{bmatrix} e(k+1) \\ \Delta x(k+1) \end{bmatrix} = \begin{bmatrix} \boldsymbol{I}_m & \boldsymbol{CA} \\ \boldsymbol{o} & \boldsymbol{A} \end{bmatrix} \begin{bmatrix} e(k) \\ \Delta x(k) \end{bmatrix} + \begin{bmatrix} -\boldsymbol{CB}_u \\ \boldsymbol{B}_u \end{bmatrix} \Delta u(k)$$

$$+ \begin{bmatrix} \boldsymbol{I} \\ \boldsymbol{o} \end{bmatrix} \Delta Y_0(k+1) + \begin{bmatrix} -\boldsymbol{CB}_d \\ \boldsymbol{B}_d \end{bmatrix} \Delta d(k) \qquad (3\text{-}27)$$

式中，$\boldsymbol{o}$ 为零矩阵。

将式(3-27)简写为

$$x_0(k+1) = \boldsymbol{\Phi} x_0(k) + G_u\Delta u(k) + G_r\Delta Y_0(k+1) + G_d\Delta d(k) \qquad (3\text{-}28)$$

式(3-28)将变量 $\Delta x(k)$ 和误差变量 $e(k)$ 作为新的状态变量，对渠道系统扰动进行度量，所以称为扰动度量模型。

2）可预知扰动的控制模型

假如从某时刻开始到未来 M 步为止的目标值或外扰可以得知，基于式(3-28)可以建立一个包含有 M 步未来信息的扩展系统，本节结合可预见外扰详细说明设计方法。

已知 $Y_0(k+1) = 0$，于是式(3-28)可表示为

$$x_0(k+1) = \boldsymbol{\Phi} x_0(k) + G_u\Delta u(k) + G_d\Delta d(k) \qquad (3\text{-}29)$$

外扰变化可以提前 M 步被预知，并定义

$$x_d(k) = \begin{bmatrix} \Delta d(k+1) \\ \Delta d(k+2) \\ \vdots \\ \Delta d(k+M) \end{bmatrix}, \qquad \Delta d(k+i) = 0, \ i = M+1, \ M+2$$

采用预测算法建模方式，式(3-29)可扩展为

$$\begin{bmatrix} x_0(k+1) \\ x_d(k+1) \end{bmatrix} = \begin{bmatrix} \boldsymbol{\Phi} & G_M \\ \boldsymbol{o} & \boldsymbol{\Theta} \end{bmatrix} \begin{bmatrix} x_0(k) \\ x_d(k) \end{bmatrix} + \begin{bmatrix} G_u \\ \boldsymbol{o} \end{bmatrix} \Delta u(k) \qquad (3\text{-}30)$$

式中，

$$G_M = \begin{bmatrix} G_d & \boldsymbol{o} \end{bmatrix}; \qquad \boldsymbol{\Theta} = \begin{bmatrix} 0 & I & & & \boldsymbol{o} \\ & & I & & \\ & & & \ddots & \\ & & & & I \\ \boldsymbol{o} & & & & 0 \end{bmatrix} (M \times M \ \text{维})$$

式(3-30)在扰动度量模型(3-28)基础上，进一步涵括了可预见的外扰 $d(k)$，据此称式(3-30)为扰动可预知模型。

3）扰动可预知模型解结构

建立模型(3-30)的二次型评价函数，将评价函数(3-11)相应扩展为

$$J = \sum_{K=-M+1}^{\infty} \left\{ \begin{bmatrix} x_0^{\mathrm{T}}(k) & x_d^{\mathrm{T}}(k) \end{bmatrix} \begin{bmatrix} \boldsymbol{Q} & 0 \\ 0 & 0 \end{bmatrix} \begin{bmatrix} x_0(k) \\ x_d(k) \end{bmatrix} + \Delta u^{\mathrm{T}}(k) \boldsymbol{R} \Delta u(k) \right\} \qquad (3\text{-}31)$$

式(3-31)中的 $\boldsymbol{Q}$ 和 $\boldsymbol{R}$ 为加权矩阵，要求其为正定矩阵。于是系统设计转化为寻找一个最优控制律，使式(3-31)取极小值。利用最优调节技术求解，经推导，其解表示为

$$\Delta u(k) = F_0 x_0(k) + \sum_{j=0}^{M_d} F_d(j) \Delta d(k+j) \qquad (3\text{-}32)$$

式中，

$$F_0 = -\begin{bmatrix} \boldsymbol{R} + \boldsymbol{B}_u^{\mathrm{T}} \boldsymbol{P} \boldsymbol{B}_u \end{bmatrix}^{-1} \boldsymbol{B}_u^{\mathrm{T}} \boldsymbol{P} \boldsymbol{A}$$

$$F_d = -\begin{bmatrix} \boldsymbol{R} + \boldsymbol{B}_u^{\mathrm{T}} \boldsymbol{P} \boldsymbol{B}_u \end{bmatrix}^{-1} \boldsymbol{B}_u^{\mathrm{T}} (\xi)^j \boldsymbol{P} \boldsymbol{B}_d, \quad j=0,1,2,\cdots,M$$

正定矩阵 $\boldsymbol{P}$ 为 Riccati 方程的解。对式(3-32)进行 z 变换，z 变换将离散系统转化为简单代数方程，简化了系统求解，可得

$$u(k) = F_e \frac{1}{1-z^{-1}} e(k) + F_x(k) x_0(k) + F_{\mathrm{pv}}(z) d(k) \qquad (3\text{-}33)$$

式中，$F_e = \begin{bmatrix} F_e & F_x \end{bmatrix}$；$F_{\mathrm{pv}}(z) = F_d(0) + F_d(1) z + \cdots + F_d(M) z^M = \sum_{j=0}^{M} F_d(j) z_j$。

需要说明的是，如果水网外部环境变化情况可以预测，也就说外扰可设置为范围内的定制，所推出的控制律形式应与式(3-32)一致，按照 2.2.3 节思路绘制出扰动可预知模型实时控制的逻辑结构见图 3-1。

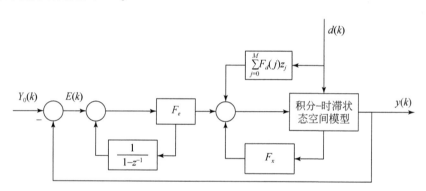

图 3-1　扰动可预知模型实时控制的逻辑结构

4）模型加权矩阵确定方法

根据水网通道所处的渠段水动力特性、水网工程安全标准结合其具体运行模式共同确定式(3-31)中的加权函数矩阵（罚矩阵）。若渠段采用下游常水位运行模式，加权矩阵需对下游控制点状态变量 $x_0(k)$ 加权，协调水位、流量之间关系，严格惩罚超出允许范围的水位偏差。将该描述表达为数学约束，即

$$E_0 \{ x_{0,i}^2(k) \} < \sigma_{\max,j}^2, \quad i=1,2,\cdots,n \qquad (3\text{-}34)$$

式中，$E_0 \{ x_{0,i}^2(k) \}$ 为期望算子；$\sigma_{\max,j}^2$ 为第 i 渠段最大可接受控制偏差。$\sigma_{\max,j}^2$ 可用下式进行估计：

$$\sigma_{\max,j}^2 = \max_j \frac{1}{N} \sum_{k=0}^{N} e_i^2(k) \qquad (3\text{-}35)$$

水动力特性相似、标准统一的渠段采用相同的配置和运行方式，以利于协同控制、统一调度。基于状态空间建立的水网模型，未考虑未建模误差及计划外扰动对系统影响，为名义模型。建立该名义模型数学约束式为

$$E_0\left\{\frac{x_{0,1}{}^2}{\sigma_{\max,1}^2}\right\}+E_0\left\{\frac{x_{0,2}{}^2}{\sigma_{\max,2}^2}\right\}+\cdots+E_0\left\{\frac{x_{0,n}{}^2}{\sigma_{\max,n}^2}\right\}<n \tag{3-36}$$

式(3-36)两边同乘以$\sigma_{\max,1}^2$，进一步简化表达为

$$E_0\left\{\sum_{i=1}^{n}\left(\frac{\sigma_{\max,1}}{\sigma_{\max,l}}\right)x_{0,i}^2\right\}<n\,\sigma_{\max,1}^2 \tag{3-37}$$

使用 3.1.1 节 3. 的线性二次型函数对式(3-37)进行评价，即

$$\min E_0\left\{\sum_{i=1}^{n}\left(\frac{\sigma_{\max,1}}{\sigma_{\max,i}}\right)x_{0,i}^2\right\}<n\,\sigma_{\max,1}^2 \tag{3-38}$$

当加权矩阵 $\boldsymbol{Q}$ 选取如下形式，即

$$\boldsymbol{Q}=\mathrm{diag}\left[1\quad\left(\frac{\sigma_{\max,1}}{\sigma_{\max,2}}\right)^2\quad\cdots\quad\left(\frac{\sigma_{\max,1}}{\sigma_{\max,n}}\right)^2\right] \tag{3-39}$$

式(3-38)转化为

$$\min E_0\left\{x_0^T(k)\,\boldsymbol{Q}\,x_0(k)\right\}$$

至此，问题最终统一于线性二次函数(3-38)的极值求解。也就是说，当加权矩阵 $\boldsymbol{Q}$ 选用式(3-39)时，式(3-31)的最优解也是渠段约束(3-35)的最优解。

3.1.3　脉冲响应分析与原型实验性能检验

1. 扰动可预知模型的脉冲响应测试分析

为利用脉冲响应分析工具，本小节仅考虑计划内分水扰动影响，采用矩形方波脉冲代表分水的变动，使用 LQR 最优控制算法和本次研究所建立的扰动可预知控制算法进行仿真测试，绘制出水网通道测试渠段在该扰动下的输出响应，见图 3-2。

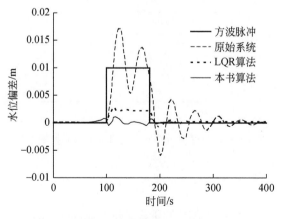

图 3-2　模型响应曲线

两组实验选用相同的控制参数和加权矩阵。水网是耗散系统，即使不施加任何控制，水网各通道的水位最终也将稳定，将未施加任何控制的水网称为原始系统，图 3-2 绘制出了水网在这三种方式下的输出响应，图 3-3 为测试渠段在 LQR 算法和扰动可预知模型控制下的输入，图 3-3 显示，LQR 算法和扰动可预知模型的控制信号，波形极相似、波幅几乎相同，然而模型的响应特征却近乎迥异，而且后者的扰动抑制效果明显优于前者（控制点水位偏差最小者为优），这也证实了预见控制的确可通过未来情报的利用和前馈作用取得较理想的系统响应特性

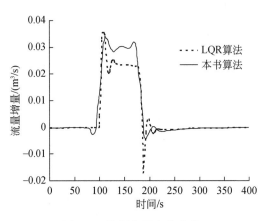

图 3-3　控制信号变化曲线

图 3-4 有助于理解扰动可预知模型即式(3-30)建立的意义。如图 3-4 所示，如果在 $k = 1$ 的目标值将有变化，扰动可预知模型就能在此前 M 步预知该信息，并根据优化评价函数选择适宜时间段完成控制量的调整，因而受控渠段闸门能够从容避免超调（开度过大、过小；反复调整的），减小稳态误差（水位波幅减小）。

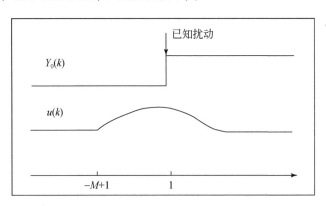

图 3-4　扰动可预知模型中的目标信号和控制信号

2. 扰动可预知模型在渠道上的性能测试

W-M 渠道建成于 1987 年，为美国亚利桑那州 Maricopa-Stanfield 灌溉区支渠，W-M 渠道从 Santa Rosa 干渠取水，渠道长约为 9.5km，渠段最大允许流量为 2.8m³/s，分水口位

于渠段下游，平时采用闸前常水位运行模式以确保恒定分水。Ellerbeck[142] 和 Schuurmans[143] 等在 W-M 支渠段上对积分–时滞模型进行了验证，模型计算值与实测值高度符合，证实了增量线性化和所采用的模型近似技术可以很好逼近渠段稳态运行特性。此后，运用积分–时滞模型设计 PID 当地控制器，然而，实际应用过程中发现该控制模式下渠道沿线的小分水变化甚至会导致控制点水位的大偏差，进而危害渠道工程安全。随后，加装了 LQR 算法用于协同各闸门操作，有效减小了多闸门联合运用下的控制偏差。本节研究在以前模型实验基础上进行了设备改造，在设定工况下验证了扰动可预知模型设计的有效性。W-M 支渠水力参数如表 3-1 所示。W-M 支渠采用矩形闸门，其中 u_3、u_4、u_5 为双闸门设计。表 3-2 为节制闸设计参数。

表 3-1   W-M 支渠水力参数

渠段	长度 /m	水头落差 /m	边坡系数	渠底宽 /m	渠高 /m
1	118.0	1.26	1.5	1.22	1.22
2	1202.8	9.69	1.5	1.22	1.22
3	422.7	3.04	1.5	1.22	1.22
4	809.0	4.50	1.5	1.22	1.22
5	1953.5	9.90	1.5	1.22	1.22
6	1669.2	3.41	1.5	1.22	1.22
7	1617.0	4.41	1.5	0.61	1.22
8	1491.4	4.24	1.5	0.61	1.22

表 3-2   节制闸设计参数

节制闸	闸宽 /m	闸高 /m	闸顶海拔 /m	收缩系数	堰宽 /m	堰顶海拔 /m
u_1	1.524	—	416.555	0.661	2.97	416.287
u_2	1.524	0.991	415.296	0.661	2.97	406.594
u_3	1.524	0.991	405.604	0.662	2.97/4.50	403.482
u_4	1.524	0.914	402.568	0.662	3.20/4.50	399.133
u_5	1.219	1.067	398.066	0.666	3.20/4.72	385.590
u_7	1.219	0.838	384.752	0.654	2.51	371.253
u_8	0.610	0.914	380.339	0.692	2.74	—

本小节介绍了扰动可预知模型在 W-M 支渠上应用测试结果，并和 LQR 优化算法进行比较，直观展示其性能的优越性。实验分三组进行：①积分–时滞模型参数率定实验；②模型参数正确性检验实验；③闸门群调度算法性能对比实验。前两组实验为先验性实验。

1）模型参数正确设置的先验性实验

（1）积分－时滞模型参数率定实验。

工况设定：Santa Rosa 干渠分水闸为 u_1，设定干渠下泄流量为 $0.36\text{m}^3/\text{s}$，W-M 支渠初始无分水，且处于稳定状态。绘制渠道水面线，W-M 支渠纵剖面及水面线示意图见图 3-5。可以发现，在该工况下渠段维持有稳定回水区，均匀流区与回水区区分明显，满足积分－时滞模型适用条件。渠道采用下游常水位运行模式，水位控制点选取在各受控渠段下游（即渠段下游节制闸前）。设渠首闸门 u_1 桩号为 0+118.0m，据此可确定沿程各渠段控制点位置，控制点位置及编号顺序详见图 3-5，表 3-3 为控制点位置及其所处渠段回水区参数。为方便计量，认为控制点即为渠段均匀流区与回水区接合点。

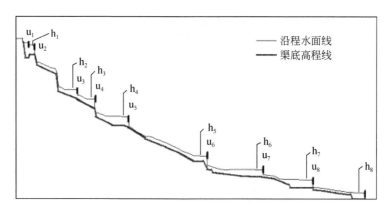

图 3-5　W-M 支渠纵剖面及水面线示意图

表 3-3　控制点位置及其所处渠段回水区参数

控制点	桩号	海拔 /m	回水区面积 A_s /m²	测定时滞 τ /s
h_1	118.0m	416.226	397	0
h_2	1320.8m	406.533	653	534
h_3	1743.5m	403.421	503	120
h_4	2552.5m	399.072	1630	162
h_5	4506.0m	—	1152	171
h_6	6175.2m	385.530	1614	792
h_7	7792.2m	381.192	2000	540
h_8	9483.6m	376.773	1241	1008

渠段回水区参数辨识方法：设定流量增量 ΔQ，绘制控制点（检测点）水位变化曲线，计算其斜率，测定上游渠段通过均匀流区对本渠段回水区的补偿时间，进而获取此种工况下的积分－时滞模型参数。

（2）积分－时滞模型参数正确性检验实验。

首先，设定闸门开度以小增量变化来避免模型非线性计算造成的模拟失真。选取渠段 2 和渠段 7 为实验对象独立进行考察。工况设定：①渠段 2。合理调节闸门 h_1 严格维持渠段 1 的回水区，以避免渠首流量变化对实验的影响，其余渠段状态保持不变。②渠段 7。动态调整闸门 h_8 开度以维持渠段 7 回水区恒定，其余渠段状态保持不变。图 3-6 为节制闸 u_3 按照设定开度变化时，检测点 h_2 水位偏差计算值与实测值对比。图 3-7 为节制闸 u_8 按照设定开度变化时，检测点 h_7 水位偏差计算值与实测值对比图。为方便比较，将闸门开度变化序列和计算、实测水位绘制在同一张图内。

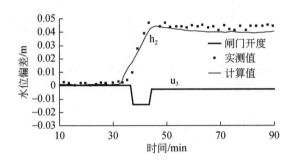

图 3-6　检测点 h_2 水位偏差计算值与实测值对比图

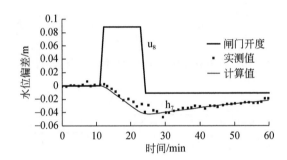

图 3-7　检测点 h_7 水位偏差计算值与实测值对比图

由图 3-6 和图 3-7 可以看出，无论是在闸门开启或关闭，计算值都能够较好地与实测值相吻合，积分–时滞模型能够较好地模拟渠道实际状态，表明离散积分–时滞模型参数设置正确，流量控制算法能准确实现流量与闸门开度转换。进一步联合控制各渠段闸门，设定沿程各节制闸开度变化序列，绘制系统计算和渠段实测水位偏差图 3-8 ~ 图 3-14。

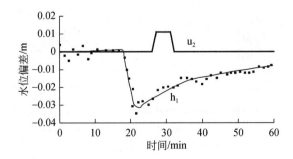

图 3-8　检测点 h_1 水位偏差计算值与实测值对比图

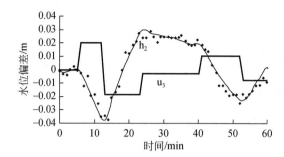

图 3-9　检测点 h_2 水位偏差计算值与实测值对比图

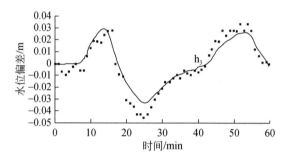

图 3-10　检测点 h_3 水位偏差计算值与实测值对比图

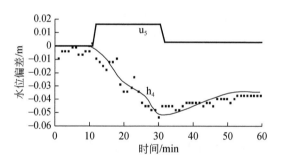

图 3-11　检测点 h_4 水位偏差计算值与实测值对比图

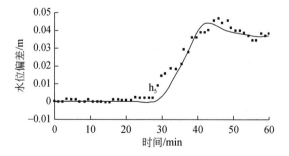

图 3-12　检测点 h_5 水位偏差计算值与实测值对比图

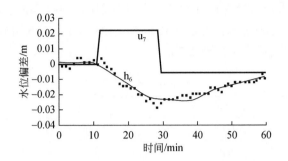

图 3-13　检测点 h_6 水位偏差计算值与实测值对比图

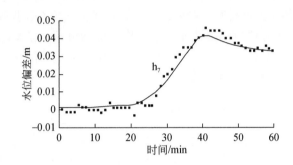

图 3-14　检测点 h_7 水位偏差计算值与实测值对比图

图 3-8～图 3-14 显示系统计算值和实测值吻合较好，结果表明通信接口连接正确，系统能够有效控制各闸门控制子站，各子站能够按照系统指令执行操作，系统设计有效。此工况下的系统计算值与实测值高度一致表明系统具有较高的仿真精度，能够精确估算复杂工况下的渠道水流形态。图 3-9 为节制闸 u_3 反复启闭造成的渠段内水位波动，水波沿恒定流区传播至下游回水区检测点 h_3，图 3-10 中显示检测点 h_3 的水波波形和波幅并未发生较大改变，表明水波沿恒定流区传输变形并不严重。进一步分析图 3-11 发现，检测点 h_4 水位变化与上游检测点 h_3 水位变化无直接联系，这说明上游水波变形并未影响到下游渠段。这个现象并不难理解，这是因为第 3 渠段回水区整合了上游渠段波动变形。图 3-11 和图 3-12 可以看出节制闸门开启上游回水区水位 h_4 下降，经过时间 τ 下游回水区检测点 h_5 水位开始上升；当闸门重新回到开启前位置，控制点水位偏差呈现减小趋势，但是减小幅度不大，渠段检测点水位出现稳态偏差。图 3-13 显示第 6 渠段通过反向超幅调整闸门 u_7，使检测点 h_6 水位偏差快速逼近 0，也就是说控制点水位正逐步回归初始水位。图 3-13 和图 3-14 表明，如果要快速稳定检测点水位，必须要采用合理节制闸调控方式。

2）闸门群协同控制算法性能对比实验

协同控制的任务就是根据系统已知外扰情况，优化全局变量，确定系统的调度控制方式，计算节制闸调整幅度，尽快使水网稳定。算法是协同控制的核心，算法优劣关乎平台运行效率和水网工程安全，因此，算法控制性能比较与机理分析具有重要科学价值和工程意义。

工况设置：渠道入流流量为 $0.36\text{m}^3/\text{s}$，分水计划如表 3-4 所示，渠道第 2 小时分水流量为 $0.3\text{m}^3/\text{s}$，从第 4 小时分水流量已达 $0.5\text{m}^3/\text{s}$，从第 6 小时开始分水流量为 $0.75\text{m}^3/\text{s}$，维持该分水 2h 后，流量逐步调小至 $0.3\text{m}^3/\text{s}$。

表 3-4 分水计划

时段	0~2h	2~4h	4~6h	6~8h	8~10h	10~12h
渠段 3	$0\text{m}^3/\text{s}$	$0.1\text{m}^3/\text{s}$	$0.2\text{m}^3/\text{s}$	$0.25\text{m}^3/\text{s}$	$0.2\text{m}^3/\text{s}$	$0.2\text{m}^3/\text{s}$
渠段 7	$0\text{m}^3/\text{s}$	$0.2\text{m}^3/\text{s}$	$0.3\text{m}^3/\text{s}$	$0.5\text{m}^3/\text{s}$	$0.1\text{m}^3/\text{s}$	$0.1\text{m}^3/\text{s}$

由分水计划可知，某些时段渠道分水流量超过上游水库下泄流量。此时系统需要充分利用各渠段槽蓄，对各渠段进行联合调度，才能有效避免渠段水位振荡。本章考察在此工况下的 LQR 算法和扰动可预知模型性能，本书构造扰动可预知模型的核心算法(下称"本书算法")是基于 DSP 芯片实现，采用 DSP 芯片外存储器内的离线分析数据，LQR 算法则为仿真实现。算法调控参数如表 3-5 所示。

表 3-5 协同控制算法参数设置

控制参数	T_s/s	M_d	$Q_e(x_0$加权$)$	$Q_d(x_d$加权$)$	R
数值	240	30	44	4.0e+004	4.4e+003

图 3-15~图 3-21 为各控制点分别在 LQR 算法和本书算法下的水位偏差曲线。由图 3-15~图 3-21 可以看出，在不同控制策略下的渠段水位响应方式截然不同，渠道系统依照本书算法指定的调控策略，受控渠池控制点水位波动偏差较小，基本上无稳态误差。在 LQR 算法下控制点水位偏差较大，但是都满足美国农垦局规定的混凝土衬砌渠道水位下降速率不得超过 0.15m/s 的基本安全运行要求。

由分水计划表 3-4 可知，从第 4 小时开始，渠段 3 和渠段 7 分水流量之和已经达到 $0.5\text{m}^3/\text{s}$，渠道上游来流量仍为 $0.36\text{m}^3/\text{s}$ 小于该分水流量，整个渠道供需出现不平衡。渠道优化调度平台应制定优化调度策略，消耗自身蓄水体积，最大限度地维持渠道水位稳定。综合各图结果发现，本书算法能够预知分水变化，在渠系状态空间系统中计算储蓄水体消耗，并据此制定优化调度策略。所制定的调度策略基本可以维持控制点水位恒定。由图 3-17 可以看出，LQR 算法在流量改变后，三次试图改变控制点 h_3 水位以维持渠道的稳

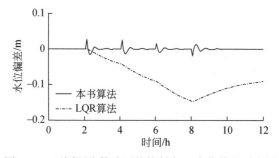

图 3-15 不同调度策略下的控制点 h_1 水位偏差对比图

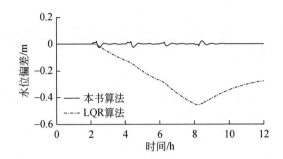

图 3-16 不同调度策略下的控制点 h_2 水位偏差对比图

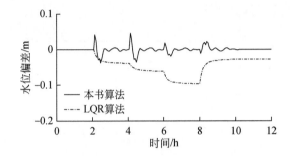

图 3-17 不同调度策略下的控制点 h_3 水位偏差对比图

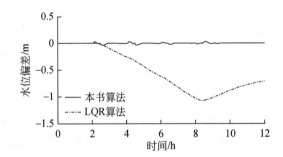

图 3-18 不同调度策略下的控制点 h_4 水位偏差对比图

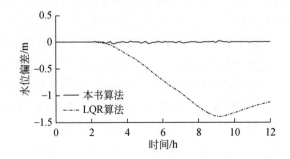

图 3-19 不同调度策略下的控制点 h_5 水位偏差对比图

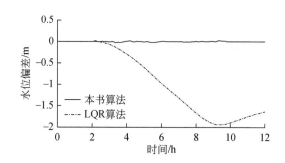

图 3-20 不同调度策略下的控制点 h_6 水位偏差对比图

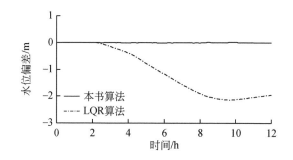

图 3-21 不同调度策略下的控制点 h_7 水位偏差对比图

定运行，实际上本地控制单元并没有能力将扰动抑制在渠段内。而调控过程延缓了调整时间，错失了调整良机，加剧了水位波动，其结果是整个调整过程中的渠段运行水位一直低于设计水位。控制点 h_4 水位最大偏差为 -1.07m，h_5 为 -1.39m，h_6 为 -1.94m，一直到 h_7 水位最大偏差为 -2.14m，控制误差叠加直接导致下游渠段水位稳态偏差逐步增大。从渠段 5 开始，2h 内水位降幅已然超过 0.30m。如果渠段要调整至原稳态工况，需要转换为人工监控模式，重新进行工况校准。图 3-22 为节制闸 $u_1 \sim u_4$ 过闸流量变化曲线，图 3-23 为节制闸 $u_5 \sim u_7$ 过闸流量变化曲线，结合过闸流量变化对本研究算法控制性能进行分析。

节制闸 u_1 和 u_2（节制闸 u_3 和 u_4 为反趋势）过闸流量调节动作一致，控制点 $h_1 \sim h_3$ 水位出现较大偏差，由此可以得出渠段 1 至渠段 4 的槽蓄参与调节，渠段 1 至渠段 3 受影响最大。这不难理解，系统预知渠段 3 分水量超过自身调蓄能力，预支渠段 1 和渠段 2 槽蓄对渠段 3 进行补偿，同时减少渠段 4 的入流流量，由于渠段 4 回水区调节作用，降水波对控制点 h_4 水位影响较小。参照相对应的流量调控过程，可以看出在分水口实施分水前 25 个步长（约 1.5h），逐步形成两个流量波峰（谷）。这可以从模型调控机理来解释，模型提前 M 步预见到分水变化，并开始逐步调节渠段槽蓄容积。根据下游需水量，渠段调整闸门开度释放本渠段回水区的蓄水容积 Vol，形成下游渠段第一个波峰（本段渠段为波谷）。尚未等到本渠段以水位降低的形式反映流量变化，上游渠段已形成一个类型相同的流量波峰通过该渠段的均匀流区补给回水区，此时本渠段完成了第二个波峰的筑就过程。据此，完全有理由得出本书算法是根据渠道大时滞的运行特性合理调节槽蓄的一种手段。

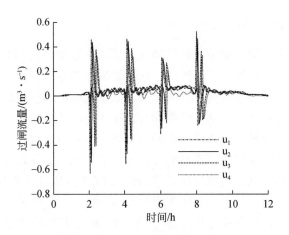

图 3-22　节制闸 $u_1 \sim u_4$ 过闸流量变化曲线

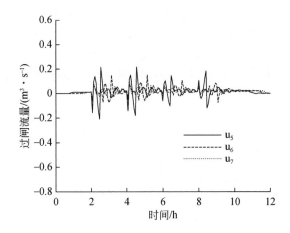

图 3-23　节制闸 $u_5 \sim u_7$ 过闸流量变化曲线

　　渠道时滞主要体现在两个方面：①渠段波动传输的滞后性，即上游水波到达下游需要时间；②水位–流量反馈机制的滞后性，即流量变化和水位变化并不能即时地得到体现，水位变化往往会滞后于流量变化，以水位为直接控制目的系统设计更容易错过渠道实施调节的最佳时机。水位偏差图 3-17 ~ 图 3-19 表明渠段 5 ~ 7 受分水影响较小，然而图 3-21 显示，即使在此工况下过闸流量仍处于不停调整过程中，这是因为渠道还存在诸如闸门震动、渠段暂态调整等计划外的扰动，PID 控制器不断反向操作节制闸以抑制渠段内的水位波动，这种频繁的操作大大缩短了设备的使用寿命。事实上这些扰动期望接近 0，这意味着有些闸门操作并不是十分必要的。

　　由此可见，本书算法和 LQR 算法都采用二次型性能指标作为控制优化约束指标，但是算法的实际控制效果却截然不同，从消除水位偏差角度来讲，本书算法控制效果明显优于 LQR 算法，下面就控制机理对优化调度算法特性做进一步分析。

3. 控制模型和算法性能优势的机理分析

我们已经知道，由于输水渠道的耗散特性，即便不施加任何调节，系统亦能达到最终稳定的状态。对渠道实施调控，就是要求在执行输配水指令的同时，既要以所需精度快速跟踪输入信号，又能抑制渠道时时存在的扰动。系统能够准确执行输配水指令，要求调控系统设计有较大的带宽；从系统动态性能和扰动噪声抑制角度来看，又不希望调控系统带宽过大。带宽作为衡量系统设计整体性能的重要指标，可以通过反映系统特性的奇异值体现，从频带分布和集散程度对调节系统的噪声辨识能力和动态跟踪特性进行考察。

根据渠道实际运行数据，绘制反映系统特性的 LQR 算法奇异值 bode 图（图 3-24）和本书算法奇异值 bode 图（图 3-25）。W-M 支渠从 Santa Rosa 干渠取水，W-M 支渠渠首节制闸使用自适应调节装置，以维持支渠取水量不变。W-M 支渠总取水量扣减沿程分水，剩余水量全部通过渠道末端节制闸排出。也就是说，支渠渠首闸门和支渠末端闸门不参与渠道运行调节。实际上，支渠渠首和末段渠段已丧失调蓄功能，并对 LQR 算法产生了直接影响。该影响在图 3-24 中直观表现为，在低于 10^0 Hz 的频段有两条平行直线；本书优化调度算法建立在预测调控机制的基础上，控制特性受上游调蓄水库约束较大，因此在图 3-25 中有一条控制通道反映上游水库调蓄能力曲线失真。不考虑渠首和渠末渠段对渠道运行的影响，通过分析这两个图其他运行控制通道的曲线特征，来获取系统运行控制特性的直观解释。

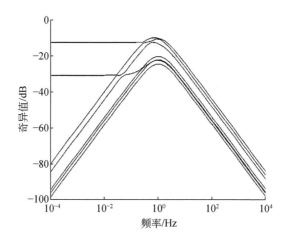

图 3-24　LQR 算法奇异值 bode 图

由图 3-24 可以看出，系统响应随频率 w_n 变化，且在 10^0Hz 达到峰值（$w_n = 10^0$Hz 对应渠道在设计流量下运行）；另外一个显著特征就是系统响应曲线关于 $w_n = 10^0$Hz 大致对称，低于 10^0Hz 或高于 10^0Hz 频带的系统响应都得到调控系统的抑制。这种现象不难在物理层面得到合理解释，LQR 系统是根据渠段运行水位对节制闸等水力控制设备进行调整，调整的目的仅为快速稳定渠段水位，并未考虑造成渠段水位波动的根本原因。高频存在的渠段扰动会造成水位振荡，作为低频存在的分水计划同样会造成水位波动。单纯以减小水位波动为直接目的 LQR 调控策略无一例外的对这两种本质完全不同的水力现象执行了完全相

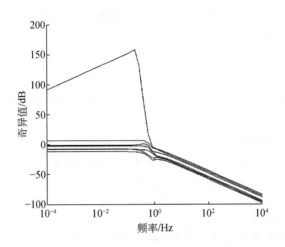

图 3-25 本书算法奇异值 bode 图

同的调控措施。我们期望设计的调控模型在低频段应具有较高的系统增益,而高频段增益应随频率增加逐步减小。

对图 3-25 分析发现,根据流量调控过程建立的无时滞优化调控模型高频段系统增益为 0,低频段增益不仅保持了下降趋势,而且频带密集,趋势更为一致。这说明本书算法优化调度使渠段调节系统动态特性得到了极大提升,所采用的状态空间设计技术使分布式水力控制建筑物具有更强的协调动作能力。模型调控特性分析从数学和控制角度阐释了流量调控策略和基于该策略提出的槽蓄调节的合理性。

3.2　闸门鲁棒控制设计理论与实现方法

水网在运行过程中除了受上游来流、引退水扰动影响外,还受到闸门等水力调控设施操作等随机的影响,对于由多个独立渠段串联而成的水网通道而言,这种扰动其实是由多物理过程耦合作用表现出的一种动态过程。因此,考虑子渠段的动力学模型之间的耦合关系,分析在耦合机制作用下系统的整个动态过程,是制定稳定控制策略的关键。本节采用机理建模方法分析了渠道系统输水子渠段之间水力参数和物理量的耦合关系,根据明渠非恒定流输移过程的内在规律列写出水网状态空间方程、PID 反馈内环、过闸流量扰动等基本运动、控制逻辑及闸门设备特性方程,研究建立了单体闸门的鲁棒控制模型,并在 H_∞ 范数意义下对模型进行了求解,最后采用频率特性分析方法对控制策略进行验证。

3.2.1　基于隐式差分格式的状态空间机理建模法

积分–时滞模型假设渠道中的流动为均匀恒定流,模型适用于有明显恒定流区和回水区的渠道[128]。事实上,并非所有的渠道在任何工况下都有明显的回水区[129],应根据需要建立有限非线性模型。不过 St. Venant 方程组为一阶拟线性双曲形微分方程组,它在数学上无精确解析解,本节采用了普列斯曼(Pressimann)四点偏心格式对 St. Venant 方程组进行离散化处理，并在稳态工作点对其增量线性化处理，进而构造出状态矢量空间，满足了精细自动控制设计的需要。

1. St. Venant 方程组离散后的解空间

St. Venant 方程组包含连续方程和动量方程，分别采用 Pressimann 四点偏心格式对两个子方程进行离散。

1）连续方程离散的推导过程

若记距离为 x、时间为 t，St. Venant 方程组中的连续方程为

$$\frac{\partial A}{\partial t} + \frac{\partial Q}{\partial x} = q_l \tag{3-40}$$

式中，A 为过流面积，Q 为流量。

应用 Pressimann 四点偏心格式将式(3-40)离散，转化为

$$\frac{A_{j+1}^{n+1} + A_j^{n+1}}{2\Delta t} - \frac{A_{j+1}^n + A_j^n}{2\Delta t} + \frac{\theta}{\Delta x}(Q_{j+1}^{n+1} - Q_j^{n+1}) + \frac{1-\theta}{\Delta x}(Q_{j+1}^n - Q_j^n)$$

$$= \frac{\theta}{2}(q_{j+1}^{n+1} + q_j^{n+1}) + \frac{1-\theta}{2}(q_{j+1}^n + q_j^n) \tag{3-41}$$

式中，q_l 为渠池单位长度上的旁侧入流或出流，假定 $q_{j+1}^{n+1} = q_{j+1}^n = q_{je}$，同时将 A^{n+1}、A^n、Q^{n+1}、Q^n、q^{n+1} 和 q^n 分别简记为 A^+、A、Q^+、Q、q^+ 和 q。式(3-41)可改写为

$$\frac{1}{2\Delta t}(A_{j+1}^+ + A_j^+) - \frac{1}{2\Delta t}(A_{j+1} + A_j) + \frac{\theta}{\Delta x}(Q_{j+1}^+ - Q_j^*)$$

$$+ \frac{1-\theta}{\Delta x}(Q_{j+1} - Q_j) = \frac{q_{je} + q_{ie}}{2} \tag{3-42}$$

设定渠池稳态工作点为 e，则 $Q^+ = Q^+|_e + \delta Q^+$，$Z^+ = z^+|_e + \delta z^+$，$\delta Q^+$ 和 δz^+ 分别为渠道平衡点流量 $Q^+|_e$ 和水位 $z^+|_e$ 的小偏差。

假定节点 j 的过流面积 $A_j = B_j \delta z_j$，对式(3-42)增量线性化表达，即

$$\frac{B_j}{2\Delta t}(\delta z_{j+1}^+ + z_j^+) - \frac{B_{j+1}}{2\Delta t}(A_{j+1} + A_j) + \frac{\theta}{\Delta x}(\delta Q_{j+1}^+ - \delta Q_j^+)$$

$$+ \frac{1-\theta}{\Delta x}(\delta Q_{j+1} - \delta Q_j) = -\frac{Q_{j+1} - Q_j}{\Delta x} + \frac{q_{j\theta} + q_{ie}}{2} \tag{3-43}$$

将与节点 i 有关项写在方程式右边，与节点 $i+1$ 有关项写在方程式左边，对式(3-43)进行整理得

$$A_{11}\delta Q_j^+ + A_{12}\delta z_j^+ + A_{13}\delta Q_{j+1}^+ + A_{14}\delta z_{j+1}^+$$

$$= A_{11}'\delta Q_j + A_{12}'\delta z_j + A_{13}'\delta Q_{j+1} + A_{14}'\delta z_{j+1} + C_1 \tag{3-44}$$

式中，

$$\alpha_1 = \frac{1}{\Delta x}; \quad \alpha_{2j} = \frac{B_j}{2\Delta t}; \quad A_{11} = -\frac{\theta}{\Delta x} = -\theta\,\alpha_1; \quad A_{12} = -\frac{B_j}{2\Delta t} = \alpha_{2j}; \quad A_{13} = \frac{\theta}{\Delta x} = \theta\,\alpha_1;$$

$$A_{14} = \frac{B_{j+1}}{2\Delta t} = \theta\,\alpha_{2j+1}; \quad A_{11}' = -\frac{1-\theta}{\Delta x} = -(1-\theta)\alpha_1; \quad A_{12}' = \frac{B_j}{2\Delta t} = \alpha_{2j}; \quad A_{13}' = \frac{1-\theta}{\Delta x} = -(1-\theta)\alpha_1;$$

$$A_{14}' = \frac{B_{j+1}}{2\Delta t} = \alpha_{2j+1}; \quad C_1 = \frac{q_{je} + q_{ie}}{2} - \frac{Q_{j+1} - Q_j}{\Delta x}.$$

2）动量方程离散的推导过程

给出 St. Venant 方程组动量方程的通用形式，即

$$\frac{\partial Q}{\partial t}+\frac{\partial}{\partial x}\left(\frac{Q^2}{A}\right)+gA\frac{\partial Z}{\partial x}+gA\,S_f=kqV \tag{3-45}$$

式中，V 为流速；q 为单宽流量；$S_f=Q^2n^2/(A^2R^{4/3})$；k 为流量模数。

应用 Pressimann 四点偏心格式将式(3-45)进行离散，并在稳态工作点增量线性化。可以看出式(3-45)共由五项组成，各项表达比较复杂。为表述方便，本小节采用逐项展开，分别列写方式。

（1）第一项

$$\frac{\partial Q}{\partial t}=\frac{Q_j^++Q_i^+}{2\Delta t}-\frac{Q_j+Q_i}{2\Delta t}=\frac{1}{2\Delta t}\delta Q_j^++\frac{1}{2\Delta t}\delta Q_i^+-\frac{1}{2\Delta t}\delta Q_j-\frac{1}{2\Delta t}\delta Q_i$$
$$=\alpha_3(\delta Q_j^++\delta Q_i^+-\delta Q_j-\delta Q_i) \tag{3-46}$$

式中，$\alpha_3=1/2\Delta t$。

（2）第二项

$$\frac{\partial}{\partial x}\left(\frac{Q^2}{A}\right)=\frac{1-\theta}{\Delta x}\left(\frac{Q_{j+1}^2}{A_{j+1}}-\frac{Q_j^2}{A_j}\right)+\frac{\theta}{\Delta x}\left(\frac{(Q_{j+1}^+)^2}{A_{j+1}}-\frac{(Q_j^+)^2}{A_j}\right) \tag{3-47}$$

因为过水断面 A 与水位 Z 是一一对应关系，将第二项表述为自变量为 Q 和 Z 的函数，即

$$\frac{\partial}{\partial x}\left(\frac{Q^2}{A}\right)=f_1(Q_j^+,\ Z_j^+,\ Q_{j+1}^+,\ Z_{j+1}^+,\ Q_j,\ Z_j,\ Q_{j+1},\ Z_{j+1}) \tag{3-48}$$

设变量 Q_j^+、Z_j^+、Q_{j+1}^+、Z_{j+1}^+、Q_j、Z_j、Q_{j+1} 和 Z_{j+1} 统一由 $\mathbb{R}$ 表达，围绕工作点 e 对函数式 f_1 增量线性化得

$$\frac{\partial}{\partial x}\left(\frac{Q^2}{A}\right)=f_1(e)\ +\ \sum\left(\frac{\partial f_1}{\partial\mathbb{R}}\right)_e\delta\mathbb{R} \tag{3-49}$$

式中，

$f_1(e)=\frac{1}{\Delta x}\left(\frac{Q_{j+1}^2}{A_{j+1}}-\frac{Q_j^2}{A_j}\right)\bigg|_e$；$\left(\frac{\partial f_1}{\partial Q_j^+}\right)_e=-\frac{2\theta Q_j}{A_j\Delta x}\bigg|_e=-\theta\,\alpha_4(j)$；$\left(\frac{\partial f_1}{\partial Z_j^+}\right)_e=\frac{\theta Q_i^2 T_j}{A_j^2\Delta x}\bigg|_e=\theta\,\alpha_4(j)\frac{V_j^2 T_j}{2}\bigg|_e$

$=\theta\,\alpha_4(j)\alpha_5(j)$；$T$ 为渠池底宽；$\left(\frac{\partial f_1}{\partial Q_{j+1}^+}\right)_e=-\frac{2\theta Q_{j+1}}{A_{j+1}\Delta x}\bigg|_e=-\theta\,\alpha_4(j+1)$；$\left(\frac{\partial f_1}{\partial Z_{j+1}^+}\right)_e=\frac{\theta Q_{j+1}^2 T_{j+1}}{A_{j+1}^2\Delta x}\bigg|_e$

$=\theta\,\alpha_4(j)\frac{V_{j+1}^2 T_{j+1}}{2}\bigg|_e=\theta\,\alpha_4(j+1)\alpha_5(j+1)$；$\left(\frac{\partial f_1}{\partial Q_j}\right)_e=-\frac{2(1-\theta)Q_j}{A_j\Delta x}\bigg|_e=(1-\theta)\,\alpha_4(j)$；

$\left(\frac{\partial f_1}{\partial Z_j}\right)_e=\frac{(1-\theta)Q_i^2 T_j}{A_j^2\Delta x}\bigg|_e=(1-\theta)\,\alpha_4(j)\alpha_5(j)$；$\left(\frac{\partial f_1}{\partial Q_{j+1}}\right)_e=-\frac{2(1-\theta)Q_{j+1}}{A_{j+1}\Delta x}\bigg|_e=(1-\theta)\,\alpha_4(j+1)$；

$\left(\frac{\partial f_1}{\partial Z_{j+1}^+}\right)_e=\frac{(1-\theta)Q_{j+1}^2 T_{j+1}}{A_{j+1}^2\Delta x}\bigg|_e=-(1-\theta)\,\alpha_4(j+1)\alpha_5(j+1)$；$\alpha_4(i)=\frac{2Q_i}{A_i\Delta x}\big|_e$；$\alpha_5(i)=\frac{V_i T_i}{2}\big|_e$。

（3）第三项

$$gA\frac{\partial Z}{\partial x}=g\left[\frac{1-\theta}{2}(A_j+A_{j+1})+\frac{\theta}{2}(A_j^\dagger+A_{j+1}^\dagger)\right]$$

$$\times\frac{1}{\Delta x}\left[(1-\theta)(Z_j+Z_{j+1})+\theta(Z_j^++Z_{j+1}^+)\right]$$

$$=f_2(Z_j^+,\ Z_{j+1}^+,\ Z_j,\ Z_{j+1})=f_2(e)+\sum\left(\frac{\partial f_2}{\partial\mathbb{R}}\right)_e\delta\mathbb{R} \qquad (3\text{-}50)$$

式中，$\mathbb{R}$ 为 Z_j^+、Z_{j+1}^+、Z_j、Z_{j+1}；

$$f_2(e)=\frac{g}{2\Delta x}(A_j+A_{j+1})(z_j-z_{j+1})\Big|_e;\ \left(\frac{\partial f_2}{\partial z_j^+}\right)_e=\frac{g\theta}{2\Delta x}\left[T_j(z_{j+1}-z_j)-(A_j+A_{j+1})\right]\Big|_e=\theta\,\alpha_6;$$

$$\left(\frac{\partial f_2}{\partial z_{j+1}^+}\right)_e=\frac{g\theta}{2\Delta x}\left[T_{j+1}(z_{j+1}-z_j)-(A_j+A_{j+1})\right]\Big|_e=\theta\,\alpha_7;\ \left(\frac{\partial f_2}{\partial z_j}\right)_e=\frac{g(1-\theta)}{2\Delta x}\left[T_j(z_{j+1}-z_j)-(A_j+A_{j+1})\right]=$$

$$(1-\theta)\,\alpha_6;\ \left(\frac{\partial f_2}{\partial z_{j+1}}\right)_e=\frac{g(1-\theta)}{2\Delta x}\left[T_{j+1}(z_{j+1}-z_j)-(A_j+A_{j+1})\right]=(1-\theta)\,\alpha_7;$$

$$\alpha_6(j)=\frac{g}{2\Delta x}\left[T_j(z_{j+1}-z_j)-(A_j+A_{j+1})\right]\Big|_e;\ \alpha_7(j)=\frac{g}{2\Delta x}\left[T_{j+1}(z_{j+1}-z_j)-(A_j+A_{j+1})\right]\Big|_e\,。$$

（4）第四项

$$gAS_f=g\left\{\frac{1-\theta}{2}\left[A_j(S_f)_j+A_{j+1}(S_f)_{j+1}\right]+\frac{\theta}{2}\left[A_j^+(S_f)_j^++A_{j+1}^+(S_f)_{j+1}^+\right]\right\}$$

$$=f_3(Q_j^+,\ Z_j^+,\ Q_{j+1}^+,\ Z_{j+1}^+,\ Q_j,\ Z_j,\ Q_{j+1},\ Z_{j+1})$$

$$=f_3(e)+\sum\left(\frac{\partial f_3}{\partial\mathbb{R}}\right)_e\delta\mathbb{R} \qquad (3\text{-}51)$$

式中，$\mathbb{R}$ 为 Q_j^+、Z_j^+、Q_{j+1}^+、Z_{j+1}^+、Q_j、Z_j、Q_{j+1} 和 Z_{j+1}；R 为水力半径；P 为湿周。过水断面面积 A、水力半径 R 和湿周 P 之间的关系为 $R=A/P$。

$$f_3(e)=\frac{g}{2}\left[A_j(S_f)_j+A_{j+1}(S_f)_{j+1}\right]\Big|_e;\ \left(\frac{\partial f_3}{\partial Q_j^+}\right)_e=\frac{g\theta}{2}\frac{2\,n^2Q_j}{A_jR_j^{\frac{4}{3}}}\Big|_e=\theta\,\alpha_8(j);\ \left(\frac{\partial f_3}{\partial z_j^+}\right)_e=-\frac{g\theta}{2}\frac{2\,n^2Q_j}{A_jR_j^{\frac{4}{3}}}\times$$

$$\left[T_j+\frac{4}{3}\left(T_j-R_j\left(\frac{\partial P_j}{\partial z_j}\right)\right)\right]_e=-\theta\,\alpha_8(j)\,\alpha_9(j)\,\alpha_{10}(j);\ \left(\frac{\partial f_3}{\partial Q_{j+1}^+}\right)_e=\frac{g\theta}{2}\frac{2\,n^2Q_{j+1}}{A_{j+1}R_{j+1}^{\frac{4}{3}}}\Big|_e=\theta\,\alpha_8(j+1);\ \left(\frac{\partial f_3}{\partial z_{j+1}^+}\right)_e$$

$$=-\frac{g\theta}{2}\frac{n^2Q_{j+1}^2}{A_{j+1}^2R_{j+1}^{4/3}}\left[T_{j+1}+\frac{4}{3}\left(T_{j+1}-R_{j+1}\left(\frac{\partial P_{j+1}}{\partial z_{j+1}}\right)\right)\right]_e=-\theta\,\alpha_8(j+1)\,\alpha_9(j+1)\,\alpha_{10}(j+1);$$

$$\left(\frac{\partial f_3}{\partial Q_j}\right)_e=\frac{g(1-\theta)}{2}\frac{2\,n^2Q_j}{A_jR_j^{\frac{4}{3}}}\Big|_e=(1-\theta)\,\alpha_8(j);\ \left(\frac{\partial f_3}{\partial z_j}\right)_e=-\frac{g(1-\theta)}{2}\frac{2\,n^2Q_j^2}{A_j^2R_j^{\frac{4}{3}}}\left[T_j+\frac{4}{3}\left(T_j-R_j\left(\frac{\partial P_j}{\partial z_j}\right)\right)\right]_e=$$

$$-(1-\theta)\alpha_8(j)\,\alpha_9(j)\,\alpha_{10}(j);\ \left(\frac{\partial f_3}{\partial Q_{j+1}}\right)_e=\frac{g(1-\theta)}{2}\frac{2\,n^2Q_{j+1}}{A_{j+1}R_{j+1}^{\frac{4}{3}}}\Big|_e=(1-\theta)\alpha_8(j+1);\ \left(\frac{\partial f_3}{\partial z_{j+1}}\right)_e=-\frac{g(1-\theta)}{2}\times$$

$$\frac{n^2Q_{j+1}^2}{A_{j+1}^2R_{j+1}^{4/3}}\left[T_{j+1}+\frac{4}{3}\left(T_{j+1}-R_{j+1}\left(\frac{\partial P_{j+1}}{\partial z_{j+1}}\right)\right)\right]_e=-(1-\theta)\alpha_8(j+1)\,\alpha_9(j+1)\,\alpha_{10}(j+1)。\ \alpha_8(j)=\frac{g\,n^2Q_j}{A_jR_j^{\frac{4}{3}}}\Big|_e;$$

$$\alpha_9(j)=\frac{V_j}{2}\Big|_e;\ \alpha_{10}(j)=\frac{7}{3}T_j-\frac{4}{3}R_j\left(\frac{\partial P_j}{\partial z_j}\right)\Big|_e。$$

（5）第五项

$$kqV = \frac{k}{2}\left[(1-\theta)\left(\frac{q_j Q_j}{A_j} + \frac{q_{j+1} Q_{j+1}}{A_{j+1}}\right) + \theta\left(\frac{q_j Q_j^+}{A_j^+} + \frac{q_{j+1} Q_{j+1}^+}{A_{j+1}^+}\right)\right]$$
$$= f_4(Q_{j+1}, Q_j, Z_{j+1}, Z_j, Q_{j+1}^+, Q_j^+, Z_{j+1}^+, Z_j^+)$$
$$= f_4(e) + \sum\left(\frac{\partial f_4}{\partial \mathbb{R}}\right)_e \delta\mathbb{R} \tag{3-52}$$

式中，$\mathbb{R}$ 为 Q_j^+、Z_j^+、Q_{j+1}^+、Z_{j+1}^+、Q_j、Z_j、Q_{j+1} 和 Z_{j+1}；

$f_4(e) = \frac{k}{2}\left[\frac{q_j Q_j}{A_j} + \frac{q_{j+1} Q_{j+1}}{A_{j+1}}\right]\Big|_e$；$\left(\frac{\partial f_4}{\partial Q_j^+}\right)_e = \frac{k\theta q_j}{2 A_j}\Big|_e = \theta\,\alpha_{11}(j)$；$\left(\frac{\partial f_4}{\partial z_j^+}\right)_e = -\frac{k\theta q_j Q_j T_j}{2 A_j^2}\Big|_e = -2\theta\times$

$\alpha_{11}(j)\alpha_5(j)$；$\left(\frac{\partial f_4}{\partial Q_{j+1}^+}\right)_e = \frac{k\theta q_{j+1}}{2 A_{j+1}}\Big|_e = \theta\,\alpha_{11}(j+1)$；$\left(\frac{\partial f_4}{\partial z_{j+1}^+}\right)_e = -\frac{k\theta q_{j+1} Q_{j+1} T_{j+1}}{2 S_j^2}\Big|_e = -2\theta\,\alpha_{11}(j+1)\alpha_5$

$(j+1)$；$\left(\frac{\partial f_4}{\partial Q_j}\right)_e = \frac{k(1-\theta)q_j}{2 S_j^2} = (1-\theta)\alpha_{11}(j)$；$\left(\frac{\partial f_4}{\partial z_j}\right)_e = -\frac{k(1-\theta)q_j Q_j T_j}{2 A_j^2} = -2(1-\theta)\alpha_{11}(j)\alpha_5(j)$；

$\left(\frac{\partial f_4}{\partial Q_{j+1}}\right)_e = \frac{k(1-\theta)q_{j+1}}{2A_{j+1}} = (1-\theta)\alpha_{11}(j+1)$；$\left(\frac{\partial f_4}{\partial z_{j+1}}\right)_e = -\frac{k(1-\theta)q_{j+1}Q_{j+1}T_{j+1}}{2 S_{j+1}^2} = -2(1-\theta)\alpha_{11}(j+1)\times$

$\alpha_5(j+1)$。$\alpha_{11}(j) = \frac{k q_j}{2 A_j}$。

根据（1）~（5）各项，将与时层 i 有关项写在方程式右边，与时层 $i+1$ 有关项写在方程式左边，对动量方程进行重新列写得

$$A_{21}\delta Q_j^+ + A_{22}\delta z_j^+ + A_{23}\delta Q_{j+1}^+ + A_{24}\delta z_{j+1}^+ =$$
$$A_{21}'\delta Q_j + A_{22}'\delta z_j + A_{23}'\delta Q_{j+1} + A_{24}'\delta z_{j+1} + C_2 \tag{3-53}$$

式中，

$A_{21} = \alpha_3 - \theta[\alpha_4(j) - \alpha_8(j) + \alpha_{11}(j)]$；$A_{22} = \theta[\alpha_4(j+1)\alpha_5(j+1) + \alpha_6 - \alpha_8(j+1)\alpha_9(j+1)\alpha_{10}(j+1) + 2\alpha_{11}(j+1)\alpha_5(j+1)]$；$A_{23} = \alpha_3 + [\alpha_4(j+1) + \alpha_8(j+1) - \alpha_{11}(j+1)]$；$A_{24} = -\theta[\alpha_4(j+1)\alpha_5(j+1) - \alpha_7 + \alpha_8(j+1)\alpha_9(j+1)\alpha_{10}(j+1) - 2\alpha_{11}(j+1)\alpha_5(j+1)]$；$A_{21}' = \alpha_3 + (1-\theta)[\alpha_4(j) - \alpha_8(j) + \alpha_{11}(j)]$；$A_{22}' = -(1-\theta)[\alpha_4(j)\alpha_5(j) + \alpha_6 - \alpha_8(j)\alpha_9(j)\alpha_{10}(j) + 2\alpha_{11}(j)\alpha_5(j)]$；$A_{23}' = \alpha_3 - (1-\theta)\times[\alpha_4(j+1) + \alpha_8(j+1) - \alpha_{11}(j+1)]$；$A_{24}' = (1-\theta)[\alpha_4(j+1)\alpha_5(j+1) - \alpha_7 + \alpha_8(j+1)\alpha_9(j+1)\alpha_{10}(j+1) - 2\alpha_{11}(j+1)\alpha_5(j+1)]$；$C_2 = \frac{k}{2}\left(q_j\frac{Q_j}{A_j} + q_{j+1}\frac{Q_{j+1}}{A_{j+1}}\right) - \frac{1}{\Delta x}\left[\frac{Q_{j+1}^2}{A_{j+1}} - \frac{Q_j^2}{A_j}\right] - \frac{g}{2\Delta x}(A_j + A_{j+1})(z_{j+1} - z_j) -$

$\frac{g}{2}[A_j(S_f)_j + A_{j+1}(S_f)_{j+1}]$。

3）方程组完全离散数学表达

St. Venant 方程组的完全离散结果是由式（3-44）和（3-53）组成，整体数学表达形式如下

$$A_{11}\delta Q_j^+ + A_{12}\delta z_j^+ + A_{13}\delta Q_{j+1}^+ + A_{14}\delta z_{j+1}^+ = A_{11}'\delta Q_j + A_{12}'\delta z_j + A_{13}'\delta Q_{j+1} + A_{14}'\delta z_{j+1} + C_1$$
$$A_{21}\delta Q_j^+ + A_{22}\delta z_j^+ + A_{23}\delta Q_{j+1}^+ + A_{24}\delta z_{j+1}^+ = A_{21}'\delta Q_j + A_{22}'\delta z_j + A_{23}'\delta Q_{j+1} + A_{24}'\delta z_{j+1} + C_2$$

式中，δQ_j^+、δz_j^+ 为节点 j 处的流量、水位在时层 $n+1$ 的增量；δQ_j、δz_j 为节点 j 处流量、水位在时层 n 的增量。平衡状态下 C_1 和 C_2 都为零。将其表达为模型转换空间得

$$A_L \delta x(k+1) = A_R \delta x(k) \tag{3-54}$$

式中，$\delta x(k+1) = \begin{bmatrix} \delta Q_j^+ & \delta z_j^+ & \delta Q_{j+1}^+ & \delta z_{j+1}^+ \end{bmatrix}$；$\delta x(k) = \begin{bmatrix} \delta Q_j & \delta z_j & \delta Q_{j+1} & \delta z_{j+1} \end{bmatrix}$；$A_L = \begin{bmatrix} A_{11} & A_{12} & A_{13} & A_{14} \\ A_{21} & A_{22} & A_{23} & A_{24} \end{bmatrix}$；$A_R = \begin{bmatrix} A_{11}' & A_{12}' & A_{13}' & A_{14}' \\ A_{21}' & A_{22}' & A_{23}' & A_{24}' \end{bmatrix}$。

2. 水网通道节点的特别处理方法

1）边界项处理

闸门是一维计算模型的内边界，设节点 j 和 $j+1$ 分别为节制闸闸前和闸后节点，根据水流质量守恒和闸门出流公式，列写如下关于水位和流量的两个方程

$$Q_j = Q_{j+1} = Q_g \tag{3-55}$$

$$Q_g = C_d bu \sqrt{2g\Delta h} = f(z_j, Z_{j+1}, u) \tag{3-56}$$

式中，Q_g 为过闸流量；C_d 为闸孔流量系数；u 为闸门开度；b 闸孔宽度；Δh 为闸先后节点水位差。

如果过闸流量出现小偏差，对过闸流量公式(3-56)增量线性化得

$$Q_{j+1}^+ - Q_{j+1} = f(z_j^+, z_{j+1}^+, u^+) - f(z_j, z_{j+1}, u)$$

$$= f(e) + \left(\frac{\partial f}{\partial z_j}\right)_e \partial z_j^+ + \left(\frac{\partial f}{\partial z_{j+1}}\right)_e \partial z_{j+1}^+ + \left(\frac{\partial f}{\partial u}\right)_e \partial u^+$$

$$- f(e) - \left(\frac{\partial f}{\partial z_j}\right)_e \partial z_j - \left(\frac{\partial f}{\partial z_{j+1}}\right)_e \partial z_{j+1} - \left(\frac{\partial f}{\partial u}\right)_e \partial u$$

$$= \left(\frac{\partial f}{\partial z_j}\right)_e (\partial z_j^+ - \partial z_j) + \left(\frac{\partial f}{\partial z_{j+1}}\right)_e (\partial z_{j+1}^+ - \partial z_{j+1})$$

$$+ \left(\frac{\partial f}{\partial u}\right)_e (\partial u^+ - \partial u) \tag{3-57}$$

又由于 $Q^+ = Q^+|_e + \delta Q^+$，对式(3-57)进行改写得

$$\delta Q_{j+1}^+ - \delta Q_{j+1} = Q_{j+1}^+ - Q_{j+1} = \left(\frac{\partial f}{\partial z_j}\right)_e (\delta z_j^+ - \delta z_j)$$

$$+ \left(\frac{\partial f}{\partial z_{j+1}}\right)_e (\delta z_{j+1}^+ - \delta z_{j+1}) + \left(\frac{\partial f}{\partial u}\right)_e (\delta u^+ - \delta u) \tag{3-58}$$

将与时层 $j+1$ 有关项写在方程式右边，与时层 $j+2$ 有关项写在方程式左边，重新列写式(3-58)得

$$-\left(\frac{\partial f}{\partial z_j}\right)_e \delta z_j^+ + \delta Q_{j+1}^+ - \left(\frac{\partial f}{\partial z_{j+1}}\right)_e \delta z_{j+1}^+ =$$

$$-\left(\frac{\partial f}{\partial z_j}\right)_e \delta z_j + \delta Q_{j+1} - \left(\frac{\partial f}{\partial z_{j+1}}\right)_e \delta z_{j+1} + \left(\frac{\partial f}{\partial u}\right)_e \delta u \tag{3-59}$$

将其表达为矩阵解空间得

$$A_L \delta x(k+1) = A_R \delta x(k) + B \delta u(k) \tag{3-60}$$

式中，

$$\delta x(k+1) = \begin{bmatrix} \delta Q_j^+ & \delta z_j^+ & \delta Q_{j+1}^+ & \delta z_{j+1}^+ \end{bmatrix}^T \quad \delta x(k) = \begin{bmatrix} \delta Q_j & \delta z_j & \delta Q_{j+1} & \delta z_{j+1} \end{bmatrix}^T$$

$$A_L = \begin{bmatrix} A_{11} & A_{12} & A_{13} & A_{14} \\ A_{21} & A_{22} & A_{23} & A_{24} \end{bmatrix} \qquad A_R = \begin{bmatrix} A'_{11} & A'_{12} & A'_{13} & A'_{14} \\ A'_{21} & A'_{22} & A'_{23} & A'_{24} \end{bmatrix}$$

$$B = \left[\left(\frac{\partial f}{\partial u} \right)_e \right]^T \qquad \delta u(k) = [\delta u]^T$$

2）扰动项处理

渠道分水作为模型扰动存在，设节点 j 和 $j+1$ 分别为分水口前和后两个节点，Q_p 为分水口分水流量，则节点 j 和 $j+1$ 间水位、流量关系为

$$Q_j - Q_p = Q_{j+1} \tag{3-61}$$

$$z_j = z_{j+1} \tag{3-62}$$

则，

$$\delta Q_{j+1} = \delta Q_j - \delta Q_p; \quad \delta z_{j+1} = \delta z_j \tag{3-63}$$

$$\delta Q_{j+1}^+ = \delta Q_j^+ - \delta Q_p^+; \quad \delta z_{j+1}^+ = \delta z_j^+ \tag{3-64}$$

将式（3-63）和式（3-64）代入模型转换空间式（3-54）中，可得

$$A_L \delta x(k+1) = A_R \delta x(k) + C \delta q(k) \tag{3-65}$$

式中，

$$\delta x(k+1) = \begin{bmatrix} \delta Q_j^+ & \delta z_j^+ & \delta Q_{j+1}^+ & \delta z_{j+1}^+ \end{bmatrix}^T \qquad \delta x(k) = \begin{bmatrix} \delta Q_j & \delta z_j & \delta Q_{j+1} & \delta z_{j+1} \end{bmatrix}^T$$

$$A_L = \begin{bmatrix} 0 & -\left(\frac{\partial f}{\partial z_{j+1}}\right)_e & 1 & -\left(\frac{\partial f}{\partial z_{j+2}}\right)_e \end{bmatrix} \qquad A_R = \begin{bmatrix} 0 & -\left(\frac{\partial f}{\partial z_{j+1}}\right)_e & 1 & -\left(\frac{\partial f}{\partial z_{j+2}}\right)_e \end{bmatrix}$$

$$C = \begin{bmatrix} A_{11} & -B_{11} \\ A_{21} & -B_{21} \end{bmatrix}^T \qquad \delta q(k) = \begin{bmatrix} \delta Q_p & \delta Q_p^+ \end{bmatrix}^T$$

3. 适用精细控制的状态空间模型

上述两小节分别对模型边界项和扰动项进行处理。设分水口处在计算节点 j 和 $j+1$ 之间，节制闸处在计算节点 $j+1$ 和 $j+2$ 之间，将闸门边界和分水扰动融合入模型转换空间，建立其通用表达形式，即

$$A_L \delta x(k+1) = A_R \delta x(k) + B \delta u(k) + C \delta q(k) \tag{3-66}$$

式中，

$$\delta x(k+1) = \begin{bmatrix} \delta Q_j^+ & \delta z_j^+ & \delta Q_{j+1}^+ & \delta z_{j+1}^+ & \delta Q_{j+2}^+ & \delta z_{j+2}^+ \end{bmatrix}^T$$

$$\delta x(k) = \begin{bmatrix} \delta Q_j & \delta z_j & \delta Q_{j+1} & \delta z_{j+1} & \delta Q_{j+2} & \delta z_{j+2} \end{bmatrix}^T$$

$$A_L = \begin{bmatrix} A_{11} & A_{12} & A_{13} & A_{14} \\ A_{21} & A_{22} & A_{23} & A_{24} \\ 0 & -\left(\frac{\partial f}{\partial z_{j+1}}\right)_e & 1 & -\left(\frac{\partial f}{\partial z_{j+2}}\right)_e \end{bmatrix} \qquad \delta u(k) = \begin{bmatrix} \delta u \end{bmatrix}^T$$

$$A_R = \begin{bmatrix} A'_{11} & A'_{12} & A'_{13} & A'_{14} \\ A'_{21} & A'_{22} & A'_{23} & A'_{24} \\ 0 & -\left(\frac{\partial f}{\partial z_{j+1}}\right)_e & 1 & -\left(\frac{\partial f}{\partial z_{j+2}}\right)_e \end{bmatrix} \qquad \delta q(k) = \begin{bmatrix} \delta Q_p & \delta Q_p^+ \end{bmatrix}^T$$

$$B = \begin{bmatrix} 0 & 0 & \left(\dfrac{\partial f}{\partial u} \right)_e \end{bmatrix}^{\mathrm{T}} \qquad C = \begin{bmatrix} A_{11} & -B_{11} \\ A_{21} & -B_{21} \\ 0 & 0 \end{bmatrix}$$

根据模型转换矩阵，一个计算节点对应水位、流量两个变量，然而节制闸节点只有一个连续方程，闸门边界项的引入增加了模型转换矩阵的稀疏性。为减少存储空间，方便计算分析，对状态向量 $\delta x(k+1)$ 和 $\delta x(k)$ 进行调整。由式（3-55）可知 $\delta Q_{i+1} = \delta Q_{i+2}$，$\delta Q_{i+1}^+ = \delta Q_{i+2}^+$，若记状态向量

$$\delta x(k+1) = \begin{bmatrix} \delta Q_j^+ & \delta z_j^+ & \delta Q_{j+1}^+ & \delta z_{j+1}^+ & \delta z_{j+2}^+ \end{bmatrix}^{\mathrm{T}}$$

$$\delta x(k) = \begin{bmatrix} \delta Q_j & \delta z_j & \delta Q_{j+1} & \delta z_{j+1} & \delta z_{j+2} \end{bmatrix}^{\mathrm{T}}$$

式（3-66）中其他项保持不变，所对应 A_L 和 A_R 需改写为

$$A_L = \begin{bmatrix} A_{11} & A_{12} & A_{13} & A_{14} & O \\ A_{21} & A_{22} & A_{23} & A_{24} & O \\ O & O & O & -\left(\dfrac{\partial f}{\partial z_{j+1}} \right)_e & 1 - \left(\dfrac{\partial f}{\partial z_{j+2}} \right)_e \end{bmatrix}$$

$$A_R = \begin{bmatrix} A_{11}' & A_{12}' & A_{13}' & A_{14}' & O \\ A_{21}' & A_{22}' & A_{23}' & A_{24}' & O \\ O & O & O & -\left(\dfrac{\partial f}{\partial z_{j+1}} \right)_e & 1 - \left(\dfrac{\partial f}{\partial z_{j+2}} \right)_e \end{bmatrix}$$

略去增量描述符号 δ，将处理后的模型转换空间式（3-66）写成系统状态方程通用表达式，即

$$x(k+1) = Ax(k) + B_u u(k) + B_d d(k) \tag{3-67}$$

式中，$A = (A_L)^{-1} A_R$；$B_u = (A_L)^{-1} B$；$B_d = (A_L)^{-1} C$。由系统建模过程可知，矩阵 A、B_u 和 B_d 取决于渠道稳态工作点的 e 值。

3.2.2 基于扰动机理分析的鲁棒控制器设计理论

1. 水力模型及参数不确定性影响分析

分析水网通道串联渠段中的非恒定流，可知在水流波动涉及的区域，各过水断面的水位–流量关系不是单一的稳定对应的关系（本节主要讨论的自动化控制的标准化人工渠道，忽略冲淤过程对河床的影响）。在这样的水网通道中，突然增大上游闸门开度，渠段势必出现涨水，一般渠段上游先涨水，使水面坡度变陡；落水时则相反，渠段上游先退水，使水面坡度变缓。如图 3-26 所示，对于同一水位，渠段涨水流量大于落水流量。与恒定流相比，涨水过程中产生的附加水力坡度是这种现象产生的主要原因。涨水过程中附加水力坡度为正，流量比渠段在恒定流态时大；落水过程中附加水力坡度为负，流量比恒定流时要小。

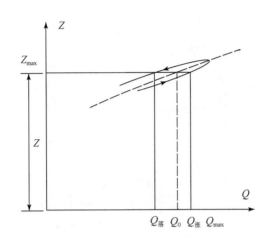

(Q₀为渠段在正常工作点过流流量)

图 3-26　自动化渠系设计中水位–流量关系

另外，糙率在渠道运行过程中受到很多因素的影响，很难准确率定[135]。糙率率定的精确程度直接影响节制闸调节装置对闸门开度的预测和控制。糙率取值过大，控制器低估渠段实际过流流量，控制误差叠加，供需不平衡所造成的水位波动加大，倘或系统缺乏必要自身调节性能，甚至会出现系统控制失效；取值过小则可能致使供过于求，造成弃水，当渠段弃水超过渠段槽蓄能力甚至会危及堤坝安全。此外，闸门在稳定运行时过流流量系数虽然相对固定，但是闸门动力设备的控制误差还有闸门的震动同样会引起闸门实际过流流量的变化。

基于水力要素的特性分析，本书将渠段因闸门启闭引起的水面波动视为控制器的加性扰动；渠段糙率、闸门过流系数是作为模型参数存在的，将其和水动力模型线性化引起的误差视为控制器的乘性扰动。为验证控制算法的有效性，选择下游常水位运行方式进行验证(图 3-27)。在该运行方式下，通过对渠段上游闸门的调节，保持渠段下游闸门前水位不变。分水口一般选取在渠段下游，渠道正常运行流量小于设计流量，渠段蓄水量小，用户需水需要提前预订。此种方式突然的、临时的用户需求改变都会给输水渠道的运行控制带来困难。

2. 扰动影响度量及鲁棒控制设计目标

1) 水力不确定性与扰动的度量方法

人工构建的闸控明渠可看作多输入–多输出的被控对象，通常采用图 3-28 所示的控制结构。图中，r 为输入；y 为输出；e 为输入和输出的偏差；$G(s)$ 为状态空间方程，d 为参数摄动和随机噪声(包括糙率 n、流量系数 C_d 等因素的不确定性影响)。

本书引入灵敏度函数式(3-68)量化评价鲁棒控制的响应速度。对于一个函数 $f(a_1, a_2, \cdots, a_i, \cdots, a_n)$，若 a_i 变化时，f 相应变化较大，则称 f 对 a_i 的变化灵敏度大，反之亦反。函数 f 对系数 a_i 变化的灵敏度定义为

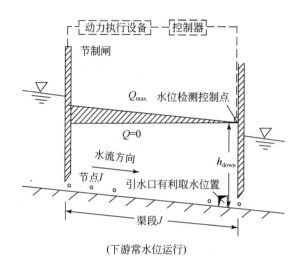

图 3-27　节制闸控制示意图

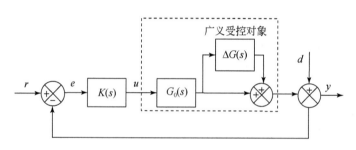

图 3-28　扰动反馈控制结构

$$S_i = \lim_{\Delta a_i \to \infty} \frac{\Delta_i f(a_1, a_2, \cdots, a_n)/f(a_1, a_2, \cdots, a_n)}{\Delta a_i/a_i} \tag{3-68}$$

进一步地，将扰动 d 和未建模误差对控制的影响分别评估量化，①$d=0$，考察输入和输出的控制信号传递特性（即模型未建模误差的影响）；②$r=0$，考察扰动对系统性能的影响。

当 $d=0$ 时，从 r 到 y 的闭环传递函数为

$$L(s) = \frac{G(s)k(s)}{1+G(s)k(s)} \tag{3-69}$$

式中，$G(s)$ 为渠道控制方程，将运行渠段的水位–流量绳套关系看作加性扰动，用 $G(s)+\Delta G(s)$ 来表示，计算 $L(s)$ 对 $G(s)$ 变化的灵敏度函数为

$$\begin{aligned}\Delta L(s) &= \frac{[G(s)+\Delta G(s)]k(s)}{1+[G(s)+\Delta G(s)]k(s)} - \frac{G(s)k(s)}{1+G(s)k(s)} \\ &= \frac{\Delta G(s)}{1+[G(s)+\Delta G(s)]k(s)} \cdot \frac{L(s)}{G(s)}\end{aligned} \tag{3-70}$$

于是

$$\frac{\dfrac{\Delta L(s)}{L(s)}}{\dfrac{\Delta G(s)}{G(s)}}=\frac{1}{1+[G(s)+\Delta G(s)]k(s)} \qquad (3\text{-}71)$$

对式(3-71)，令 $\Delta G(s)\to 0$，则灵敏度函数为

$$S=\frac{1}{1+G(s)k(s)} \qquad (3\text{-}72)$$

进一步分析，得出

$$\frac{e}{r}=\frac{r-y}{r}=\frac{1}{1+G(s)k(s)}=S \qquad (3\text{-}73)$$

考虑 $r=0$，可以得到

$$\frac{y}{d}=\frac{1}{1+G(s)k(s)}=S \qquad (3\text{-}74)$$

则

$$y=dS \qquad (3\text{-}75)$$

式(3-74)反映了扰动通过控制信道后的放大程度，可以看出将扰动 d 看作系统的乘性扰动有其合理性。通过上述分析得知，构造的灵敏度函数可以反映参数摄动 d 和模型扰动 $\Delta G(s)$ 对系统输出的影响。采用同样的分析方法，我们还可以得到另外一个函数 $T(s)$，即

$$T(s)=\frac{G(s)k(s)}{1+G(s)k(s)} \qquad (3\text{-}76)$$

$T(s)$ 是从控制器输入到系统后输出的传递函数。它反映了控制模型中扰动对系统输出的影响。如果使 $\|S(s)\|_\infty$ 最小，意味着渠道控制模型中扰动能量对控制器输入信号的干扰最小。它的大小直接影响到控制器对闸门开度预测控制的准确度，本书把 $S(s)$ 看作为是反映系统性能的函数。如果使 $\|T(s)\|_\infty$ 最小，意味着控制器有良好的稳定性。本书将 $T(s)$ 作为控制器设计的另一指标，希望在同一条件下使 $\|S(s)\|_\infty$ 和 $\|T(s)\|_\infty$ 同时达到最小。

由于 $S(s)+T(s)=1$，这样鲁棒控制的设计转化为 H_∞ 泛函约束求解的问题。本书采用 H_∞ 范数对扰动边界进行度量，$S(s)$ 和 $T(s)$ 两个指标放在同一 H_∞ 框架下，可表达为

$$\left\|\begin{matrix}S(s)\\T(s)\end{matrix}\right\|_\infty \qquad (3\text{-}77)$$

2）新一代控制模型设计和指标要求

技术指标要求：①控制器可以承受未建模误差 $\pm 10\%$，可承受糙率 n 在区间 $[0.01, 0.02]$ 变化，流量系数 C_d 在区间 $[0.72, 0.88]$ 变化；②响应特性要求，最大超调量 $M_p \le 10\%$，调整时间 $t_s \le 0.1\mathrm{s}$（进入 $\pm 2\%$ 的误差带）。

鲁棒控制模型设计流程见图 3-29，具体步骤如下。

（1）选择适当的控制模型。根据渠道的水力参数和水流流态变化，确定控制模型结构。

（2）渠道稳定性配置。分析受控渠段控制方程，评估模型可控性，对不稳定因素进行初步处理。

（3）部分极点配置。根据安全运行设计指标，重新对受控系统极点进行配置，消除模

型病态特征，使系统完全可控。

（4）模型性能优化。根据控制律在配置后的稳定系统上进行控制器设计。

（5）系统性能评价。检查所设计完成的系统各项性能是否满足要求。如果设计满足要求，完成设计；否则返回第(2)步，重新设置控制函数直至满足系统性能。

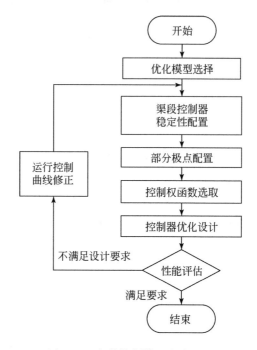

图 3-29　鲁棒控制模型设计流程

3. 闸门鲁棒控制模型设计实现的难点攻关

1）H_∞ 泛函约束问题的求解方法

本书引进权函数是为了使构造的泛函约束问题即式(3-77)在数学上更容易求解和处理，引入 $W_1(s)$ 给 $S(s)$ 加权，$W_2(s)$ 给 $T(s)$ 加权，它们的引入不仅可以简化求解，权函数的选取还可以消除模型量纲的不和谐，使不同的扰动抑制目标具有可比性。这样一来，鲁棒控制设计转化为选择适当的控制器 $K(s)$，使其满足设计指标，即

$$\left\| \begin{matrix} W_1(s)S(s) \\ W_2(s)T(s) \end{matrix} \right\|_\infty \leqslant 1 \tag{3-78}$$

权函数既要考虑系统的控制性能，还要考虑受控渠段自身的特性，是控制器设计满足各项性能约束指标的核心。加权函数 $W_1(s)$、$W_2(s)$ 的选取应基于渠道水流特性。渠道系统为大时滞系统，水位和流量变化是连续的，干扰为低频存在。为抑制干扰，期望 S 在低频段的增益尽量小，所以低频段的加权函数应尽量大，选取的 $W_1(s)$ 为具有低通性能的实有理函数其反映了由于渠道流量变化引起的水位波动，为加性干扰抑制。$W_2(s)$ 为函数 $T(s)$ 的加权，看作渠道参数摄动 H_∞ 范数的上界，并有 $S+T=I$。这样受控渠段在任一工况下运行，给定频率 ω，如要 $S(s)$ 增益很小，那么 T 将近似为 I，由性能指标可以看出

$W_2(s)$ 必须很小，此时系统的稳定性降低；相反如果要求系统具有较强的稳定性，则要降低 $T(s)$ 的增益，这样 $S(s)$ 的增益变大。实际发现串联渠池间波动干扰反映于控制中为低频存在，而未建模动态反映为高频存在。解决方法如下：通过选择加权函数，在低频段以减小 $S(s)$ 的增益为主，而在高频段以减小 $T(s)$ 增益为主，故取 $W_2(s)$ 为高通有理函数，并使 $W_1(s)$ 和 $W_2(s)$ 频带不重叠。

2）临界问题完全可控的理论证明

从控制论角度上看，极点的配置是有条件的，当且仅当给定的被控对象是状态完全可控的，任意配置极点才是可能的，状态完全可控要求 $n×n$ 维矩阵 $[B \vdots AB \vdots \cdots \vdots A^{n-1}B]$ 的秩为 n，如果被控渠段不是状态完全可控，矩阵 $A-BK$ 的特征值就不可能通过状态反馈方式进行配置。不过，本书研究发现如果 $n-q$ 个不可控模态是稳定的，即使被控对象不是状态完全可控，仍可通过把 q 个可控模态的闭环极点配置到期望的位值，使整个水网通道接受到稳定的控制。

首先，给出结论的必要性证明。假设系统不是完全可控的（即可控性的秩小于 n），则

$$\text{rank}[B \vdots AB \vdots \cdots \vdots A^{n-1}B]=q<n \tag{3-79}$$

这意味着，在可控矩阵中存在 q 个线性无关的列向量。现定义 q 个线性无关的列向量为 f_1，f_2，$\cdots$，f_q，选择 $n-q$ 个附加的 n 维向量 V_{q+1}，V_{q+2}，$\cdots$，V_n，使得

$$P=[f_1 \vdots f_2 \vdots \cdots \vdots f_q \vdots v_{q+1} \vdots v_{q+2} \vdots \cdots \vdots v_n] \tag{3-80}$$

的秩为 n。因此，可证明

$$\hat{A}=P^{-1}AP=\begin{bmatrix} A_{11} & A_{12} \\ o & A_{22} \end{bmatrix}, \quad \hat{B}=P^{-1}B=\begin{bmatrix} B_{11} \\ o \end{bmatrix} \tag{3-81}$$

定义

$$\hat{K}=KP=[k_1 \vdots k_2] \tag{3-82}$$

则有

$$\begin{aligned}
|sI-A+BK| &= |P^{-1}(sI-A+BK)P| \\
&= |P^{-1}(sI-A+BK)P| \\
&= |sI-P^{-1}AP+P^{-1}BKP| \\
&= |sI-\hat{A}+\hat{B}\,\hat{K}| \\
&= \left|sI-\begin{bmatrix} A_{11} & A_{12} \\ o & A_{22} \end{bmatrix}+\begin{bmatrix} B_{11} \\ o \end{bmatrix}[k_1 \quad k_2]\right| \\
&= \begin{vmatrix} sI_q-A_{11}+B_{11}k_1 & -A_{12}+B_{11}k_2 \\ o & sI_{n-q}-A_{22} \end{vmatrix} \\
&= |sI_q-A_{11}+B_{11}k_1||sI_{n-q}-A_{22}|=0
\end{aligned} \tag{3-83}$$

式中，I_q 是一个 q 维单位矩阵；I_{n-q} 是一个 $n-q$ 维单位矩阵。

注意到，A_{22} 的特征值不依赖于 K，因此，如果系统不是状态完全可控，则矩阵 A 的特征值就不能任意配置。所以，系统必须完全可控，才能任意配置矩阵 $A-BK$ 的特征值。此为必要条件。

再证明充分条件，如果系统状态完全可控，那么矩阵 A 的特征值可任意配置。定义变换矩阵 T 为

$$T=MW \tag{3-84}$$

其中，M 为可控标准型，

$$M=\begin{bmatrix} B & \vdots & AB & \vdots & \cdots & \vdots & A^{n-1}B \end{bmatrix} \tag{3-85}$$

$$W=\begin{vmatrix} a_{n-1} & a_{n-2} & \cdots & a_1 & 1 \\ a_{n-2} & a_{n-3} & \cdots & 1 & 0 \\ \vdots & \vdots & & \vdots & \vdots \\ a_1 & 1 & \cdots & 0 & 0 \\ 1 & 0 & \cdots & 0 & 0 \end{vmatrix} \tag{3-86}$$

式中，a_i 是特征多项式

$$|s\boldsymbol{I}-\boldsymbol{A}|=s^n+a_1 s^{n-1}+\cdots+a_{n-1}s+a_n \tag{3-87}$$

的系数。用

$$x=\boldsymbol{T}\hat{x} \tag{3-88}$$

定义一个新的状态变量 $\hat{x}$。如果可控性矩阵 M 的秩为 n（意味着系统是完全可控的），则矩阵 T 的逆存在表示为

$$\dot{\hat{x}}=\boldsymbol{T}^{-1}\boldsymbol{A}\boldsymbol{T}\hat{x}+\boldsymbol{T}^{-1}\boldsymbol{B}u \tag{3-89}$$

式中，

$$\boldsymbol{T}^{-1}\boldsymbol{A}\boldsymbol{T}=\begin{bmatrix} 0 & 1 & 0 & \cdots & 0 \\ 0 & 0 & 1 & \cdots & 0 \\ \vdots & \vdots & \vdots & \cdots & \vdots \\ 0 & 0 & 0 & \cdots & 1 \\ -a_n & -a_{n-1} & -a_{n-2} & \cdots & -a_1 \end{bmatrix}; \quad \boldsymbol{T}^{-1}\boldsymbol{B}=\begin{bmatrix} 0 \\ 0 \\ \vdots \\ 0 \\ 1 \end{bmatrix} \tag{3-90}$$

式（3-89）为可控标准形。这样，如果系统是状态完全可控，且利用由式（3-84）给出的变换矩阵 T，使状态向量 x 变换为状态向量 $\hat{x}$，则建立可控标准形方程。

选取一组期望的特征值为 μ_1，μ_2，$\cdots$，μ_n，则所期望的特征方程为

$$(s-\mu_1)(s-\mu_2)\cdots(s-\mu_n)=s^n+a_1 s^{n-1}+\cdots+a_1 s+a_n=0 \tag{3-91}$$

设

$$\hat{\boldsymbol{K}}=\boldsymbol{K}\boldsymbol{T}=\begin{bmatrix} \delta_n & \delta_{n-1} & \cdots & \delta_1 \end{bmatrix} \tag{3-92}$$

当用 $u=-\hat{\boldsymbol{K}}\hat{x}=-\hat{\boldsymbol{K}}\boldsymbol{T}\hat{x}$ 来控制由方程（3-93）给出的系统时，该系统的方程为

$$\dot{x}=Ax+Bu=(A-BK)x \tag{3-93}$$

该系统的特征方程为

$$|s\boldsymbol{I}-\boldsymbol{A}+\boldsymbol{B}\boldsymbol{K}|=|\boldsymbol{T}^{-1}(s\boldsymbol{I}-\boldsymbol{A}+\boldsymbol{B}\boldsymbol{K})\boldsymbol{T}|=|s\boldsymbol{I}-\boldsymbol{T}^{-1}\boldsymbol{A}\boldsymbol{T}+\boldsymbol{T}^{-1}\boldsymbol{B}\boldsymbol{K}\boldsymbol{T}|=0 \tag{3-94}$$

化简该可控标准形的系统特征方程。参见方程（3-90）、（3-92）可得

$$|s\boldsymbol{I}-\boldsymbol{T}^{-1}\boldsymbol{A}\boldsymbol{T}+\boldsymbol{T}^{-1}\boldsymbol{B}\boldsymbol{K}\boldsymbol{T}|$$

$$= \left| sI - \begin{bmatrix} 0 & 1 & \cdots & 0 \\ \vdots & \vdots & & \vdots \\ 0 & 0 & \cdots & 1 \\ -a_n & -a_{n-1} & \cdots & -a_1 \end{bmatrix} + \begin{bmatrix} 0 \\ \vdots \\ 0 \\ 1 \end{bmatrix} \begin{bmatrix} \delta_n & \delta_{n-1} & \cdots & \delta_1 \end{bmatrix} \right|$$

$$= \begin{vmatrix} s & -1 & \cdots & 0 \\ 0 & s & \cdots & 0 \\ \vdots & \vdots & \vdots & \vdots \\ a_n+\delta_n & a_{n-1}+\delta_{n-1} & \cdots & s+a_1+\delta_1 \end{vmatrix}$$

$$= s^n + (a_1+\delta_1)s^{n-1} + \cdots + (a_{n-1}+\delta_{n-1})s + (a_n+\delta_n) = 0$$

这是具有状态反馈的系统特征方程，需要和由方程(3-53)给出的期望特征方程相等。

通过使 s 的同等次幂系数相等，可得

$$a_1+\delta_1 = a_1$$
$$a_2+\delta_2 = a_2$$
$$\vdots$$
$$a_n+\delta_n = a_n$$

解上述方程得到 δ_i 的表达式，将其代入式(3-54)，可得

$$K = \hat{K}T^{-1} = \begin{bmatrix} \delta_n & \delta_{n-1} & \delta_1 \end{bmatrix} T^{-1}$$

$$= \begin{bmatrix} a_n-a_n & \vdots & a_{n-1}-a_{n-1} & \vdots & \cdots & \vdots & a_2-a_2 & \vdots & a_1-a_1 \end{bmatrix} T^{-1} \tag{3-95}$$

因此，如果系统是状态可控的，则通过对应于方程(3-95)所选取的矩阵 K，可任意配置所有的特征值。此为充分条件。

从而可证明，任意极点配置的充分必要条件为系统状态完全可控。

3）临界失稳转可控的极点配置法

被控对象状态严格可控，极点才可任意配置。针对水网通道的一些特殊运行状态，绘制出原始闸控渠道系统极点配置图(图3-30)，从系统极点分布情况来看，部分特征值位于复平面的右半部分，意味着在该工况下的控制是不稳定、不可靠的。本研究试图通过对极点的配置，使系统稳定，利用 PID 控制器和系统矩阵构反馈内环，通过调整 K_p、T_I、T_D 实现系统极点的重新配置，采用试错法对 PID 控制器参数进行整定。调整后系统极点分布如图 3-31 所示。调整后系统的特征值均处于复平面左半部。

从图 3-31 还可以看出，系统存在一个非常接近零点的极点，该极点的值为 -0.0007，系统处于临界稳定状态。在该工况下，渠道控制系统即使能够稳定，也只是勉强稳定，系统无法完全镇定。设计经验告诉我们，即使有界输入，临界稳定系统输出也会随时间的推移而发散，如果进入非线性工作区，系统将会产生大幅度的振荡。临界稳定系统振荡失稳是必然的，这是因为无论采用何种离散方式建立系统控制模型，设计的实质都是对非线性系统线性化，线性化过程中略去了许多次要的东西，模型本身就存在非线性扰动，此外，水力参数在渠道运行过程中又处在不断变化过程中。也就是说，临界稳定系统实际上是不稳定的，只有渐近稳定的系统才称为稳定系统，所设计的调控系统的全部特征根应全部严格位于 S(复平面)的左半平面。

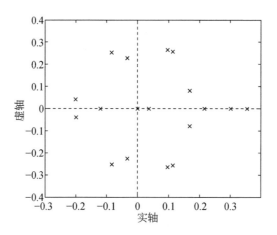

图 3-30　系统极点分布（极点配置前）

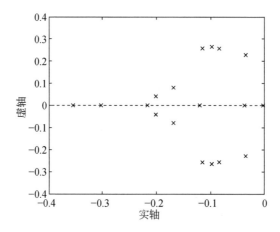

图 3-31　系统极点分布（极点配置后）

　　渠道系统一个极点为 -0.0007，该极点接近系统虚轴，由于该极点的存在，单纯采用 PID 内环整形技术，无法配置系统使之兼顾动态跟踪性能和控制稳定性要求。这意味着当水网运行工况变化，渠道运行点改变时该极点很可能会移到原点右侧，此时系统将会出现振荡，控制误差增大，系统极易失去稳定。为此创建了部分极点配置法，部分极点配置理论证明如下。

　　为简化讨论取 $W_1 = W_1' V$，$W_2 = W_2' V$，传递函数矩阵为

$$\boldsymbol{\Phi} = \left\| \begin{array}{c} W_1' SV \\ W_2' TV \end{array} \right\|_{\infty} \tag{3-96}$$

则

$$\boldsymbol{\Phi}^2 = \left\| \begin{array}{c} W_1' SV \\ W_2' TV \end{array} \right\|_{\infty}^2 = \sup(\, | \, W_1' SV \, |^2 + | \, W_2' TV \, |^2) \tag{3-97}$$

式中，$\sup[\ ]$ 为函数的上确界。

下式对复平面内所有的 s 均满足

$$W_1'(s)W_1'(-s)S(s)S(-s)V(s)V(-s)+$$
$$W_2'(s)W_2'(-s)T(s)T(-s)V(s)V(-s)=1 \tag{3-98}$$

将 G、W_1'、W_2'、V、K 写成一般形式，即

$$G=\frac{N}{D}; \quad W_1'=\frac{A_1}{B_1}; \quad W_2'=\frac{A_2}{B_2}; \quad V=\frac{M}{E}; \quad K=\frac{Y}{X} \tag{3-99}$$

易推得

$$S=\frac{DX}{DX+NY} \tag{3-100}$$

$$T=\frac{DY}{DX+DY} \tag{3-101}$$

其分母 $D_{cl}=DX+NY$ 是反馈系统的闭环特征多项式，将式（3-99）、（3-100）和（3-101）代入式（3-98）得

$$\frac{D^*DM^*M(A_1^*A_1B_2^*B_2X^*X+A_2^*A_2B_1^*B_1Y^*Y)}{E^*EB_1^*B_1B_2^*B_2D_{cl}^*D_{cl}}=1 \tag{3-102}$$

取 $A^*(s)=A(-s)$，$B^*(s)=B(-s)$，$\cdots$，$M^*(s)=M(-s)$。式（3-102）右端为常数，则左端分子、分母须互相抵消。

假设

$$V=\frac{M}{E}=1$$

如果 $B_1^*B_1B_2^*B_2$ 不能抵消 D^*D 项的话，闭环特征多项式 D_{cl} 将包含原开环系统的所有稳定极点。如开环系统具有稳定的弱阻尼极点（离虚轴很近），这些极点将作为闭环系统极点出现，设计出的 H_∞ 控制器不能满足扰动抑制的要求。

假设

$$V=\frac{M}{E}\neq 1$$

则可通过选择 E 抵消 D^*D，开环系统弱阻尼极点将不会出现在闭环系统中。同样 M^*M 项和 $E^*EB_1^*B_1B_2^*B_2$ 不能相互抵消，多项式 M 的根将作为闭环系统的极点出现，这样则可通过选择 M 重新安排原开环系统极点的位置。

部分极点的配置方法可以让系统的极点配置到指定位置，使设计出来的控制器具有较好的动态性能。接近零点系统极点为 -0.0007，为提高系统动态性能，期望配置极点为 -0.33，选取

$$V=\frac{s+0.33}{s+0.0007}\approx\frac{s+0.33}{s} \tag{3-103}$$

4）闸门鲁棒控制模型的函数参数

（1）性能权函数。

在长距离的水网通道中，工程沿线取退水等扰动会很多，因而通常会设置大量节制闸来合理规划用水并抑制非正常干扰，然而，在实际运行过程，节制闸动作并非具有十分明确的操作运行规律，而是具有极大的随机性和不确定性。虽然这种节制闸随机变化在时间

尺度上不可度量(时域)，但动作的频率和幅度却是可以估计的[131]。

人为的闸门启闭对干渠的扰动通常是低频，因此设计要求 S 在低频幅值应很小。W_1' 作为 S 的加权，反映了干扰的频谱特性，选取 $W_1'(W_1)$ 为具有低通性能的实有理函数，即

$$W_1' = \frac{3}{2s+15} \tag{3-104}$$

渠道控制是一个大时滞系统，$\sigma \leqslant 10\%$，$t_s \leqslant 0.1 \mathrm{s}$ 即可满足控制要求。选择临界阻尼二阶系统作为开环传递函数，即

$$L = \frac{\omega_n^2}{[s(s+2\varepsilon\omega_n)]} \tag{3-105}$$

调节时间 $t_s = \dfrac{4}{(\varepsilon\omega_n)}$，系统超调量 $\sigma = \exp\left[-\dfrac{\pi\zeta}{\sqrt{1-\zeta^2}}\right]$（$\zeta$ 为阻尼比），可推出自然频率 $\omega_n = 68$，$\varepsilon = 0.6$。此时闭环带宽 $\omega_b = \omega_n/\sqrt{2} = 48$，实际上高于此频率闭环系统将无法跟踪信号，此时扰动 d 将在输出段放大而不是受到抑制。

S 的峰值 P 可由下式确定

$$P = \|S\|_\infty = \frac{\alpha\sqrt{\alpha^2+4\varepsilon^2}}{\sqrt{(1-\alpha^2)^2+4\varepsilon^2\alpha^2}} \tag{3-106}$$

式中，$\alpha = \sqrt{0.5+0.5\sqrt{1+8\varepsilon^2}}$，$\omega_{max} = \alpha\omega_n$。

闸门是一维计算模型的内边界，设节点 j 和 $j+1$ 分别为节制闸闸前和闸后节点，根据水流质量守恒和闸门出流公式，列写如下关于水位和流量的方程

$$Q_j = Q_{j+1} = Q_g \tag{3-107}$$

将 $\varepsilon = 0.6$ 代入式(3-107)中，可得 $P = 1.4$。取如下控制器性能函数可满足系统的动态特性，即

$$W_1 = \frac{\left(\dfrac{s}{\sqrt[\kappa_1]{P}}+\omega_b\right)^{\kappa_1}}{(s+\omega_b\sqrt[\kappa_2]{e})^{\kappa_2}} \tag{3-108}$$

式中，κ_1、κ_2 为大于 1 的正整数，表征 W_1 系统针对高频与低频响应之间过渡带陡峭程度。过渡带的陡峭程度与 κ_1、κ_2 和 $\kappa_1-\kappa_2$ 随着 κ_1、κ_2 的增大过渡带变陡。根据渠道控制系统特点，选取 $1 \leqslant \kappa_1 \leqslant \kappa_2 \leqslant 2$。$e$ 为系统在单位阶跃响应下的最大稳态误差，由系统性能要求可知 $e = 0.03$。考虑到渠道系统为有时滞控制，扰动分布幅度较大，故性能试算函数 κ_1、κ_2 初值应从 1 逐步增大。事实上当 κ_1、κ_2 超过 2 时，系统稳定器控制阶数过高、模型误差增大，控制系统的鲁棒性急剧下降。

对系统部分极点进行配置，即

$$W_1 = W_1'V = \frac{3}{2s+15} \cdot \frac{3s+1}{3s} = \frac{9s+3}{6s^2+45s} \tag{3-109}$$

综合考虑系统动态特性式(3-108)和渠道扰动控制律式(3-109)修正可得

$$W_1 = \frac{9s+3}{6s^2+45s+12} = \frac{3s+1}{2s^2+15s+4} \tag{3-110}$$

（2）鲁棒权函数。

T 为补灵敏度函数，为系统输入对输出的影响。系统未建模误差通常发生在高频段，因此在高频段以减小互补灵敏度 T 的增益为主，取 $W_2'(W_2)$ 为具有高通性质的实有理函数。选取

$$W_2' = \frac{3s}{7} \tag{3-111}$$

控制系统的 $W_2'(W_2)$ 选取是由系统的不确定性决定的，渠道系统中水力参数为未知有界不确定性。控制规律对这种不确定性描述相对比较自由，不需要对不确定性因素的随机（统计）特性做任何假设，通常只认为它属于已知集合。渠道糙率很难准确率定，且在渠道运行过程中糙率也往往会在一定区间内变化，本书选取糙率 n 取值范围为 $[0.01, 0.02]$。闸门动力设备的控制误差还有闸门的震动同样会引起闸门实际过流流量的变化，闸门流量系数 C_d 的变化范围为 $[0.72, 0.88]$。采用乘性摄动处理该问题，即

$$G(s) = G_0(s)[1 + \Delta G(s)] \tag{3-112}$$

又由于

$$|\Delta G(\mathrm{jw})| \leqslant |W_2(\mathrm{jw})|, \quad \forall \omega \in R \tag{3-113}$$

故 $W_2(\mathrm{jw})$ 满足

$$\left|\frac{G(\mathrm{jw})}{G_0(\mathrm{jw})}\right| \leqslant |W_2(\mathrm{jw})|, \quad \forall \omega \in R \tag{3-114}$$

本书取权函数

$$W_2 = W_2' V = \frac{3s}{7} \cdot \frac{3s+1}{3s} = \frac{3s+1}{7} \tag{3-115}$$

经验证满足要求。

（3）频谱特性分析。

绘制权函数的幅频响应特性图，权函数幅频响应特性曲线如图 3-32 所示。

图 3-32 显示，对于低于 1Hz 的扰动，系统具有较高的惩罚度，随着频率的增高系统惩罚度逐步减小，灵敏度快速提升。按照上述原则选取的权函数 $W_1(s)$、$W_2(s)$ 和部分极点配置函数 $V(s)$。这些函数连同系统的名义模型 $G_0(s)$ 共同构成系统的增广对象。这样渠道水力控制系统求解就成为 H_∞ 标准控制中的 $K(s)$ 的求取问题。

本研究所选取权函数 $W_2(s)$ 为满足 H_∞ 范数意义下的任一特解，并由历史运行观测资料回归，综合控制动态性能获取。

3.2.3　鲁棒控制理论验证与新模型的可用性测试

根据 3.2.1 节数学模型水力参数建立物理模型，完成系统控制设备的安装。测试在已搭建设备上实现。水网通道模型被 4 个节制闸分为 3 个渠段，在渠首和渠尾的节制闸前后各设置 1 台水位传感器，中间 2 个渠池的节制闸的水文传感器安装在闸前，共安装了 6 台传感器，采用下游水位运行模式。

1. 新模型控制性能的理论分析

本节通过对信道的控制特性的评估，分析比较原有的 PID 控制器和新设计鲁棒控制器

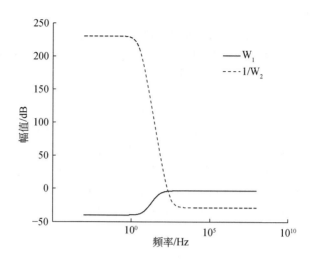

图 3-32　权函数幅频响应特性曲线

性能。闭环传递函数的一些特性能够由开环传递函数的奇异值决定，也就是说可以通过分析多输入多输出系统奇异值的 bode 图，来判别控制算法的有效性。图 3-33 和图 3-34 分别给出了 PID 控制器和渠道稳定器(鲁棒控制器)的奇异值 bode 图。

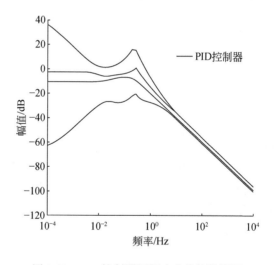

图 3-33　PID 控制器幅频响应特性曲线图

　　水网通道串联闸门的运行控制系统为一个多输入多输出系统，本节所使用节制闸控制系统就有 4 个变量输入，也就是说，有 4 条控制通道。分析图 3-33 可知，PID 控制矩阵 $K(s)$ 奇异值曲线在低频段比较发散，其中某一控制通道奇异值曲线幅值特别低，该通道在低频段增益较小，也就说该通道低频段稳定性低，根据控制系统的"水桶效应"，系统的控制性能由最低通道决定，这也就说 PID 控制器在低频段控制性能较差。相对而言，渠道控制器在低频扰动段幅值就比较高，信号输入道呈现一致特性，通道严格可控。总的来说，鲁棒控制器有较好的内部稳定性和抗干扰性能。实验数据还表明在低频扰动发生段，PID

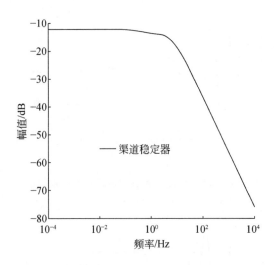

图 3-34　渠道稳定器幅频响应特性曲线图

信道的离散度约为渠道稳定器通信信道的 15 倍。这意味着在 PID 控制方式下，扰动很可能会得到几倍甚至几十倍的放大，此时控制器所输出的调节信号势必会引起动力设备误动，节制闸前水位的振荡不可避免；在高频段，PID 和渠道稳定器的控制通道的奇异值图线都较为集中，这意味着 PID 控制器通过参数的适当选取，对未建模高频动态响应也可以达到不错的效果，也可以说设计良好的 PID 控制器同样可以消除或抑制实体模型离散化造成的稳态误差。

2. 受控渠道水位波动幅度实验

水网通道的多渠段控制器的初始设计运行条件是下游常水位，渠池水位的快速稳定对下一渠段上游闸门控制具有十分重要的意义。倘若在有限的时间内渠池不能达到稳定，这将会使下游渠段控制器控制误差叠加，最终甚至会导致整个控制系统的崩溃。

本小节水位波动变幅实验对 PID 和渠道稳定器进行对比测试。试验采用同步控制策略，即闸门 1~4 按设定速率同时均匀开启闸门。各节制闸开度增量设置为工作点开度的 10%，即闸门 1~4 开度增量分别为 41.76mm、38mm、33.55mm、38.34mm。截取工况改变后的测量数据，绘制出各渠段在不同控制策略的水位偏差对比图，曲线纵坐标为渠池内测量水位与工况改变前稳定水位的偏差，横坐标为试验时间。设定工况改变后的初始时间为零。控制下的水位偏差图如图 3-35~图 3-40 所示。

对比分析图 3-35~图 3-40 的水位幅值变化可以看到，节制闸采用频域控制方式对水位波动的抑制作用明显。总体情况是，经过约 30s，装设有渠道稳定器的渠段受控渠池水位趋于稳定。由图 3-39 还可以看出，PID 控制器控制的第 2 渠段，经过 300s 后水位波动已经超过 12mm，仍呈现剧烈下降趋势。从水面波动幅度分析，安装有渠道稳定器的渠段，水面波动最大幅度为 2.2mm，而 PID 控制渠段已然超过 12mm。测试平台动态显示，设计工况下运行，装有渠道稳定器的渠段可以使水位波动幅值减少至 PID 控制渠段的 1/3。可

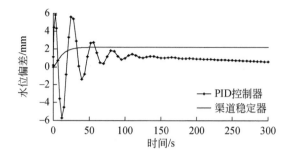

图 3-35　第 1 渠段上游节制闸后检测点水位偏差

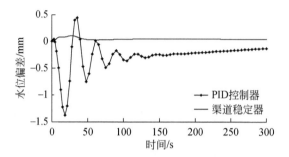

图 3-36　第 1 渠段下游节制闸前检测点水位偏差

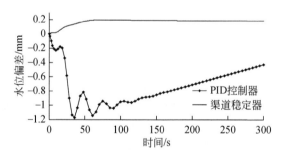

图 3-37　第 2 渠段上游节制闸后检测点水位偏差

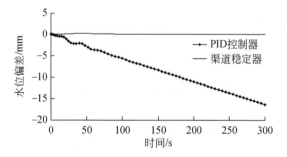

图 3-38　第 2 渠段下游节制闸前检测点水位偏差

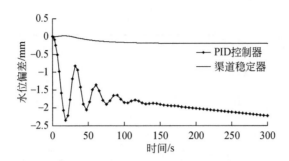

图 3-39　第 3 渠段上游节制闸后检测点水位偏差

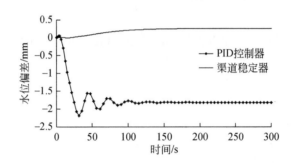

图 3-40　第 3 渠段下游节制闸前检测点水位偏差

以这样说，针对模型实例，渠道稳定器的水位波动抑制能力约为传统 PID 控制器的 3 倍。更为重要的是，渠道在这种控制方式下运行，受控渠池水位变化平缓，大大减小了渠池水位波动对渠道衬砌的破坏，满足用户连续平稳的需水要求。

　　试验结果表明，在相同工况下，渠道稳定器具有较好的稳定性能，在临界工况下，鲁棒控制具有单纯 PID 控制不可比拟的优势。

3. 极限抗干扰鲁棒性测试实验

　　上一小节对 PID 和渠道稳定器性能进行对比测试，测试在物理模型完成。渠道在运行过程中闸孔流量系数变化、闸门振动及动力设备的量测误差等都可能引发模型参数结构的改变，然而这些扰动又往往是不可测量的。为验证渠道稳定器模型结构变化下的工作能力，进一步考察渠道稳定器的临界稳定性。

　　本节所进行的仿真实验考虑了水力参数摄动影响，使用 Monte Carlo 随机取样方法表征渠道水力参数的摄动，对渠道稳定器进行稳定性仿真测试。实验采用蒙特卡洛（Monte Carlo）方法对糙率 n、闸门流量系数 C_d 参数摄动进行模拟，渠道糙率 n 的下边界为 0.012，上边界为 0.018；节制闸过流流量系数 C_d 误差区间为 ±2%。设定仿真过程中渠道糙率改变了 4 次，设置闸门过流流量系数在渠道水流调整过程的随机取样值为 100。绘制出渠道各控制点水位偏差，图 3-41 为施加扰动前的渠道各控制点的水位变化曲线，施加扰动后的渠道控制系统未报错，其各控制点的水位响应如图 3-42 所示。图中，$Z_{i,j}$ 为渠道内水位偏差；i 为渠池编号；$j=1$ 为渠段上游节制闸计算节点；$j=2$ 为渠段下游节制闸计算节点。

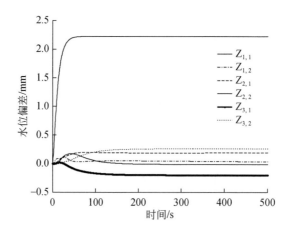

图 3-41　水力参数无摄动实验(幅值：−10 ~ 60mm)

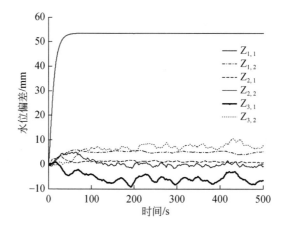

图 3-42　水力参数摄动实验(幅值：−0.5 ~ 2.5mm)

由图 3-42 可以看出，即使水网水力参数频繁发生摄动，调控系统仍有能力维持渠道在新状态下运行。水力参数摄动导致渠道水力模型结构变化，渠池各控制点水位波幅呈倍数增大。鲁棒控制模式下，受控渠道能够设定新的稳定运行点，受控渠道在新的工作点稳定运行。直观表现为渠段控制点水位在新设定的渠道稳定运行点附近波动，并且各控制点水位波动的规律未发生本质改变。这是因为在该控制方式下，渠道节制闸调控系统严格按照系统加权函数进行。权函数在节制闸调节过程中充当罚函数。水力参数的随机摄动引起系统结构发生变化，改变后系统将根据控制曲线计算新的控制参数，并通过新的参数组对当前渠段运行状态进行调节。这样系统的稳定性交给了权函数，而波动稳定性则可由经典的反馈控制环节完成，控制环节的调节过程在图 3-42 直观地表现为某一恒定水位附近的水位随机波动。

3.3 智能耦联复合控制模式创建及应用

本节主要介绍本书提出的闸门群复合控制结构，它以当地闸门控制器临界失稳状态作为区分闸门鲁棒控制器与闸门群扰动可预知模型任务的阈值，创新运用平衡降阶技术将闸门群扰动可预知模型和闸门鲁棒控制模块进行集成耦合，实现了闸门群协同–闸门当地耦合控制，其中闸群扰动可预知算法为闸门鲁棒控制器主要参数赋值，鲁棒控制器根据本渠段实际情况对次要控制参数进行调整，从而保证集控平台对当地闸门的绝对控制，又不失灵活性，为新型水网通道闸控系统设计提供了一个新思路。

3.3.1 被控水网通道状态空间模型的均衡降阶

目前，我国水利行业的现地控制多采用有限精度(单精度)处理器，能有效处理条件好、低阶的有限线性模型，但是在处理高阶有限非线性模型过程中，往往会引入不容忽视的截断误差或计算偏差。偏差的存在是导致控制过程非机理失稳的主要原因。实际上，分布式水利设施控制阶次非常高，如中线京—石应急段共有 14 个节制闸、12 个分水口，共划分为 522 个计算节点。由式(3-28)可以得出矩阵 A 为 1058×1058 维、矩阵 B_u 为 1058×24 维、矩阵 C 为 13×1058 维。矩阵规模大，由此生成的控制器阶次就高。模型降阶就是一种把高维向量空间映射到一个尽可能保留原系统主要特征的低维子空间，由此获得的降阶模型在某种意义下逼近原全阶系统，使分析和设计低阶系统方法仍然有效的一种数学方法。

1. 降阶方法的选择

平衡截断法就是用可控可观测的格拉姆(Grammian)矩阵来定义状态空间某个方向上的可控可观测量度。在数学上可以证明，由于 Grammian 矩阵在坐标变换中可以保持不变，因此总能找到一个坐标系使之在该变换方向上可控 Grammian 矩阵和可观测 Grammian 矩阵保证相等。去掉 Grammian 矩阵中对角元素相对小的状态变量，所得到的系统就是降阶系统。

2. 平衡系统的建立

定义可控 Grammian 矩阵 P 和可观测 Grammian 矩阵 Q 为

$$P = \int_0^\infty \mathrm{e}^{At} B_u B_u^{\mathrm{T}} \, \mathrm{e}^{A^{\mathrm{T}}t} \mathrm{d}t \; ; \quad Q = \int_0^\infty \mathrm{e}^{At} C \, C^{\mathrm{T}} \, \mathrm{e}^{A^{\mathrm{T}}t} \mathrm{d}t \qquad (3\text{-}116)$$

且 Grammian 矩阵 P、Q 还满足李雅普诺夫(Lyapunov)方程

$$AP + PA^{\mathrm{T}} + BB^{\mathrm{T}} = 0 \; ; \quad A^{\mathrm{T}}Q + QA + C^{\mathrm{T}}C = 0 \qquad (3\text{-}117)$$

如果矩阵 A 的特征值严格在 S 的左半平面，则 Grammian 矩阵 P、Q 具有如下性质。

(1) $P > 0$，当且仅当(A，B_u)是完全可控的。

(2) $Q > 0$，当且仅当(A，C)是完全可观测的。

3. 均衡模型的求解

系统降阶前极点配置情况如图 3-43 所示。设置容差 TOTBND＝1.1332 求解未受控水网通道的状态空间模型，得到 30 个主导极点，此时系统可控。图 3-43(b)为通过平衡降阶后系统的主导极点分布图。由图 3-43(a)可知系统的主导极点并未严格在左半平面，这意味着系统开环是不稳定。

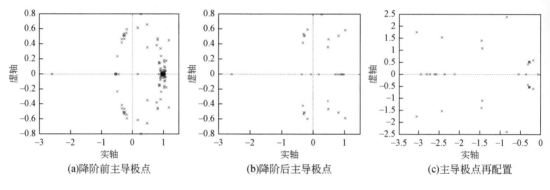

| (a)降阶前主导极点 | (b)降阶后主导极点 | (c)主导极点再配置 |

图 3-43　主导极点配置图

本节研究利用前述的鲁棒控制规则率定控制器 K 值，统一配置系统极点，使用部分极点配置技术修正个别极点。配置后的系统极点如图 3-43(c)所示。系统极点配置原则认为最靠近虚轴的点是系统的主导特征值，因为在左半平面，远离虚轴的点具有较小的时间常数，其动态特性会很快消失，在降阶简化系统中可以忽略它们的动态影响。然而极点配置需要矩阵求逆，这意味着采用主导极点配置法会导致条件更糟的特征系统。因此要求所采用降阶方法应以状态空间为基础。由图 3-43(c)可以看出，配置后极点严格位于左半平面，主导极点布满整个空间，系统主要性能区极点密集，主导极点内聚性强耦合度低，也就是说所设计的系统控制目标明确。

3.3.2　闸门群协同-闸门当地耦合控制模式及应用

反馈控制将输出信息返送到输入端，与期望值进行比较来获取信号偏差，并将该偏差作为控制器的输入，经控制器运算后输出控制动作以消除偏差，从而使被控量(系统输出)与期望值一致。

1. 闸门群复合反馈控制模式

本书将随动控制和自动调节进行结合，优化调度模型对控制器的主要控制参数进行设置，鲁棒控制器根据控制律对控制器状态空间的其他参数进行微幅调整，从而实现水网闸门群的复合控制，见图 3-44。

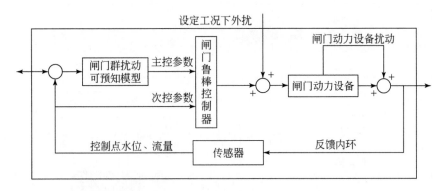

图 3-44　闸门群复合反馈控制结构图

2. 自动化平台的集成应用

图 3-45 为闸控系统与自动化调度平台的集成方式，目前已将闸控系统与现有业务系统平台成功集成，建成了自动化水情水调系统平台，有效支撑了常态及应急输水自动化控制业务、水动力–水质联合调控业务、水污染应急调控业务等[145]。

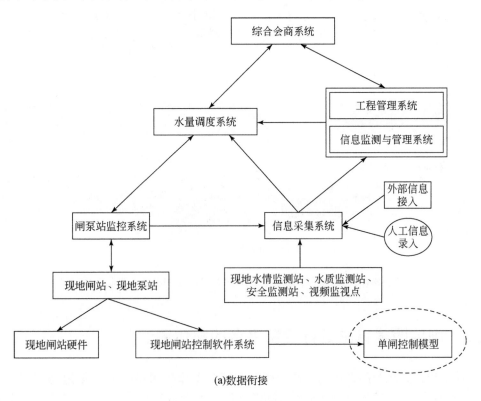

(a)数据衔接

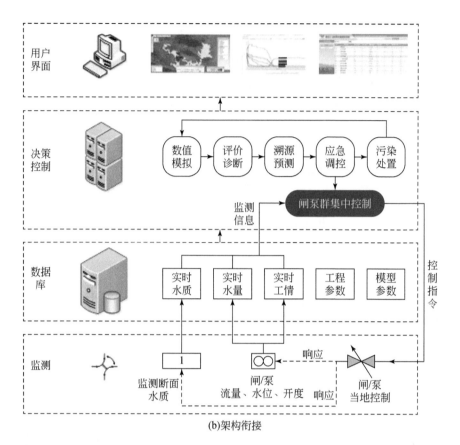

(b)架构衔接

(c)自动化控制系统实景图

图 3-45　闸门群复合控制系统(闸控系统与自动化调度平台集成耦合成果)

3.3.3　闸控明渠自主运行控制平台的整体测试

总体来说,集成闸门渠扰动可预知模型和闸门鲁棒控制器(亦称"渠道稳定器")的自主运行控制具备系统整体分析和良好的随动性能。本章前面的几节,都以失稳抗干扰的鲁棒性为主要阐述,讨论了鲁棒控制的重要性。本节着眼于系统工况突变后的系统随动性(即敏捷调度)分析,综合考察运行控制系统的整体性能。

1. 初始工况及水深、水面线

南水北调中线是我国重要的水网工程之一，而北京市—石家庄段是中线最早贯通的渠段，在保障首都北京城市用水方面发挥着重要作用。京—石应急段渠道上游端设计水深为7.0m，永安分水口(位于第 2 渠段)分水流量为 3.75m³/s，西名村分水口(位于第 3 渠段)分水流量为 1.5m³/s，留营分水口(位于第 4 渠段)分水流量为 16.5m³/s，大寺城涧分水口(位于第 6 渠段)分水流量为 3.75m³/s，高昌分水口(位于第 6 渠段)分水流量为 0.7m³/s，郑家佐分水口(位于第 8 渠段)分水流量为 9.0m³/s，西黑山分水口(位于第 9 渠段)分水流量为 5.38m³/s，荆轲山分水口(位于第 11 渠段)分水流量为 1.5m³/s，三岔沟分水口(位于第 13 渠段)分水流量为 10.5m³/s。

设定渠道在设计工况下运行，渠首来流流量等于设计流量，在渠道运行过程中上游水深保持不变。调用电子渠道平台恒定流模块，计算该工况下的干渠水位，绘制干渠水面线分布图，应急段干渠水面线图如图 3-46 所示，相应水深分布图见图 3-47。

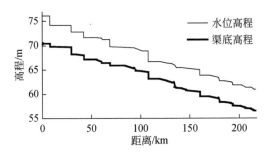

图 3-46　应急段干渠水面线图

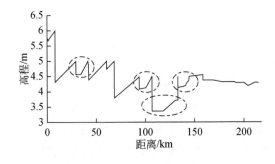

图 3-47　应急段干渠水深分布图

对比图 3-46 和图 3-47 可以看出，除第 3、7、8 和 9 渠段外(椭圆所圈出的渠段)，其他渠段的均匀流区和回水区区分并不明显。为此，本节采用基于隐式差分格式的状态空间模型为设计环境，研发构建闸门群扰动可预知模型和闸门鲁棒控制器。

2. 运行工况及控制结果分析

位于第 9 渠段的西黑山分水口(即天津干渠取水口)为应急段工程的主要分水口，所允许分水流量变化大，对干渠水位变化影响也较强，并认为如果满足西黑山分水口紧急分水要求(水位偏差在限制范围内)，京—石应急段渠道控制系统设计合格。

运行工况：设西黑山分水口在分水过程中，分水流量大幅变化。按照分水计划，西黑山分水口在第2小时时段初，分水口分水流量突然由5.38m³/s增至58.38m³/s，渠道运行到第4个小时，分水口流量又增加5.32m³/s，总分水增至63.70m³/s，渠道运行至第8h，西黑山分水口紧急关闭(分水流量突降为0)。图3-48为受控水网通道在下游常水位(即闸前常水位)运行模式下，各监测控制点的水位偏差。

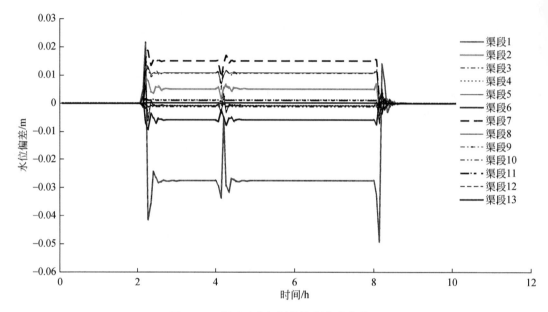

图3-48　水网通道各渠段控制点水位偏差

根据图3-48分析系统控制性能。第2小时时段初分水口流量突然大幅增加，系统针对此变化及时作出响应，判断依靠渠道内槽蓄无法维持控制点水位，计算并重新设定渠道控制点水位，整个渠道经过短暂调整后在新的稳定点运行。系统运行至第4个小时，分水流量增加5.32m³/s，系统有能力维持各渠段下游控制点水位不变。渠道运行8个小时后，西黑山分水口关闭，受控渠道重新恢复至原设定水位。整个控制过程各渠池闸前水位偏差始终保持在5cm以内，符合规定15cm/h和30cm/24h的水位波动安全限幅。

由此可以看出，受控渠道在大流量情况下能重新调整控制水位，小流量情况下能够维持控制点水位不变，工况恢复之后受控渠道还能无偏差回归至原水位控制点。系统在整个调整过程都满足渠道的安全运行要求，这表明本研究所设计渠道自动化控制系统随动性能良好，针对扰动具有较强的鲁棒性。

3.4　本 章 小 结

本章创建了闸门群预见调度、闸门鲁棒控制及其智联耦合的无人值守控制方法及模型，解决了引调水工程干渠输水过程中闸门群频繁启闭操作诱发的工程破坏、渠池漫溢及控制失稳问题，丰富和发展了线性闸控渠道自主运行控制调度理论，详述如下。

（1）通过实践发现并非所有渠道在任何工况下都存在明显的回水区和非回水区，回水区是否存在不仅与渠池自身水力参数有关还与上游来流密切相关，这严重制约了积分–时滞模型的应用范围。有限非线性模型采用 Pressimann 隐式差分格式对 St. Venant 方程在空间和时间尺度做离散化处理，作为边界条件的闸门过流方程被线性化处理，渠池间的耦合关系被隐含在模型内部，几乎适用于各种类型的渠道。

（2）分析了水网通道串联各渠段间的水动力耦合机制，采用机理建模方法刻画明渠非恒定流输水水动力特征，建立了全局耦合模型，在此基础上，提出了闸门群扰动可预知模型、闸门鲁棒控制器等设计理论方法。

（3）探明了分水计划临时变动的风险传递机制，创造性地将加入预测模块的 LQR 算法在渠道系统状态空间中进行分析和综合，提出了扰动可预知模型的构造方法，并给出了其求解过程及加权矩阵确定方法，促进了水网通道自主运行控制理论应用。

（4）利用频率设计方法对渠道的高频扰动进行量化，将渠道内水位异常归纳为闸控系统的加性或乘性扰动，创新运用部分极点配置技术解决了闸控系统临界稳定的病态问题。问题在范数框架下进行求解，获取了在该范数意义下的性能权函数和鲁棒权函数，首次将鲁棒控制策略与 PID 控制逻辑进行结合，设计实现闸门鲁棒控制器，使闸前水位波动幅度减少超过 50%，控制点水位偏差减小了一个数量级。

（5）提出了以当地闸门控制器临界失稳状态为作为区分闸门鲁棒控制器与闸门群扰动可预知模型任务的阈值，创新运用平衡降阶技术将闸门群扰动可预知模型和闸门鲁棒控制模块进行集成耦合，实现了闸门群–闸门的耦合联动控制。

（6）提出了具有反馈内环的闸门群复合控制模式，为闸控输水渠道自主运行控制系统设计提供了一个新思路。其闸门群扰动可预知算法为闸门鲁棒控制器主要参数赋值，鲁棒控制器根据本渠段实际情况对次要控制参数进行调整，从而保证集控平台对当地闸门的绝对控制，又不失灵活性。

|第4章| 河流枢纽电站群的运行风险控制及调度集成

我国已建成水库 9.8 万座，约有 1/2 装有水电站机组，这些水库电站既是天然河流上的重要枢纽，也是国家水网工程的重要节点，其调度运行不仅受水网连接结构、形式等影响，而且还需要随时应对不确定的上游径流、用电负荷和下游需水变化等工况风险[146]。针对水库电站无人值守运行过程中碰到的一些机组振动、电站弃水等风险控制难题，开展水库电站群多维安全调度理论技术研究，提出了水轮发电机组避振运行、径流反调节电站弃水控制等模型方法，创建了梯级水库群多时间尺度模型嵌套耦合预报调度理论框架，促进了河流枢纽实时安全调度理论进步，为国家骨干水网上的梯级水电站枢纽调度控制新系统设计与研发提供了重要科技支撑。

4.1 水轮机组轴系振动机理与避振调度

水轮机组轴系振动是影响机组安全稳定运行的重要因素之一，过大的振动会导致材料的疲劳损坏，缩短设备的寿命，造成机组无法正常运行，严重时可能会引起机组毁坏事故，造成重大的经济损失。本节从轴系的自振特性出发，基于有限元分析方法，建立机组轴系的有限元计算模型，通过选取合适的研究方法和计算流程，对机组轴系结构动力特性进行了模态分析，揭示轴系振动规律，并进一步提出了水电站机组避振运行的调度控制方法。

4.1.1 水轮机组轴系振动的机理分析方法

本节利用有限元方法对机组旋转轴系的实体模型进行离散，建立有限元计算模型，然后对其进行模态分析。水轮发电机组的轴系在实际工作过程中所处的状态非常复杂，动力特性取决于材料、结构、外部激振力等多方面的因素，由于影响机组振动的因素众多，相互间又有复杂的耦合作用，将所有的影响因素都考虑在一个分析模型中在目前还不切实际，本节主要关注轴系结构固有的动力特性，暂不考虑水力因素和电磁因素对机组振动的影响。

1. 有限元模态分析原理

为便于分析计算，对真实轴系进行必要的简化和假设：①假设旋转轴系为一定常系统，并且为线弹性体；②模型材料认为是各向同性的，密度分布均匀；③假定位移和变形都是微小的，即小变形情况；④轴系各部件之间的连接作一体化连接处理，连接后轴系看

作一个整体。对于一个自由度为 N 的线性系统，其运动方程为

$$[M]\{\ddot{x}(t)\}+[C]\{\dot{x}(t)\}+[K]\{x(t)\}=\{F(t)\} \tag{4-1}$$

假定为自由振动，并忽略阻尼，方程可简化为

$$[M]\{\ddot{x}(t)\}+[K]\{x(t)\}=0 \tag{4-2}$$

假定为谐运动，方程可描述为

$$([K]-\omega_0^2[M])\{g\}=0 \tag{4-3}$$

式中，$[M]$ 为结构质量矩阵；$[C]$ 为结构阻尼矩阵；$[K]$ 为结构刚度矩阵；$\{F\}$ 为随时间变化的载荷函数；$\{x\}$ 为节点位移矢量；$\{\dot{x}\}$ 为节点速度矢量；$\{\ddot{x}\}$ 为节点加速度矢量；$\{g\}$ 为振动系统的振幅向量；t 为时间。

式(4-3)的根是 ω_0^2，即特征值，i 的范围从 1 到自由度的数目 N，相应的向量是 $\{x\}_i$，即特征向量。特征值的平方根是 $\{\omega\}_i$，它是结构的自然圆周频率 $\left(\dfrac{\text{rad}}{s}\right)$，可得出自然频率 $f_i=\omega_i/2\pi$，特征向量 $\{x\}_i$ 表示振型，即假定结构以频率 f_i 振动时的形状。

求得了特征值和特征向量，就求得了结构系统的固有振动频率和振型，也就得到了它们描述结构系统的固有动力特性。

2. 有限元模态分析方法

本书拟采用的有限元模态分析步骤，主要包括建立轴系实体几何模型、建立有限元计算模型、前处理、模态分析、计算求解、后处理以及结果分析与结论，流程图如图 4-1 所示。

（1）建立轴系实体几何模型。对于立式混流式水轮发电机组，轴系结构主要由发电机转子、发电机主轴、水轮机轴和水轮机转轮等部件构成。建模时，先分别建立机组轴系各个部件的实体几何模型，然后把各部件装配到一起，建成机组轴系的实体几何模型。为了最大程度还原真机，本书依据机组真实的设计图纸，轴系结构的各部件除了必要的简化外，均采用实际的几何尺寸，建立轴系的三维实体几何模型。

（2）建立有限元计算模型。实体几何模型建立后，须建立有限元模型才能对其进行动力学的有限元分析。有限元模型的质量优劣非常重要，它将直接影响到计算结果的精度与分析效率。所谓有限元模型是指对实体几何模型进行细小单元的划分，使之变成众多微小单元和节点的组合，即有限元模型是通过网格划分将实体模型离散而得到的，此时有限元模型包含节点数、节点编码、节点坐标以及单元数、单元编码等数据。一般来说，一个典型的有限元模型是由节点、单元、边界条件、材料特性和外载荷组成的。定义材料参数，即确定轴系各部件的材料及物理力学参数如弹性模量、泊松比、密度等，其参数的选取对轴系的动力特性有重要影响。弹性模量可视为衡量材料产生弹性变形难易程度的指标，其值越大，使材料发生一定弹性变形的应力也越大，即材料刚度越大，亦即在一定应力作用下，发生弹性变形越小。本书轴系结构各部件的材料，也依据真实的设计图纸来选取。网格的划分，可以采用自动划分、半自动划分以及人工划分等方法来离散实体模型。经过网格划分后得到实体的有限元模型，该有限元模型包含有限个单元与节点。因此在网格划分之前，需要定义单元的类型、大小以及疏密等。

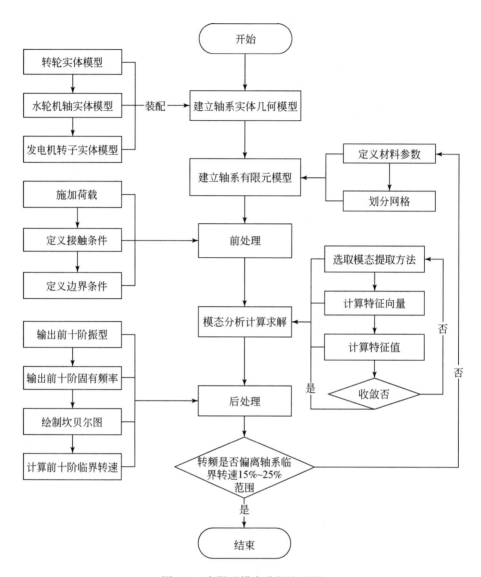

图 4-1 有限元模态分析流程图

(3) 前处理。前处理主要包括加载载荷和定义边界条件,对于立式水轮发电机组,轴系的平衡主要由推力轴承的轴向支承以及上导轴承、下导轴承和水导轴承的径向约束来实现。因而,需要根据机组运行时的实际工况,在机组轴系的相应轴承位置分别施加相应的荷载及边界条件,以约束或释放相应的轴向、径向或转动的自由度,模拟轴系的受力情况。

(4) 模态分析计算求解。求解特征值问题的方法很多,如矩阵迭代法、雅可比(Jocobi)法、QL 法、QR 法等,并有七种模态特征值的计算提取方法,如兰索斯方法(block lanczos method)、子空间迭代法(subspace method)、幂迭代法(power iteration method)、缩减法(reduced method)、非对称法(unsymmetrical method)、阻尼法(damped)和QR 阻尼法(QR damped)。每种方法都有各自的优势和适用条件,需要根据分析的实际情况选取适合的方法。例如兰索斯方法(block lanczos method)是求解大型稀疏矩阵特征问题的一种非常有效的方法,适用于提取中型到大型模型(5000~10000 个自由度)的大量振型(多于 40 阶)。它采用一组特征向量来实现 Lanczos 迭代计算,其内部自动采用稀疏矩阵直接求解,计算速度较快;而子空间迭代法(subspace method)对于提取大型模型的前若干阶模态(40 阶以下)非常有效,适合于较好的实体及壳单元组成的模型,只要选择适当的迭代精度和初始迭代向量,一般不会漏根,计算精度较高。由于本节提取轴系的前 10 阶模态进行分析,因而选取子空间迭代法作为模态提取方法。

(5)后处理。后处理可将计算结果以彩色等值线显示、梯度显示、矢量显示、粒子流迹显示、立体切片显示、透明及半透明显示等图形方式显示出来,也可将计算结果以图表、曲线形式显示或输出。本书中振型的结果采用彩色等值线的方式显示,固有频率和临界转速以图表形式输出。

3. 水轮机组轴系振动研究实例

本节选取的水电站装有 4 台单机容量为 20.26MW 立式混流式水轮发电机组,目前已成功投入商业运行,机组的基本概况如本节下文所示。

1)水轮发电机组基本参数

水轮发电机组的基本参数如表 4-1 所示。

表 4-1   水轮发电机组基本参数

水轮机		发电机	
水轮机型式	混流式	额定功率	20265kw
额定水头	181.26m	额定电压	10600V
额定流量	12.5m³/s	额定电流	1298.6A
额定功率	20892kw	额定频率	50Hz
转轮直径	1430mm	额定转速	600r/min
转动惯量	≥110t·m²	飞逸转速	1064r/min

2)轴系构成及几何尺寸

本节所计算的水轮发电机组轴系是由发电机转子、水轮机轴、转轮及其相关重要部件构成。其中,发电机转子由磁轭、磁极、下导滑转子、推力头以及镜板等零部件装配而成;转轮则由上冠、叶片以及下环等部件经焊接而成。为了使模型最大程度接近真机,各部件均保留了机组实际的结构分布和尺寸,其主要几何尺寸参数如表 4-2 所示。

表 4-2   水轮发电机组轴系构成及主要几何尺寸参数

轴系	零部件	尺寸	单位
发电机转子	转子高度	5342	mm
	转子外径	2510	mm
	推力头高度	770	mm
	磁极个数	10	个

轴系	零部件	尺寸	单位
水轮机轴	主轴高度	2805	mm
转轮	转轮直径	1430	mm
	转轮高度	625	mm
	叶片数量	15	个

3）轴系各部件材料特性

轴系结构中，转轮材料为不锈钢06Cr13Ni4Mo；磁轭材料为锻钢45A；磁极材料由多种材料组成，其中线圈材料为双玻璃丝包扁铜线编织而成，故本书取磁极材料的物理参数为纯铜的物理参数；发电机主轴和水轮机主轴均为锻钢45A；推力头材料为铸钢ZG 270-500；下导滑转子为锻钢35A。机组轴系各部件材料及其物理力学参数如表4-3所示。

表4-3　轴系各部件材料及其物理力学参数

部件名称	材料	弹性模量/MPa	泊松比	密度/(t/mm³)
转轮	不锈钢06Cr13Ni4Mo	210000	0.300	7.90×10^{-9}
主轴	锻钢45A	209000	0.269	7.89×10^{-9}
磁轭	锻钢45A	209000	0.269	7.89×10^{-9}
磁极	多种材料（用纯铜代替）	110000	0.320	8.85×10^{-9}
推力头	铸钢ZG 270-500	202000	0.300	7.80×10^{-9}
卡环	锻钢45A	209000	0.269	7.89×10^{-9}
镜板	锻钢45A	209000	0.269	7.89×10^{-9}
下导滑转子	锻钢35A	212000	0.291	7.87×10^{-9}

4）轴系实体几何模型

依据表4-2、表4-3所示轴系构成及零部件的实际尺寸，分别建立轴系各零部件的三维实体几何模型，再将其装配到一起，最后组成由转轮、水轮机轴、发电机转子构成的实体几何模型，如图4-2所示。

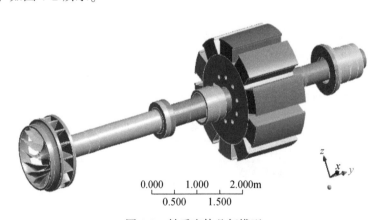

0.000　　1.000　　2.000m
　　0.500　　1.500

图4-2　轴系实体几何模型

在建模过程中，根据有限元分析对结构实体的模型要求，同时兼顾计算的准确性和经济性，对轴系作了适当的结构简化。其中，转子磁轭由多层钢板叠压并用螺栓锁紧而成，建模时用整块钢板代替；外环的磁极主要由转子电枢铁芯和电枢绕组构成，结构和材料非常复杂，对其进行精确建模非常困难，然而这些细节对轴系整体结构的动力特性影响很小，故建模时按照磁极的外形几何尺寸，以 10 个纯铜拉伸的实体块进行简化；水轮机轴与发电机轴材质相同，结构相似，均用来传递扭矩，故把他们看作一个整体来分析，联轴处作一体化连接处理；转轮为混流式转轮，叶片与上冠和下环通过焊接连接为一个整体，建模时将焊接处作一体化连接处理。另外，实体模型中各处小圆角与倒角、螺钉与螺母等细小零部件，因其对轴系整体动力特性影响不大，在建模时也一并进行简化处理。

5）材料定义与网格划分

轴系各零部件材料的物理力学特性，对轴系整体的模态特性有重要影响，计算前应先按表 4-3 中所列的材料物理力学参数设置轴系各部件的材料参数。

划分网格时，采用自动网格划分的方法来离散实体模型。一般来说，对于同一实体模型，网格划分越密，则单元越小、节点越多，有限元数值解的精度也就越高，因此计算结果的精度也越高，然而对计算机存储容量的要求也越大，通常是在域变量梯度大处（即分析数据较大的地方，如应力集中处），单元划分需要加密。书中采用单元的自动划分时，系统会自动选择一个经过优化的全局控制参数来控制四面体单元的大小和位置，可以很好地对不同的结构进行疏密不等的网格划分，也能很好地对域变量梯度大处进行细化，生成较多的单元，使得网格划分达到最优化。最后生成轴系有限元计算模型如图 4-3 所示，划分网格后模型相关数据如表 4-4 所示。

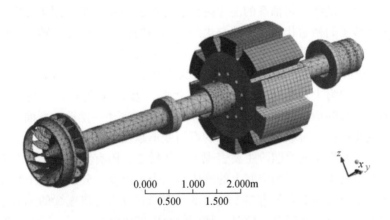

图 4-3 轴系有限元计算模型

表 4-4 轴系几何、物理及网格划分数据

计算域		物理特性		网格数	
X 向	2.4830m	体积	7.1741m³	有效零部件	19 个
Y 向	8.7600m	质量	56362kg	节点数	59022 个
Z 向	2.4926m	缩放	1:1	单元体数	28879 个

6）边界条件与计算设置

该机组轴系主要通过三个导轴承和一个推力轴承约束其轴向和径向自由度，其中，水导轴承及发电机的上、下导轴承分别约束轴系的径向摆动与转动，即径向的位移自由度和绕相应坐标轴的旋转自由度，推力轴承承担着整个轴系的重量，约束着轴向的位移自由度。故在三个导轴承处给定轴承约束，约束径向位移自由度和绕轴的旋转自由度，而在推力轴承处约束轴向位移，并释放绕轴的旋转自由度。

计算时，不考虑预应力，但考虑阻尼的影响，提取轴系的前十阶模态并计算固有频率。同时，为了得到轴系的临界转速，选取五个旋转速度点绘制坎贝尔图，考虑到轴系所受到的约束条件，各点绕 X、Y 和 Z 方向上的转速分别如表4-5所示。

表4-5　轴系计算旋转速度

转速点	$X/(\text{rad/s})$	$Y/(\text{rad/s})$	$Z/(\text{rad/s})$
1	0.	0.	0.
2	0.	250.	0.
3	0.	500.	0.
4	0.	750.	0.
5	0.	1000.	0.

4. 水轮机组轴系振动分析工作流程

1）前十阶模态分析振型

通过计算求解，最终得到轴系的前十阶模态分析云图及振型如图4-4所示。各振型图中虚线阴影表示转子的初始状态，实体与虚线阴影间的相对位移表示转子该阶模态下的振幅。从轴系的振型图可以看出，第1阶、第2阶振型表现为轴系的径向平动，第3阶、第4阶振型表现为轴系的摆动，第5阶、第6阶为主轴的弯曲变形，第7阶为转子的扭转变形，第8阶、第9阶为主轴更复杂的连续弯曲变形，第10阶为转轮的扭转变形，且弯扭变形的幅度随着阶数的增高而逐步增大。即该轴系有着平动—摆动—弯曲—扭转—更复杂的连续弯扭等变化规律，阶数越高，轴系的弯扭变形越复杂。

此外，机组轴系振型的前四阶主要表现为刚体模态，固有频率很小，其后的振型主要表现为弹性模态，这主要是因为空间上的刚体有六个自由度，分别为三个平动和三个转动自由度。一个连续体实际上有无穷多个自由度，有限元分析时将连续的无穷多个自由度问题离散成为有限多个自由度问题，此时，结构的自由度也就有限了。而本研究通过边界条件的设置，约束了 Y 方向上的平动和转动自由度，因此前四阶的刚体模态主要表现为沿 X、Z 方向的平动和转动。然而针对自由边界的结构系统，完整描述其动力特性的不仅要有弹性模态，还要有刚体模态，但是在实际工程的测试过程中，很多时候人们一般忽视刚体模态，将刚体模态不作为弹性模态测试的一部分，因而很难得到结构的刚体模态。而本书通过计算，可以很直观还原出轴的刚体模态，符合旋转结构的固有动力特性规律。

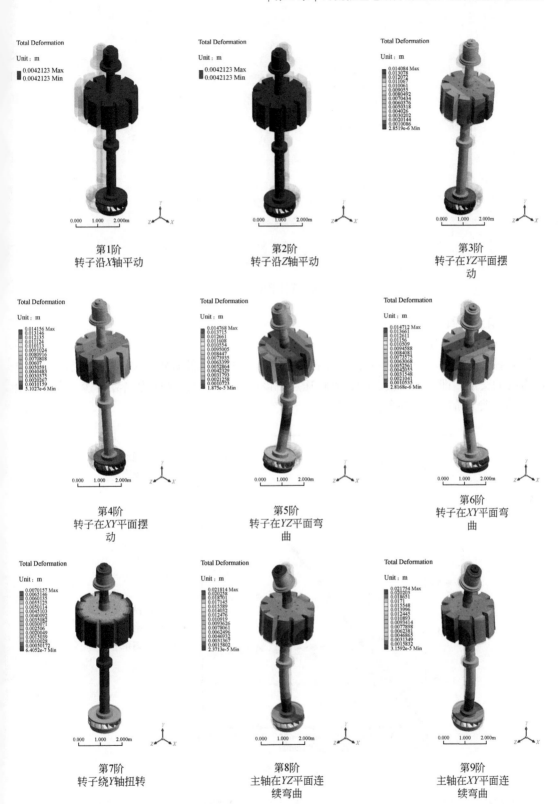

第1阶
转子沿X轴平动

第2阶
转子沿Z轴平动

第3阶
转子在YZ平面摆
动

第4阶
转子在XY平面摆
动

第5阶
转子在YZ平面弯
曲

第6阶
转子在XY平面弯
曲

第7阶
转子绕Y轴扭转

第8阶
主轴在YZ平面连
续弯曲

第9阶
主轴在XY平面连
续弯曲

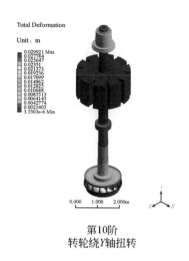

第10阶
转轮绕Y轴扭转

图 4-4　前十阶振型云图

2）前十阶固有频率及临界转速

　　根据计算时给定的转速点及计算所得的各阶固有频率，绘制坎贝尔图，横坐标为旋转速度，纵坐标为频率，得到转速–频率曲线如图 4-5 所示，各阶转速–频率曲线与斜率为 1 的直线的交点，即为该阶模态的临界转速点，该点所对应的转速即为临界转速。表 4-6 给出了轴系前十阶固有频率和临界转速。

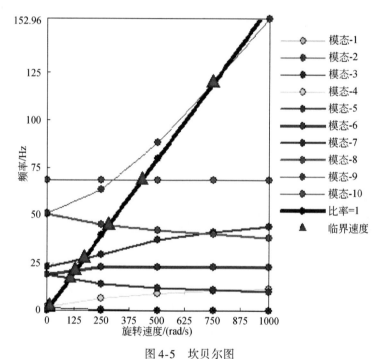

图 4-5　坎贝尔图

　　旋转轴系的临界转速是指数值等于轴系固有频率时的转速，即产生共振时的转速。机组轴系工作时受到各种激振力的作用,如果某激振力的频率等于轴系的自振频率,轴系便产生共振。为避免共振所带来的危害,非常有必要对轴系的临界转速进行计算分析,其目的在于设法让水轮发电机组的工作转速避开临界转速,以免发生共振。

从表 4-6 中可以看出,轴系前四阶刚体模态的固有频率在任意旋转速度下都很低,而从第 5 阶弹性模态开始,在同一转速下,轴系的固有频率随着模态阶数的增加逐渐增大,各阶模态的临界转速也逐阶增大。通常,结构系统的弹性模态是所有振动和噪声问题发生的普遍原因,因而在轴系的结构设计中,通常要求机组轴系的额定工作转速低于弹性模态的第 1 阶临界转速,或者介于第 1 阶临界转速与第 2 阶临界转速之间。此外,为确保结构在工作转速范围内不发生共振,结构设计时要保证转轴的工作转速与临界转速之间至少有 15%~25% 的安全裕度。

表 4-6 前十阶固有频率和临界转速

模态	临界转速	0/(rad/s)	250/(rad/s)	500/(rad/s)	750/(rad/s)	1000/(rad/s)
1	NONE	0. Hz	0. Hz	0. Hz	0. Hz	0. Hz
2	NONE	2.2×10^{-4} Hz	2.2×10^{-4} Hz	2.2×10^{-4} Hz	2.2×10^{-4} Hz	2.2×10^{-4} Hz
3	9.359 rad/s	1.5345 Hz	0.33331 Hz	0.17165 Hz	0.1151 Hz	8.6e-002 Hz
4	13.257 rad/s	1.8555 Hz	6.6546 Hz	9.1421 Hz	10.485 Hz	11.458 Hz
5	104.45 rad/s	18.669 Hz	13.774 Hz	11.866 Hz	10.795 Hz	10.033 Hz
6	130.21 rad/s	18.754 Hz	22.536 Hz	22.536 Hz	22.536 Hz	22.536 Hz
7	169.81 rad/s	22.536 Hz	29.146 Hz	36.915 Hz	41.121 Hz	43.9 Hz
8	281.48 rad/s	50.433 Hz	45.178 Hz	42.163 Hz	39.947 Hz	38.233 Hz
9	748.44 rad/s	50.796 Hz	63.473 Hz	88.105 Hz	119.31 Hz	152.96 Hz
10	428.76 rad/s	68.237 Hz	68.24 Hz	68.238 Hz	68.244 Hz	68.251 Hz

本小节所计算的水轮发电机组轴系的额定转速为 600r/min,即 62.80rad/s,而弹性模态的第 1 阶临界转速(对应表 4-6 中的第 5 阶模态,下同)为 104.45rad/s,因而其额定工作转速偏离临界转速的安全裕度为 39.9%,完全满足结构设计的动力特性要求,所以机组轴系以额定转速正常运转时是平稳的,不会因转频而发生共振。然而,该机组的飞逸转速为 1064r/min,即 111.37rad/s,介于第 1 阶临界转速 104.45rad/s 与第 2 阶临界转速(对应表 4-6 中的第 6 阶模态)130.21rad/s 之间,当机组发生飞逸时,需要跨过第 1 阶临界转速,且飞逸转速偏离第 1 阶临界转速的安全裕度较小,便会有因转频而发生共振的可能性。

临界转速与转轴的弹性和质量分布等因素有关,对于具有有限个集中质量的离散转动系统,临界转速在数目上等于集中质量的个数;对于质量连续分布的弹性转动系统,临界转速则有无穷多个,且在大小上与轴系的弹性呈正相关。因此,针对机组发生飞逸时需要跨越弹性模态的第 1 阶临界转速而易引起共振的问题,建议在进行轴系结构优化设计时,在材料选择方面可以采用弹性模量较大的材料,以增加轴系的刚度,使得轴系的第 1 阶弹性模态频率上移,这样第 1 阶临界转速也相应增加,使机组飞逸转速低于第 1 阶临界转速并保持一定的安全裕度;同时,也可以考虑在设计时改善轴系结构的质量分布,使其整体质量分布更加均衡。

5. 有限元模态法机理分析成果

本小节对实际工程中的水轮发电机组轴系进行了有限元模态分析计算，得到了轴系结构的固有振动特性及振型，同时计算出了轴系的固有频率及其临界转速。通过对计算结果进行分析，认识如下。

（1）机组轴系的振型从低阶到高阶是一个由简单到复杂的变化过程，且大致有着平动—摆动—弯曲—扭转—复杂连续弯扭等一定的变化规律，阶数越高，轴系的弯扭变形越复杂。

（2）工程实测中通常只考虑转轴结构的弹性模态，而忽视刚体模态，本研究通过数值计算，还原出了轴系的刚体模态，在理论上完整描述轴系结构的模态特性。

（3）通过对临界转速进行分析，可知该机组轴系在额定转速下运行不会因转频而产生共振，而当机组发生飞逸事故时，则会产生因转频而引起共振的可能性。

（4）针对该电站机组轴系的设计，提出了结构优化设计的建议：一是增加轴系的刚度，从而提升临界转速，使飞逸转速低于第1阶临界转速并保持一定安全裕度；二是改善轴系结构的质量分布，使其更加均衡。

（5）机组在实际运行中，将受到来自机械因素、水力因素以及电磁因素等复杂因素共同作用而引起振动。因而，在后续对机组动力特性的研究中，应该逐步考虑复杂激振因素的联合作用，以便更加真实模拟轴系的振动特性。

4.1.2 水电站经济运行下的机组避振调度

本小节以电站机组运转综合特性曲线上的运行区划分结果为基础，充分考虑水电站机组运行的安全性和经济性，创建了机组避振调度模型，与原有模型方法相比，新的理论模型不仅成功地避免了发电机组在非安全运行区运行的情况，提高了机组运行的稳定性和安全性，而且节省了耗水量，取得了可观的经济效益。

1. 振动区约束的经济运行模型构建

水电站内经济运行的目的是当水电站水库上游水位和系统要求的负荷确定时，使整个电厂发电耗水量最小[147]，然而机组在某些出力及水头区域运行时，会出现严重的空蚀和振动现象。空蚀和振动对电站的安全生产和机组的使用寿命产生严重的威胁，在厂内经济运行中应该引起高度重视。一般情况下，机组运行区域可划分为禁止运行区、限制运行区和稳定运行区。在稳定运行区，机组可以长期连续安全稳定运行。在禁止运行区，机组振动剧烈、噪音大，实际运行中，此区应快速穿越；在限制运行区，机组不宜长期运行。禁止运行区和限制运行区统称空蚀振动区。

本小节主要创建了有振动区约束的经济运行模型（ELDP），其目的是在保证机组安全稳定运行的基础上，使得机组运行效率最高，以下有振动区约束的水电站经济运行模型结构。

目标函数，即

$$minQ = \sum_{i=1}^{n} q_i(N_i, H) \tag{4-4}$$

负荷平衡约束，即

$$\sum_{i=1}^{n} N_i = \mathrm{Nd} \tag{4-5}$$

机组运行区约束，即

$$0 \leqslant N_i \leqslant \mathrm{NH}_i, 且 N_i \notin [\underline{N_{i,j}}, \overline{N_{i,j}}], j \in \Omega_i(H) \tag{4-6}$$

式中，Q 为总发电流量；n 为机组数；$q_i(\cdot)$ 为机组 i 的发电流量，m^3/s；N_i 为机组 i 的出力，MW；H 为时段平均水头，m；Nd 为电网要求负荷，MW；NH_i 为机组 i 的预想出力，MW；$\Omega_i(H)$ 为机组 i 振动区集合；$\overline{N_{i,j}}$、$\underline{N_{i,j}}$ 分别为机组 i 在给定水头 H 下的第 j 个振动区的出力上下限，MW。机组运行区根据机组机架振动、水导摆度来划分。

（1）当机架振动和水导摆度超过标准或压力脉动大于 6% 时，将其作为禁止运行区，机组在该区域运行时，机组振动剧烈、噪声大，极易对机组造成严重破坏，应快速穿越。

（2）当机架振动和水导摆度大部分未超过标准，压力脉动在 4%～6% 时，将该区作为限制运行区，从水电站出力连续性、汛期充分利用水资源等经济性因素考虑，机组可以运行，但存在一定程度的振动，长期运行可能会造成疲劳破坏等。

（3）当机架振动和水导摆度均未超过标准，压力脉动小于 4% 时，将该区作为稳定运行区，该运行区可以保证机组长期连续安全稳定运行。

本研究中的遗传算法（GA）采用了罚函数法对于负荷平衡约束进行处理，将有约束优化问题转化为无约束优化问题。

2. 避振调度模型的高性价比求解法

1）水电站经济运行模型的求解方法

（1）经典动态规划法介绍。

用动态规划法（DP）求解水电站经济运行问题有两大步骤：首先根据递推关系式进行逐段计算，顺序求出各阶段的最佳函数；然后逆序回代最佳函数，求得各机组所承担的负荷以及相应的耗水量、机组台数和组合方式，即最佳运行方式。使用动态规划算法求解水电站经济运行问题，其变量定义、约束处理及求解过程，详细如下。

a. 阶段、状态变量。以发电机组的序号 i 为阶段变量；i 台机组累积出力 $\sum_{t=1}^{i} N_t$ 为状态变量；状态离散步长 dN，按下式将累积出力进行状态离散，即

$$Ns_{i,j} = \begin{cases} \min\{j \cdot \mathrm{dN}, \sum_{t=1}^{i} \mathrm{NY}_t, \mathrm{Nd}\}, & i \neq n \\ \mathrm{Nd}, & i = n \end{cases} \tag{4-7}$$

式中，$j = 0 \sim \mathrm{int}[\min\{\sum_{t=1}^{i} \mathrm{NY}_t, \mathrm{ND}\}/\mathrm{dN}] + 1$；$Ns_{i,j}$ 为 i 阶段 j 状态的状态变量取值；NY_t 为 t 机组装机容量；Nd 为电网负荷；$\mathrm{int}[\cdot]$ 为高斯取整函数。

b. 约束处理。

采用罚函数处理机组出力工况约束。则考虑惩罚量的第 i 阶段目标函数 $f_i(N_i, H)$ 为

$$f_i(N_i, H) = q_i(N_i, H) + \Delta q_i + \Delta q p_i \tag{4-8}$$

$$\Delta q_i = \alpha_1 \cdot \text{INF}, \Delta q p_i = \alpha_2 \cdot \text{INF} \tag{4-9}$$

式中，

$$\alpha_1 = \begin{cases} 1, & N_i \in [\underline{N_{i,j}}, \overline{N_{i,j}}], \exists j \\ 0, & N_i \notin [\underline{N_{i,j}}, \overline{N_{i,j}}], \forall j \end{cases} \tag{4-10}$$

$$\alpha_2 = \begin{cases} 1, & N_i \in (-\infty, 0) \cup (\text{NH}_i, +\infty) \\ 0, & N_i \in [0, \text{NH}_i] \end{cases} \tag{4-11}$$

式中，Δq_i 为运行工况区约束的惩罚项；$\Delta q p_i$ 为出力定义域约束的惩罚项；α_1，α_2 为罚系数；INF 为极大值。

c. 状态转移与状态遍历。

以出力 N_i 为决策变量，则状态转移方程可撰写为

$$\sum_{t=1}^{i} N_t = \sum_{t=1}^{i-1} N_t + N_i \tag{4-12}$$

递推方程为

$$Q_i^* \left(\sum_{t=1}^{i} N_t \right) = \min \left\{ f_i(N_i, N) + Q_{i-1}^* \left(\sum_{t=1}^{i-1} N_t \right) \right\} \tag{4-13}$$

式中，$Q_i^* \left(\sum_{t=1}^{i} N_t \right)$ 为余留期最优累计发电流量。

DP 状态遍历示意图如图 4-6 所示。DP 对解空间进行逐阶段顺序求解。由于机组出力可行域的约束为 $N_i \in [0, \text{NY}_i]$。受到该约束影响，DP 在计算 i 阶段 j 状态的累积发电流量时，只需搜索 $i-1$ 阶段的 $j-\text{int}[\text{NY}_i/\text{dN}]$ 至 j 状态，如图 4-6 所示。当求解的问题有多个最优解时，用 Ω_{DP} 记录最优状态集。

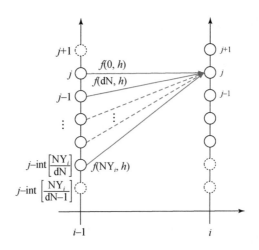

图 4-6　动态规划法状态遍历示意图

d. 状态回溯

从 n 阶段的末状态逆序回溯得到所有最优策略，完成求解。

（2）遗传算法（GA）介绍。

本小节主要采用整数编码遗传算法。算子修正法和罚函数法是 GA 处理约束的两种典型方法。算子修正法主要应用于线性约束优化问题的求解。采用算子修正法进行线性约束的处理后，GA 通过线性约束的消元处理，以及算子调整，能够快速、高效地生成可行解。描述机组出力的约束是非线性方程。本节研究拟采用罚函数法处理非线性约束。罚函数法能够将非线性约束构造为惩罚项附加至适应度函数中，将问题转为无约束优化问题进行求解。本研究将两种约束处理法结合考虑，用算子修正法处理负荷平衡、出力定义域约束。为方便与 DP 开展性能比较，本节研究以式（4-8）构造的罚函数处理出力工况区约束。整数编码 GA 结构介绍如下。

a. 编码与解码

i 台机组出力累和 $\sum_{t=1}^{i} N_t$ 作为基因。用式（4-7）离散机组累积出力，离散步长 dN′。基因编码 $p_{k,i}=0 \sim [\min\{\sum_{t=1}^{i} NY_t, Nd\}/dN']+1$ 表示 $Ns_{i,j}$ 的元素序；基因解码表示 i 台机组累积出力为 $Ns_{i,p_{k,i}}$（$k=1\sim$Pop，$i=1\sim n$，Pop 为种群大小，n 为机组数）。

b. 初始种群生成

采用线性约束消元法，在满足负荷平衡、出力定义域约束的条件下逆序生成基因。

当已知 i 台机组累积出力 $\sum_{t=1}^{i} N_t$，则 $p_{k,i}=\text{int}[\sum_{t=1}^{i} N_t/dN']$。

状态转移方程式（4-13）还可写为如下形式

$$\sum_{t=1}^{i-1} N_t = \sum_{t=1}^{i} N_t - N_i \tag{4-14}$$

将机组出力可行域约束 $N_i \in [0, NY_i]$，代入式（4-14）有

$$\sum_{t=1}^{i-1} N_t \in \left[\sum_{t=1}^{i} N_t - NY_i, \sum_{t=1}^{i} N_t\right] \tag{4-15}$$

由于机组出力必然小于其装机容量，则有 $N_t \in [0, NY_t]$。将其代入式（4-14）有

$$\sum_{t=1}^{i-1} N_t \in \left[0, \sum_{t=1}^{i-1} NY_t\right] \tag{4-16}$$

同时满足式（4-15）和式（4-16）的解才满足机组出力定义域要求，则

$$\sum_{t=1}^{i-1} N_t \in \left[\max\left\{\sum_{t=1}^{i} N_t - NY_i, 0\right\}, \min\left\{\sum_{t=1}^{i} N_t, \sum_{t=1}^{i-1} NY_t\right\}\right] \tag{4-17}$$

令 $\underline{\text{Ntmp}} = \max\left\{\sum_{t=1}^{i} N_t - NY_i, 0\right\}$，$\overline{\text{Ntmp}} = \min\left\{\sum_{t=1}^{i} N_t, \sum_{t=1}^{i-1} NY_t\right\}$，则基因 $p_{k,i-1}$ 的生成方式为

$$p_{k,i-1} = \text{int}[\underline{\text{Ntmp}}/dN'] + \text{int}[\text{Rnd} \cdot (\text{int}[\overline{\text{Ntmp}}/dN'] - \text{int}[\underline{\text{Ntmp}}/dN'])] \tag{4-18}$$

式中，Rnd 为 [0, 1] 均匀分布的随机数。

由负荷平衡 $\sum\limits_{i=1}^{n} N_i = \mathrm{Nd}$，从最后一位基因开始，通过式(4-17)和式(4-18)逆序递推即生成满足出力定义域、负荷平衡约束的种群个体。

c. 适应度函数

依据目标函数，构造适应度 Fitness 计算公式，即

$$\mathrm{Fitness} = \frac{\mathrm{INF}}{\sum\limits_{i=1}^{n} f_i(\mathrm{Ns}_{i,p_{k,i}} - \mathrm{Ns}_{i-1,p_{k,i-1}}, H)} \tag{4-19}$$

d. 交叉算子

采用算术交叉，假设i_1、i_2个体进行交叉，得

$$p'_{k,i} = \alpha \cdot p_{i_1,i} + (1-\alpha) \cdot p_{i_2,i}, p'_{k+1,i} = (1-\alpha) \cdot p_{i_1,i} + \alpha \cdot p_{i_2,i} \tag{4-20}$$

式中，α 为在$[0，1]$均匀分布随机数。

算术交叉满足负荷平衡约束和出力定义域约束。取交叉概率 Pc 为 1，通过交叉后形成种群大小同为 Pop 的 P' 群体。

e. 变异算子

以变异概率 p_m 控制基因突变：将突变基因位用新的随机基因替换，见图 4-7。i 点基因变异同时影响 i、$i+1$ 机组的出力。由机组出力可行域的约束 $N_i \in [0，\mathrm{NY}_i]$ 可知，i 点变异后位置不得高于点 A，即 $\sum\limits_{t=1}^{i-1} N_t + \mathrm{NY}_i$，同理，$N_{i+1} \in [0，\mathrm{NY}_{i+1}]$，$i$ 点变异后位置不得低于点 B，即 $\sum\limits_{t=1}^{i+1} N_t - \mathrm{NY}_{i+1}$，故突变基因位的可行域为

$$\sum_{t=1}^{i} N_t \in \left[\max\left\{ \sum_{t=1}^{i-1} N_t, \sum_{t=1}^{i+1} N_t - \mathrm{NY}_{i+1} \right\}, \min\left\{ \sum_{t=1}^{i-1} N_t + \mathrm{NY}_i, \sum_{t=1}^{i+1} N_t \right\} \right] \tag{4-21}$$

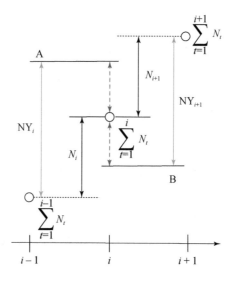

图 4-7　变异示意图

令 $\underline{\text{Ntmp}} = \max\left\{\sum_{t=1}^{i-1} N_t,\ \sum_{t=1}^{i+1} N_t - \text{NY}_{i+1}\right\}$，$\overline{\text{Ntmp}} = \min\left\{\sum_{t=1}^{i-1} N_t + \text{NY}_i,\ \sum_{t=1}^{i+1} N_t\right\}$，突变基因按下式计算，即

$$p''_{k,i} = \begin{cases} \text{int}\left[\underline{\text{Ntmp}}/\text{dN}'\right] + \text{int}\left[\text{Rndmut} \cdot \left(\text{int}\left[\overline{\text{Ntmp}}/\text{dN}'\right]\right)\right], & \text{Rnd} \leqslant p_m \\ p_{k,i}, & \text{Rnd} > p_m \end{cases} \quad (4\text{-}22)$$

式中，Rnd、Rndmut 均为在 [0，1] 均匀分布的随机数，变异形成种群大小为 Pop 的 P'' 群体。

f. 选择算子

采用锦标赛选择法的选择算子，将父代群体 P、交叉群体 P'、变异群体 P'' 的 3 个 Pop 个体中得分最高的 Pop 个体作为新父代群体进入下一代进化。

g. 终止条件

最优解维持 Snum 代不变或进化代数达到 Gen 代时算法终止，输出最优个体。

2）原有求解算法的改进方法（IGA）

前文在运用 GA 求解厂内经济运行问题时，是通过对适应度函数施以惩罚来规避机组在禁止运行区运行。然而，在某些工况下，无论是使用定量惩罚因子还是变量惩罚因子都无法完全确保适应度函数在算法求解过程中不出现负值，由此导致了 GA 的早熟（即收敛于局部最优），其负荷分配结果常常使机组运行于空蚀振动区。为提升 GA 性能，同时也是为了提高算法计算效率，本节构建了 GA 的可行解空间，提出了在解空间内生产初始种群，并在解空间内进行变异操作，这样一来便可使 GA 生成的解均是收敛的，且保证机组不在空蚀振动区运行。算法改进的技术细节如下。

（1）初始种群生成方法改进。

初始种群的分布会影响算法的收敛性能。若遗传算法的初始种群有偏地分散在局部可行域空间可能会对算法造成收敛速度慢，甚至不收敛。本书提出了避开空蚀振动区初始种群生成法，该方法能够保证生成的初始种群满足负荷平衡约束和机组出力约束。改进算法（IGA）的初始种群生成方法如下。

机组累积出力编码：$p_{i,j-1} = \dfrac{N'_{\min_{i,j-1}}}{\text{p}_{\text{opdt}}} + \text{int}\left[\text{Rnd}' \times \left(\dfrac{N'_{\max_{i,j-1}}}{\text{p}_{\text{opdt}}} - \dfrac{N'_{\min_{i,j-1}}}{\text{p}_{\text{opdt}}}\right)\right]$ (4-23)

式中，$p_{i,j-1}$ 为第 i 个个体第 $j-1$ 台机组的累积出力编码；$N'_{\max_{i,j-1}}$ 和 $N'_{\min_{i,j-1}}$ 分别为对应累积出力的上下限；p_{opdt} 为控制的精度即出力离散的步长；Rnd' 为一个在 [0，1] 的均匀随机数；int 为取整函数。

假定所有机组都投入运行。根据负荷平衡约束，有 $\sum\limits_{j=1}^{n} N_j = N$，则第 n 台机组的累积出力编码为

$$p_{i,n} = N/\text{p}_{\text{opdt}} \quad (4\text{-}24)$$

累积出力递减关系为

$$\sum_{j=1}^{n-1} N_j = \sum_{j=1}^{n} N - N_n \quad (4\text{-}25)$$

由式（4-24）和避开空蚀振动区的机组运行工况约束式（4-6）可得

$$\sum_{j=1}^{n-1} N_{\min_j} \leqslant \sum_{j=1}^{n-1} N_j \leqslant \sum_{j=1}^{n-1} N_{\max_j}, \sum_{j=1}^{n} N - N_{\max_j} \leqslant \sum_{j=1}^{n-1} N_j \leqslant \sum_{j=1}^{n} N - N_{\min_j} \tag{4-26}$$

则式(4-23)中的$N'_{\min_{i,j-1}}$和$N'_{\max_{i,j-1}}$可表示为

$$N'_{\min_{i,j-1}} = \max\left\{ \sum_{t=1}^{j-1} N_{\min_t}, \sum_{t=1}^{j} N_t - N_{\max_j} \right\}$$

$$N'_{\max_{i,j-1}} = \min\left\{ \sum_{t=1}^{j-1} N_{\max_t}, \sum_{t=1}^{j} N_t - N_{\min_j} \right\} \tag{4-27}$$

第 n 台机组的累积出力编码已由式(4-24)求得，其他机组编码可由式(4-26)和式(4-23)逐逆序递推求得。按照这种模式生成的初始种群能够同时满足模型中的各种约束并有效地避开空蚀振动区。

（2）种群变异控制改进。

j 处编码发生变异将同时影响 j 机组和 $j+1$ 机组的出力大小。为有效避开机组的空蚀振动区，本书设计出基于解空间的摄动变异算子，要求变异的位置必须在给定区间内，且变异生成的个体又需要有效地避开空蚀振动区。如图4-8所示，即 j 点变异的位置不得低于 B 点或 D 点，也不得高于 A 点或 C 点。

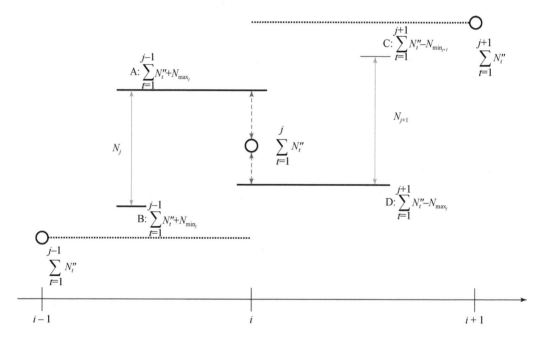

图 4-8 解空间摄动变异示意图

图中$N''_{\max_{i,j}}$和$N''_{\min_{i,j}}$为累积出力变异的上下限，可由下式求得，即

$$N''_{\min_{i,j}} = \max\left\{ \sum_{t=1}^{j-1} N''_t + N_{\min_j}, \sum_{t=1}^{j+1} N''_t - N_{\max_j} \right\}$$

$$N''_{\max_{i,j}} = \min\left\{ \sum_{t=1}^{j-1} N''_t + N_{\max_j}, \sum_{t=1}^{j+1} N''_t - N_{\min_{j+1}} \right\} \tag{4-28}$$

因此，解空间摄动变异算子可表示为

$$p''_{i,j} = \begin{cases} \dfrac{N''_{\min i,j}}{P_{\text{opdt}}} + \text{int}\left[\text{Rnd}'' \times \left(\dfrac{N''_{\max i,j}}{P_{\text{opdt}}} - \dfrac{N''_{\min i,j}}{P_{\text{opdt}}}\right)\right], \text{Rnd} \leqslant p_m \\ p_{i,j}, \text{Rnd} > p_m \end{cases} \quad (4\text{-}29)$$

式中，Rnd'' 和 Rnd 均为在 $[0, 1]$ 的随机数；p_m 为变异概率；$p_{i,j}$ 和 $p''_{i,j}$ 为变异前后个体。

3. 实验方案、评价指标和应用对象

1）实验方案

计算精度和计算时间是相互影响的。经过多次的迭代计算，计算精度会得到显著提高。电力负荷是时时变化的，这样电力负荷在机组上的分配也会随着变化。水电站经济运行问题的时变性特征决定了电力负荷分配具有极强的时效性。决策时效性要求计算程序必须能够在极短的时间内做出正确的决策。否则，该算法将不具备实际应用的价值。为对算法应用的可能性进行全面评价，本节综合考虑算法的计算精度和计算时间两方面要素，设计出以下两种试验方案。

试验方案 I：计算精度相同条件下比较计算时间。为确保 GA 和 DP 的可比性，两个算法的计算精度必须保持一致。研究以 DP 的最优解作为比较的基准。首先，采用 DP 对 EO 问题进行求解。然后，把 DP 的最优解计算结果设定为 GA 计算结束的阈值 PS_{eps}。当 $\text{PS} \geqslant \text{PS}_{\text{eps}}$ 时，则认为 GA 与 DP 精度相同，然后比较两种算法的计算时间。

试验方案 II：计算时间相等条件下比较计算精度。以 DP 计算时间 TC_{DP} 为基准，若 GA 计算时间 TC_{GA} 满足 $|\text{TC}_{\text{GA}} - \text{TC}_{\text{DP}}| \leqslant \text{Teps}$，则终止算法，然后比较计算精度。为保证 GA 能获得高于 DP 的精度，GA 的离散步长要小于 DP 的离散步长。

GA 的性能受到选择算子、交叉算子、变异算子、初始种群数、交叉率、变异率和终止条件等影响。为了保证算法比较的客观性，本书对 GA 的参数和算子进行优选，并采用性能最优对应的参数条件参与计算。

2）评价指标

选择精度、计算时间、算法稳定性三项指标评价算法性能。

（1）精度指标。

以 DP 的计算结果为依据，构建精度指标，即 $\Delta\text{PC} = \text{OPT}_{\text{GA}} - \text{OPT}_{\text{DP}}$ (4-30)

式中，OPT_{DP}、OPT_{GA} 分别为 DP、GA 求得的最优值。$\Delta\text{PC} > 0$，表示 GA 精度较 DP 精度差；$\Delta\text{PC} < 0$ 表示 GA 精度比 DP 精度高。本书以最小发电流量为水电站经济运行的优化目标，因此，本书认为发电流量越小的算法，计算精度越高。

（2）时间指标。

算法计算时间差，即 $\Delta\text{TC} = \text{TC}_{\text{GA}} - \text{TC}_{\text{DP}}$ (4-31)

式中，TC_{DP}、TC_{GA} 分别为 DP、GA 计算时间。

（3）稳定性指标。

GA 为随机算法，需要以收敛率 PS 反映稳定性。即多次重复试验条件下，算法收敛到全局最优解的概率

$$\text{PS} = n_S / n_T \quad (4\text{-}32)$$

式中，n_T 为试验次数；n_S 为收敛次数。以 DP 的解作为全局最优解，若 GA 的解与 DP 求解

的任一最优解相近则视为 GA 收敛，即

$$|N_{i,\mathrm{GA}}-N_{\mathrm{DP}}| \leqslant \varepsilon, \forall i; N_{\mathrm{DP}} \in \Omega_{\mathrm{DP}} \qquad (4\text{-}33)$$

式中，N_{DP} 为 DP 最优解集合 Ω_{DP} 中的任一解；$N_{i,\mathrm{GA}}$ 为 GA 第 i 次试验的最优解，$\varepsilon \leqslant 1$ 为精度因子。

3）测试平台

三峡水电站（又称三峡水利枢纽工程）左岸和右岸布置的 26 台机组（不含地下电站的 6 台机组），14 台安装于左岸电站，12 台安装于右岸电站，总装机 18200MW。左右岸电站机组主要设计参数如表 4-7 所示。

表 4-7　三峡水利枢纽工程左右岸电厂机组主要设计参数

三峡水电站	左岸电站		右岸电站		
机组类型	VGS 机组	ALSTOM 机组	东方电机	ALSTOM	哈尔滨电机
机组台数	6	8	4	4	4
额定水头/m	80.6		85		
最高水头/m	113				
最低水头/m	71				
额定过流量/(m³/s)	996				
单机容量/MW	700				

26 台机组的空间布局及机组特征曲线如图 4-9 所示。尽管 26 台机组的发电容量相同，但是由于生产厂家不同，造成机组出力特征具有较大差异。共有 5 种类型的机组分别布设于三峡水电站的左岸和右岸：#1～#3 和#7～#9 为 VGS 型机组；#4～#6 和#10～#14 为 ALSTOM Ⅰ型机组；#15～#18 为东电 Ⅰ型机组；#19～#22 为 ALSTOM Ⅱ型机组；#23～#26 为哈尔滨电机组。

4. 避振调度模型及解法的测试结果

1）原有求解方法求解避振调度模型

分别采用 DP 和 GA 求解避振调度模型，结果见图 4-10，表 4-8 为不同机组规模下 DP 与 GA 性能比较试验统计结果。

图 4-10(a)为在计算精度相等条件下比较 GA 和 DP 计算时间的结果。由图 4-10(a)可以看出，当机组数在 10 台及以下时，GA 计算时间少于 DP，当机组数在 10 台以上时，GA 计算时间高于 DP。表明 GA 在计算维数增加之后，计算时间同样会显著增加，这意味随着计算维度增加，GA 的计算效率优势会变得不明显。这也说明，针对大量机组开展负荷分配工作，GA 在避免 DP"维数灾"并提升计算效率方面，能够发挥的作用十分有限。图 4-10(b)为在计算时间相等的情况下比较 GA 和 DP 的计算精度。表 4-8 为两个算法试验结果比较表，将图 4-10(b)与表 4-8 进行结合分析，发现当少于 4 台机组时 GA 的计算精度高于 DP，但是随着参与负荷分配的机组数量增加，GA 的计算精度逐步降低，当机组数超过 10 台时精度下降明显。图 4-10(c)为 GA 分别在试验方案 Ⅰ 和试验方案 Ⅱ 条件下的收敛率。图 4-10(c)显示随着机组数的增加，GA 收敛率下降明显，最后稳定下来的收敛率在 25%～

55%。这是因为随着参与负荷分配的机组数量的增多，厂内经济运行优化问题的计算维数呈现级数式膨胀，遗传算法早熟、局部搜索能力不足等问题逐渐显现。

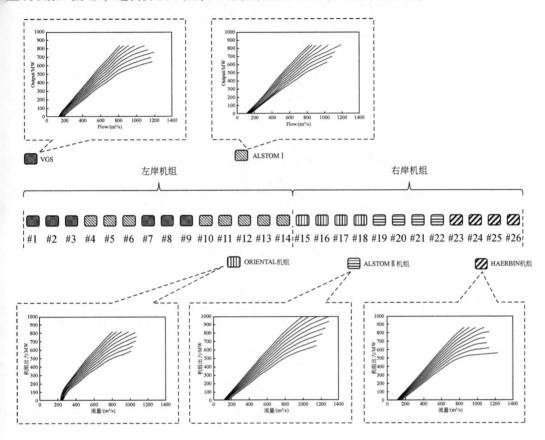

图 4-9 三峡水利枢纽工程左右岸电站机组(机组特性曲线)的分布示意图

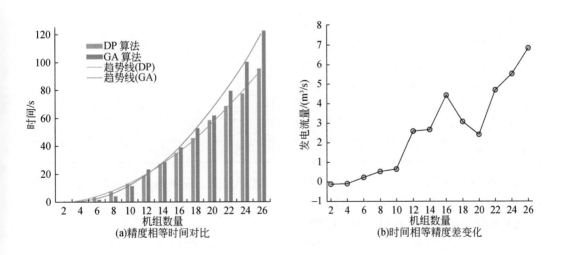

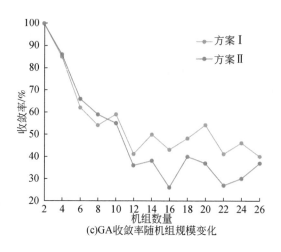

(c)GA收敛率随机组规模变化

图 4-10   DP 与 GA 性能比较

表 4-8   不同机组规模下 DP 与 GA 性能比较试验统计结果

机组规模	平均负荷/MW	DP		GA					
		平均计算时间/s	平均发电流量/(m³/s)	精度相等比时间			时间相等比精度		
				种群数/个	时间差/s	收敛率/%	种群数/个	流量差中值/(m³/s)	收敛率/%
2	1 278	0.011	1 394	35	0.203	100	28	-0.14	100
4	2 343	1.132	2 553	35	-0.541	85	35	-0.10	86
6	3 513	3.667	3 824	50	-1.9	62	42	0.23	66
8	4 749	7.65	5 151	90	-3.274	54	50	0.52	59
10	5 958	13.103	6 447	110	-1.563	59	65	0.64	55
12	6 429	19.06	6 962	150	4.18	41	68	2.58	36
14	7 450	27.213	8 054	150	1.367	50	74	2.66	38
16	8 134	35.285	8 804	165	3.948	43	82	4.40	26
18	9 119	45.577	9 852	200	7.251	48	85	3.05	40
20	11 107	58.749	12 003	210	3.151	54	87	2.40	37
22	10 793	68.558	11 675	250	11.072	41	99	4.67	27
24	10 816	77.855	11 682	250	22.645	46	100	5.49	30
26	12 366	95.23	13 350	275	27.309	40	120	6.81	37

将表 4-8 种群数量与图 4-10(c)收敛率结合进行分析，发现即使通过种群数的增加也难以保证 GA 在高维空间中的稳定性。

2）本研究新方法求解避振调度模型

本小节分别采用 IGA 和传统 GA 优化 77m 水头下三峡水电站负荷分配，为了模拟实际的厂内经济运行，考虑了空载流量，并以出力 1MW 作为计算精度。GA 是以随机理论模拟生物在自然环境中遗传和进化的算法，其计算结果带有一定的随机性。研究对 GA 优化负荷分配的过程进行 10 次模拟,并取最好的一次作为最终优化结果。研究中两种算法选择概率 0.7、变异概率均取为 0.08、迭代终止条件均为进化 500 代。

为比较两种算法在不同量级负荷下的优化分配性能。本书选择三峡水电站承载的负荷上限、均值和下限,分别代表大、中、小三种量级,即 1200MW、1450MW 和 1650MW。两种算法优化三种量级负荷分配的方案结果对比见图 4-11。图中 Upper limit 和 Lower limit 分别代表稳定运行区的上限和下限,高于上限或低于下限值,机组就会进入空蚀振动区。GA 为传统算法,IGA 为改进后的遗传算法。

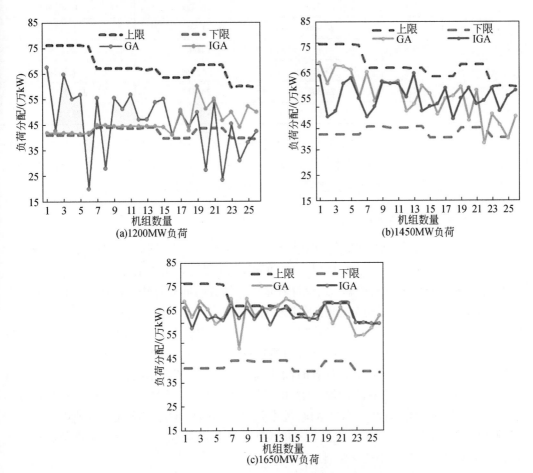

图 4-11　两种算法优化三种量级负荷分配的方案结果对比

从图 4-11 可以看出:IGA 求得的分配方案使得所有机组均在稳定运行区中运行,而传统 GA 则使得部分机组在空蚀振动区运行。传统 GA 求得的方案不能避开空蚀振动区,将会对机组造成很大危害。而 IGA 求得的解均在稳定运行区中,这样有利于机组的安全运行,可以降低机组的运作损耗和机组维护成本。

为了充分比较两种算法的性能,考虑了最小耗流量、最大耗流量和平均耗流量三种评价指标,最小耗流量表示 10 次模拟中最优的一次寻优结果,最大耗流量表示 10 次模拟中最差的一次寻优结果,平均耗流量表示 10 次模拟平均的寻优结果。两种算法 10 次模拟结果对比汇总于表4-9中。

表4-9　GA和IGA 10次模拟结果对比

负荷(N)/(万kW)	算法类型	最小耗流量(Q)/(万m³)	最大耗流量(Q)/(万m³)	平均耗流量(Q)/(万m³)
1200	IGA	17 385	17 500	17 440.6
	GA	17 569	18 392	17 931.4
	节约流量	184	892	490.8
1 450	IGA	20 779	20 993	20 862
	GA	20 946	21 597	21 313
	节约流量	167	604	451
1 650	IGA	24 214	24 298	24 262
	GA	24 396	24 647	24 499.5
	节约流量	182	349	237.5

从表4-9可以看出,采用IGA可以得到比传统GA更加优良的解,因而厂内经济运行优化的目标完成较好。当水电站水库上游水位和电网系统要求的负荷确定时,IGA能够通过发电负荷在机组上的合理分配,使整个电厂的发电耗水量最小。

5. 一些重要的结论与认识

DP和GA两种算法的结构以及工作原理都截然不同。采用不同评价指标和试验方案,评价结果都可能会差别很大。目前,DP与GA两种算法的性能优劣仍未有统一结论。本小节以三峡水电站26台机组为研究对象,选择计算精度、计算时间和算法稳定性三个指标作为算法性能的评价指标,开展了动态规划法和遗传算法在机组负荷分配中的性能比较。

计算结果显示:①在计算精度相同的条件下,当机组数在10台及以下时,GA计算时间较DP少,当机组数超过10台时,GA计算时间反而会高于DP,表明GA在克服DP"维数灾"方面的作用是有限的;②在计算时间相同的条件下,当机组数少于4台时GA的计算精度高于DP,随着机组数的增加,GA的计算精度呈下降趋势,当机组台数超过10台时,GA的计算精度低于DP;③GA的收敛率随着机组数的增加而降低,反映由于解空间的级数式膨胀,遗传算法早熟、局部搜索能力不足等问题逐渐显现,通过种群数的增加也难以保证GA在高维空间中的稳定性。

以往GA将非线性约束构造为惩罚项附加至适应度函数中,将问题转为无约束优化问题进行求解。本研究发现,无论定量还是变量惩罚都克服不了选择过程中对适应度函数非负的要求,易导致GA早熟,严重影响算法的搜索效率。本研究构建的IGA,采用解空间初始种群生成和解空间摄动变异,使得初始种群生成和变异操作均在可行解空间进行,保证所有机组均在稳定区运行。数值试验结果表明,本研究提出基于解空间的GA改进方法(IGA)能够有效避开空蚀振动区,这为后期采用智能算法处理非线性约束优化问题提供了一种新的解决思路。

4.2 梯级反调节水电站的水位预测研究

水电站下游水位受多种因素影响，尤其在承担调峰、调频任务时，水电站出力和出库流量变化剧烈，会在下游河道形成水位、流速急剧变动的非恒定水流。这种下游水位的复杂变化不仅与当前的水电站出力、上游水位等参数有关，还与以前的工作状态有关，即具有一定的"后效性"[148]。目前梯级反调节水电站主要有水位流量曲线查值法与非恒定流经验公式法。水位流量曲线查值法是利用实测数据建立水位流量关系曲线，再通过预测水库出库流量查询曲线对应的下游水位。该方法原理简单，计算速度快，日常调度中应用频次最多，但存在以下不足：①建立水位流量曲线是静态的，一般采用恒定流模式[149]，水电站出库流量变化剧烈时，不能完全反映水流的动态过程，预测误差较大；②为保证水位流量关系曲线的单一性，一般选用电站日均出库流量与日均下游水位数据建立相关关系，而时段下游水位预测时直接采用基于日均数据建立的关系曲线，误差较大；③无法解决受多种因素影响的复杂水位预测问题，更无法解决水电站下游水位变化的"后效性"等问题。非恒定流经验公式法是通过提出经验公式来反映水电站下游水位的不稳定波动。该方法计算速度快，一定程度上考虑了水位顶托、非恒定流等因素的影响，在复杂条件下的下游水位预测中，如在流量变幅较大且受回水影响的条件下，较水位流量曲线查值法更为精确。然而非恒定流经验公式法是复杂下游水位变化关系的简单近似，无法对下游水位变化过程进行精确计算，且公式的参数率定依赖所选用的调度运行数据具有一定局限性；日常调度应用中发现该方法存在适用性不强、计算结果稳定性不高等问题。为此，本研究建立了一套基于监控数据的水电站水位变化过程预测技术，特别适用于梯级反调节径流式水电站，该方法计算简单快捷，较现用方法预测精度提高较多，对梯级水电站实时调度运用具有重要的现实意义。

4.2.1 基于监控数据的下游水位实时预测

1. 原有的反调节电站下游水位估算法

1）水位流量曲线查值法

该方法是通过水电站历史日均出库流量与下游水位实测数据绘制水位流量关系曲线或拟合关系函数，然后根据曲线或函数，输入出库流量（时段或者日均）直接查算对应下游水位[150]。

水电站下游水位计算公式为

$$Z = f(Q) \tag{4-34}$$

式中，Z 为下游水位；Q 为出库流量；f 为下游水位与出库流量关系曲线或函数。

实际调度中发现用当前时段曲线查算下游水位的误差与之前时段的计算误差有关，为了提高精度，可采用前 i 日计算误差的平均值作为当日下游水位计算的误差修正值。

2）非恒定流经验公式法

该方法认为电站上游放水时下游水位涨幅与出库流量线性相关，闸门关闭时下游水位按指数规律消落[151]。若水电站较长时间没有工作，则下游将出现最低水位Z_0。若让水电站增大出库流量一段时间，则下游将出现某一水位Z_t，该水位与下游最低水位和出库流量有关[152]，即

$$Z_t = Z_0 + b\,Q_t \tag{4-35}$$

式中，Z_t为增流后t时刻下游水位；Q_t为该时刻电站出库流量；b为比例系数。

若某时刻后减去这一增大流量，下游水位将按与下游河谷特性有关的常数k指数规律消落，即

$$Z_{t+\Delta T} = Z_0 + \Delta Z_t e^{-\frac{\Delta T}{k}} \tag{4-36}$$

式中，$Z_{t+\Delta T}$为减流历时ΔT后下游水位消落后的水位；ΔZ_t为减流前下游水位与最低水位Z_0的差值。

引入符号$a = e^{-\frac{\Delta T}{k}}$，将方程改为通用的形式如下

$$Z_t = Z_0 + a\Delta Z_{t-1} \tag{4-37}$$

式中，Z_t为减流后t时刻下游水位；ΔZ_{t-1}为$t-1$时刻下游水位与最低水位Z_0的差值。

若t某一时刻又重新让水电站增大出库流量，则该时刻下游水位相对于Z_0的偏离值由2个阶段的变幅之和决定，即

$$Z_t = Z_0 + a\Delta Z_{t-1} + bQ_t \tag{4-38}$$

式中，Z_t为t时刻下游水位。

实际调度中，最低水位Z_0和比例系数a、b可通过历史数据进行率定，然后输入出库流量以及上一时刻的下游水位，即可利用式(4-38)计算出水电站该时刻的下游水位。

2. 本研究构建的基于监控数据 BP 模型

1）BP 神经网络原理

前馈(back propagation，BP)神经网络模型是一种多层前馈网络模型，拓扑结构包括输入层、隐含层和输出层[153]，包括正向传播过程和反向传播学习，正向传播的信号通过输入层经由隐含层，最终传到输出层。如果输出结果不满足期望误差，则进入反向传播，在反向传播中误差信号逆向传播并逐层修正各层神经元节点之间的阈值、权值，经过多次迭代，直至达到终止条件。本研究选取可直接测量读取的水电站运行与下游水位变化过程监控数据作为建模数据。当水电站不发生弃水时，水库出库流量与当前时段的电站出力、上游水位、下游水位等相关[154]；且下游水位回水顶托与电站该时段之前的出库流量及下游水位有关；同时，由于下游水位站点一般分布在库岸两侧，其水位变化也受分水电站出力变化的影响。因此，本研究将水电站总出力、分水电站出力、上游水位以及前期下游水位等水电站运行状态作为下游水位变化的影响因素，构建预测模型。

模型的输入为：①前nh内的逐小时电站总出力序列；②前nh内的逐小时分水电站出力序列；③前nh内的逐小时上游水位序列；④前$n-kh$内逐小时水电站下游水位序列。模型的输出为kh内的逐小时水电站下游水位序列(其中$k \in n$，n、k为自然数)。

2）BP 神经网络预测模型构建

设计 BP 神经网络时，需确定神经网络的拓扑结构，包括隐含层数、每层神经元数以及神经元的激活函数。此外，还需考虑数据的标准化、参数的初始化、模型训练的优化算

去等。

（1）确定网络的拓扑结构。

已有大量研究证实 3 层 BP 神经网络可模拟任意复杂的非线性问题，形成任意复杂区或，完成任意的 n 维到 m 维的映射[155]。因此，本研究选用 3 层 BP 神经网络来构建水电站下游水位变化过程的预测模型，三层 BP 神经网络的拓扑结构如图 4-12 所示。三层 BP 神经网络每层都包括若干个神经元，上下层之间的各神经元实现全连接，而同层之间的各神经元无连接。

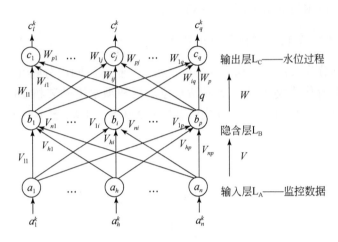

图 4-12　三层 BP 神经网络模型的拓扑结构图

激活函数能够为神经网络加入一些非线性因素，提高其解决复杂问题的能力。本研究采用应用最广泛的 tanh 函数作为激活函数，以保证模型的输出在 [-1, 1]。确定隐含层神经元个数的常用方法是试探法[156]。本研究将训练数据分为训练集和验证集，采用训练集训练模型，采用验证集验证模型的准确率。在对第 1~16 个隐含层神经元进行试探后，发现隐含层神经元个数为 10 时，验证集的误差最小，因此选择隐含层神经元个数为 10。

（2）数据处理。

由于选用的变量指标互不相同，且各变量指标的数量级差别较大，会对模型产生影响，因此在建模之前，需要对数据进行无量纲处理，消除单位的影响，减少因数据差异带来的误差。本研究对输入输出数据进行如下归一化处理

$$Y = (Y_{max} - Y_{min}) \frac{X - X_{min}}{X_{max} - X_{min}} + Y_{min} \tag{4-39}$$

式中，Y 为标准化之后的变量数据，$Y_{max} = 1$、$Y_{min} = -1$；X 为原始数据，X_{max}、X_{min} 分别为变量 X 的最大、最小值。

（3）模型训练。

在模型训练的优化算法方面，本研究采用 Levenberg-Marquardt 优化算法，其收敛速度较快，精度较高，对于中等规模的网络来说是一种较优的训练算法。在 MATLAB 中，神经网络的 Levenberg-Marquardt 优化算法即 trainlm 训练函数[157]。

（4）模型预测。

将归一化后的输入、输出数据代入模型，采用梯度下降法进行训练，达到设定的终止条件后，保存训练好的模型。预测时，将预测数据归一化后代入模型，模型的输出结果按照下述公式进行反归一化处理

$$X' = (Y' - Y_{\min}) \times \frac{X'_{\max} - X'_{\min}}{Y_{\max} - Y_{\min}} + X'_{\min} \tag{4-40}$$

式中，X'为下游水位预测值；Y'为模型输出值，$Y_{\max} = 1$、$Y_{\min} = -1$；$X'_{\max}$、$X'_{\min}$分别为归一化过程中存储的下游水位的最大值、最小值。

3. 电站下游水位变化预测模型应用实例

葛洲坝水电站分为大江电厂和二江电厂，两电厂被泄洪闸门分隔开，上游代表站水位为5号站水位，下游代表站水位为7号站水位。葛洲坝水电站装机23台，大江、二江、电源电站分别装机7、15、1台，设计装机容量为273.5万kW（图4-13）。

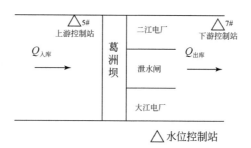

图4-13 葛洲坝水电站工程布置图

葛洲坝水电站弃水时通常不参与系统调峰，不弃水时根据三峡出库流量和电网需求确定调峰容量。一般情况下，出库流量小时，调峰容量小于15万kW，机组无需开停机或开停机1~2台，下游水位变化不超过0.3m；出库流量较大时，调峰容量大于60万kW，机组开停机超过7台，下游水位变化可超过2m。

本节分别采用现有方法和本研究方法进行预测，分析葛洲坝不弃水时，不同方法对下游水位的预测效果。选用2012~2014年数据进行模型构建和参数率定，2015年数据进行模型试验。

1）水位流量曲线查值法参数设置

2012~2014年葛洲坝日均出库流量与下游水位关系曲线如图4-14所示，采用二次多项式拟合的水位流量关系函数为

$$Z = -0.000000002Q^2 + 0.000441631Q + 37.728892735 \tag{4-41}$$

式中，Z为葛洲坝下游水位；Q为葛洲坝出库流量。本次计算采用前3日曲线查值计算误差的平均值作为当日下游水位计算的误差修正值。

2）非恒定流经验公式法参数设置

从2012~2014年葛洲坝2h运行数据（流量数据2h计算1次）中按流量分级选出典型过程，采用最小二乘法率定式(4-38)中参数a、b值，如表4-10所示。

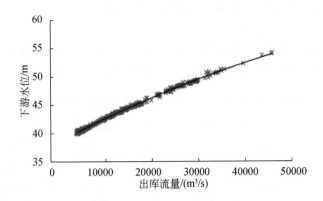

图 4-14　葛洲坝日均出库流量与下游水位相关关系

表 4-10　葛洲坝出库流量与下游水位非恒定流经验公式法参数

出库流量	下游水位(7 号站)		
	Z_0/m	a	$b/10^{-3}$
$5\,500<Q_t\leqslant6\,500$		0.8718	0.1867
$6\,500<Q_t\leqslant8\,000$		0.7858	0.4322
$8\,000<Q_t\leqslant10\,000$		0.8602	0.3444
$10\,000<Q_t\leqslant15\,000$	39.90	0.7343	0.8143
$15\,000<Q_t\leqslant20\,000$		0.6507	1.1297
$20\,000<Q_t\leqslant30\,000$		0.5880	1.3601
$Q_t>30\,000$		0.8072	0.6212

3）基于监控数据 BP 神经网络模型学习训练

由 2012～2014 年葛洲坝水电站 1h 运行过程数据分析可知，水电站出力变化后，下游水位大致在 4～6h 达稳定状态，则将当前时段下游水位的前期影响时段定为 6h。初步试算并结合调度需求，将模型的有效预测时段定位为 6h。因此，模型输入变量为：①前 12h 的逐小时平均葛洲坝全厂总出力 N_{i-11}～N_i；②前 12h 的逐小时二江电厂出力 BN_{i-11}～BN_i；③前 12h 的逐小时 5 号站水位 UZ_{i-11}～UZ_i；④前 12h～前 7h 的逐小时 7 号站水位 DZ_{i-11}～DZ_{i-6}。模型输出变量为：剩余 6h 的逐小时 7 号站水位 DZ_{i-5}～DZ_i。其中，葛洲坝全厂出力为 N；二江电厂出力为 BN；5 号站水位为 UZ；7 号站水位为 DZ。对输入、输出变量数据归一化后，在 MATLAB 软件中选用 BP 神经网络算法工具箱，设定隐含层神经元个数为 10，最大迭代次数为 10000，选择 trainlm 训练函数，训练精度为 0.0000001，进行训练。训练完成后，将模型输出结果进行反归一化处理，至此，构建葛洲坝下游水位变化过程预测模型完毕。

4）新旧方法水位预测偏差的对比

利用 2015 年葛洲坝水电站非弃水期的运行数据对三种方法（或模型）的预测性能进行测试。测试汛期/非汛期、调峰容量不同时，三种方法葛洲坝下游水位的预测误差，对比分析不同方法对葛洲坝电量及上游水位累积效应的影响。

（1）三种方法预测误差分析。

2015年葛洲坝不弃水时2h预见期下游水位实测值及各方法预测误差对比见表4-11。（由于葛洲坝出库流量2h计算1次，故现有方法仅能做2h预测）。

表4-11　葛洲坝不弃水时下游水位3种方法预测误差对比　　　　（单位：m）

特征值	下游水位实测值	水位流量曲线查值法		非恒定流经验公式法		基于监控数据BP预测模型	
		预测值	误差	预测值	误差	预测值	误差
平均值	41.97	41.902	-0.068	42.047	0.077	41.966	-0.004
中位值	41.33	41.272	-0.058	41.403	0.073	41.327	-0.003
最大值	45.79	46.904	1.114	46.703	0.913	45.993	0.203
最小值	39.87	38.877	-0.993	39.018	-0.852	39.720	-0.15

注：基于监控数据预测模型误差为1h和2h预测的平均值与7号站实际2h平均水位之差。

由表4-11和图4-15可知，葛洲坝不弃水时，3种方法均表现出低水位误差小，高水位误差大的现象，这是由于出库流量较小时，调峰量也较小，导致下游水位低，变幅小，则预测相对准确；而出库流量较大时，调峰量一般也较大，此时下游水位较高，非恒定流现象明显，预测误差大。相比而言，基于监控数据的BP预测模型无论是对高/低水位或汛期/非汛期预测精度均较高，中位数稳定且较小，预测误差的绝对值不超0.2m。本方法优于现用2种方法原因在于：低水位、小流量下，由于流量的计算误差在现用2种方法采用流量-水位转换方法时会使误差进一步放大，而本书方法在预测时直接读取水电站出力计划曲线和控制方式，可以避免误差累积；高水位、大流量下，现用2种方法无法很好地解决非恒定流过程中水位流量存在的复杂绳套关系，而本方法在建模过程中考虑多种因素的影响，精度更高。

表4-12　基于监控数据BP预测模型的葛洲坝不弃水运行时不同预见期下游水位预测误差

（单位：m）

特征值	不同预见期的水位预期误差					
	1h预见期	2h预见期	3h预见期	4h预见期	5h预见期	6h预见期
平均值	-0.003	-0.005	-0.007	-0.009	-0.012	-0.013
中位值	-0.003	-0.005	-0.006	-0.007	-0.010	-0.012
最大值	0.150	0.182	0.217	0.176	0.199	0.276
最小值	-0.125	-0.176	-0.217	-0.222	-0.250	-0.266

由表4-12和图4-16可知，葛洲坝不弃水运行时，新方法的逐小时水位过程预测精度也较高，其中低水位预测误差比高水位预测误差低，6h预见期内最大预测误差绝对值均小于0.3m。同时，随着预见期的增加，误差的均值和中位值在缓慢增加，但增加幅度不大，且误差的最大值、最小值并未随着预见期的增加而线性增加，说明该模型在预见期内预测误差无明显的过程累积效应，可一次进行准确的多时段序列预测。

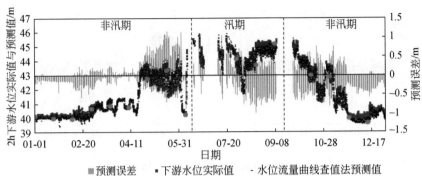

(a)水位流量曲线查值法预测误差

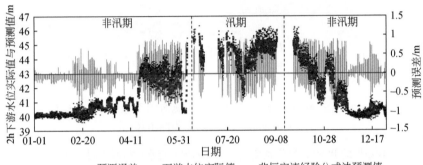

(b)非恒定流经验公式法预测误差

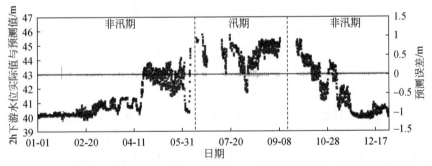

(c)基于监控数据BP神经网络预测模型预测误差

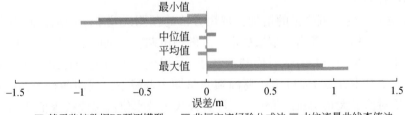

(d)3种方法预测误差统计对比图

图 4-15　葛洲坝不弃水运行时 3 种方法预测误差对比

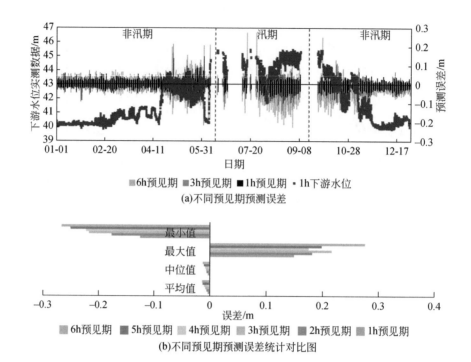

(a)不同预见期预测误差

(b)不同预见期预测误差统计对比图

图4-16　基于监控数据的 BP 神经网络预测模型的葛洲坝不弃水运行时不同预见期下游水位预测误差

总体看来,基于监控数据的 BP 神经网络预测模型精度最高,水位流量曲线查值法和非恒定流经验公式法预测精度相当;同时,高水位、大调峰下,新方法依然保持足够高的精度,而现用方法在下游水位超过 43m 后,预测误差的绝对值基本大于 0.5m,最大绝对误差达 1.114m,占额定水头 5% 以上,严重影响发电计划制作精度。此外,新方法延长了预见期,能实现下游水位逐小时变化过程(6h)预测,且预测效果较好。

(2)不同工况下的预测误差。

2015 年葛洲坝调峰日数为 320d,年均调峰容量 30 万 kW 左右,最小月均调峰容量为 7 万 kW(1 月),最大月均调峰容量 70 万 kW(7 月)。本书针对汛期、非汛期,选择大调峰(80 万 kW 左右)、中调峰(30 万 kW 左右)、小调峰(10 万 kW 左右)3 种典型运行工况,共 6 种计算情景,对比分析 3 种方法的预测效果。图 4-17 为葛洲坝 2h 平均下游水位预测过程与实际过程对比。

图 4-17 显示,随着调峰量的增加,现用方法的预测误差不断增加,而本书方法的预测误差变化不大,精度均较高且结果稳定。葛洲坝汛期、非汛期小调峰下 3 种方法精度均较高,但现用方法预测误差的绝对值基本在 0.3m 以内,本研究构建 BP 神经网络方法预测误差的绝对值基本在 0.1m 以内;葛洲坝非汛期中调峰下,现用两种方法的精度一般,预测误差的绝对值最大 0.45m,非恒定流经验公式法较水位流量曲线查值法精度稍高,而本书方法的精度最高,预测误差的绝对值基本在 0.2m 以内;而汛期中调峰下,现用两种方法预测误差的绝对值最大均超过 0.6m,汛期、非汛期大调峰下现用两种方法预测误差的绝对值最大接近 1m,且预测结果不稳定,误差偏差范围大,而本研究新方法的精度依

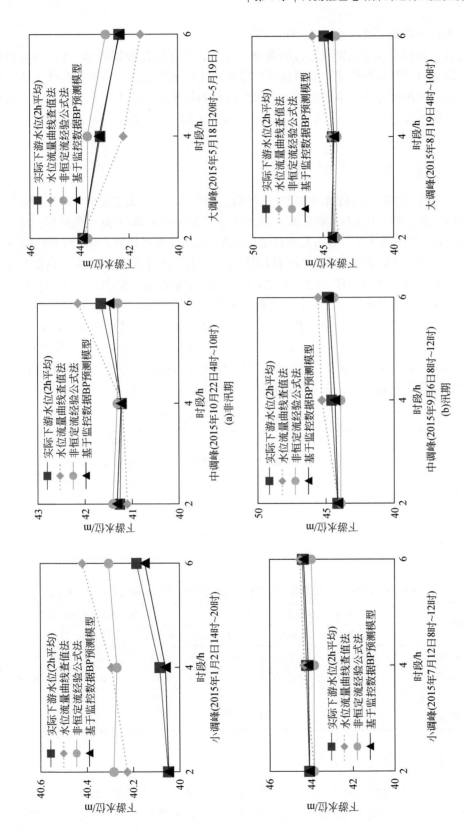

图4-17 葛洲坝2h平均下游水位预测过程与实际过程对比

然较高，预测误差的绝对值基本在 0.25m 以内。

总体来看，葛洲坝水电站调峰运行的典型工况下，基于监控数据的 BP 神经网络预测模型精度最高，且计算结果稳定，非恒定流经验公式法精度次之，水位流量曲线查值法精度最差。对比现用两种方法，本研究新方法无论在预测精度还是预测频次方面均有大幅提高，葛洲坝下游水位最大 6h 变幅接近 1.5m 时，该方法仍可快速准确地预测下游水位变化过程。

4. 下游水位预测偏差所产生的负面影响

接下来，将以上述设定的葛洲坝非汛期、汛期，调峰小、中、大工况的实际上游水位和电量作为基准，采用现用方法与本研究提出的方法连续预测未来 6h 下游水位过程，反算水电站发电量和时段末上游水位，并与基准对比，分析不同方法对电量和上游水位累积影响。

由表 4-13、表 4-14 可知，随着调峰量的增加，现用方法计算的发电量偏差和上游水位控制累积偏差也不断增加，且上游水位控制累积偏差呈指数增长状态，即前期水位计算误差将对后期水位计算造成巨大影响；而本研究新方法的预测精度随调峰量的增加偏差变化不大，计算结果稳定，误差最小。水位流量曲线查值法 6h 发电量累积偏差最大达 38.7 万 kW·h，上游水位控制累积偏差最大达 0.33m，而本研究新方法 6h 电量累积偏差最大仅为 10.5 万 kW·h，上游水位控制累积偏差最大仅为 0.10m，该方法无论在电量计算还是水位控制精度均有大幅提高，有力地保障了电站效益和安全运行。

表 4-13　2015 年不同工况 6h 内发电量偏差对比　（单位：MW·h）

方法	非汛期与实际电量偏差			汛期与实际电量偏差		
	小调峰	中调峰	大调峰	小调峰	中调峰	大调峰
水位流量曲线查值法	6.2	10.7	26.9	11.0	38.7	38.6
非恒定流经验公式法	5.2	9.7	20.3	26.5	37.0	34.2
基于监控数据的 BP 神经网络预测模型	0.7	3.6	1.3	3.6	9.5	10.5

表 4-14　2015 年不同工况预测 6h 末上游水位控制累积偏差对比　（单位：m）

方法	非汛期与实际上游水位偏差			汛期与实际上游水位偏差		
	小调峰	中调峰	大调峰	小调峰	中调峰	大调峰
水位流量曲线查值法	0.04	0.08	0.20	0.09	0.33	0.33
非恒定流经验公式法	0.03	0.07	0.15	0.17	0.30	0.28
基于监控数据的 BP 神经网络预测模型	0.004	0.03	0.009	0.03	0.08	0.10

5. 模型创建及应用过程中的思考和认识

葛洲坝是三峡水电站的反调节电站，三峡下泄流量基本等于葛洲坝入库流量。为确保水电站能够取得最大发电收益，葛洲坝水电站很少主动弃水，非弃水期占全年运行期的 80% 以上。电站在非弃水期运行，若上游水位控制出现偏差，仅能通过两种方式来调整水位：一是向电网申请修改发电计划；二是开启泄洪闸进行弃水。因此，葛洲坝在入库流量已知的情况下，其上游水位是受发电调度计划严格控制的，即也可认为是"已知的"。因而，葛洲坝下游水位的精准预测，对于减少葛洲坝发电计划变更，提升发电效益具有十分重要意义。

葛洲坝水电站需根据入库流量、电网下达的出力计划和下游水位，反算葛洲坝上游水位是否能按预定方案运行，若将引起上游水位变化超出预先设定的控制范围，则需重新计算发电计划，并向电网申请修改当前发电计划来控制上游水位。也就是说，葛洲坝下游水位的预测不准，只能靠短时间不断调整出力计划来消化计算误差和控制水电站上游水位运行平稳，而不断调整机组负荷也将对电网安全运行造成影响。实践表明，下游水位预测误差使得实际水电站出力、上游水位和发电量与计划出现偏差，尤其严重的是，发电计划误差对上游水位、实际发电量等方面影响呈非线性跳跃增长趋势。例如，葛洲坝下游水位预测值跟实际值相差 0.5m，在发电流量 18000m³/s，水电站调峰 30 万 kW 左右的情况下，1h 时段初水电站实际出力与计划偏差可达 10 万 kW，时段末上游实际水位与计划偏差将超过 0.1m，实际发电量与计划偏差将超 15 万 kW·h；倘若发电计划不能及时修正或误差没有有效控制，2h 时段初水电站出力计划偏差可达 30 万 kW，时段末上游水位计算偏差将超过 0.3m，发电量计算偏差将超 50 万 kW·h。

水位流量曲线查值法是目前葛洲坝水电站最常用的方法。实时调度中，非恒定流经验公式法计算葛洲坝下游水位在出库流量 6000m³/s 左右，不调峰时，时段预测偏差在 ±0.5m 之内，而出库流量 18000m³/s 左右，调峰 100 万 kW 时，时段预测偏差绝对值超过 1m。在电力调度，葛洲坝水电站频繁参与电网调峰运行，水电站出力波动较大，下游水位经常出现 1h 变幅超过 1m，累计变幅超过 3m（水电站额定水头 18.6m）的情况。因此，该方法在实时调度中仅能对下游水位进行初步的估计。本研究基于葛洲坝水电站非弃水期可直接测量读取的水电站运行过程与下游水位变化过程数据，采用 BP 神经网络算法构建了葛洲坝水电站下游水位实时预测模型。实践应用结果表明，基于监控数据的水电站下游水位 BP 神经网络预测模型，不仅能够实现下游水位变化的在线实时预测，而且预测精度较现用方法提高很多，极具实用价值。

本研究选用三层 BP 神经网络来构建葛洲坝水电站下游水位变化过程的预测模型，主要基于如下两个方面的考虑。第一，BP 神经网络模型已被证明可模拟复杂的非线性问题，特别是，三层 BP 神经网络能够形成任意复杂区域，可以完成任意的 n 维到 m 维的映射，该模型在水文领域已有成功应用；第二，葛洲坝水电站年运行数据超过 10 万组，数据量十分庞大。如果开展水电站下游水位变化的实时预测，需要利用电站实时监测数据序列逐小时进行建模，目前在用的三类预测方法无论是数据处理能力，还是计算效率均远远弱于 BP 神经网络模型。人工神经网络是一种试图以模拟人脑神经系统的组织方式来构成的非线性自适应信息处理系统，不需要设计任何数学模型，可以处理模糊的、非线性的，甚至含有噪声的数据，已经在模式识别、系统辨识、预测控制和函数拟合等许多方面得到极其广泛的应用。这类数据挖掘技术的信息处理技术可以避开水动力模拟法的弱点，对于水位变化过程的预测，其事先可以不必了解水电站下泄水流的特征与规律，直接从实测的大量数据中挖掘出给定断面的流量与水位关联联系；如果实时监控数所隐含的特征或规律发生变化，人工神经网络可以自行调整其模型参数，实现水电站下游水位变换的准确示踪功能。

6. 基于监控数据的 BP 神经网络预测模型的应用潜力

本研究提出了一种使用监控数据进行水电站下游水位变化过程预测的方法，根据可直接测量读取的水电站运行过程与下游水位变化过程数据，采用 BP 神经网络算法，建立水电站下游水位预测模型，预测时仅需输入读取的水电站历史运行过程、出力计划数据及调度方案，即可预测水电站未来下游水位变化过程。对比现用水位预测方法，本书方法无需流量数据作为输入，避免了水电站出库流量的计算误差；建模过程中考虑了下游水位变化"后效性"影响，大幅提升了水电站调峰时的预测精度；模型可直接计算下游水位变化过程，计算结果稳定，避免了水位过程预测中前期水位计算误差对后期水位计算造成的误差累积影响，精度更高。葛洲坝水电站应用实践可知，在不弃水的情况下，本书方法计算简单快捷，较现用方法预测精度提高较大，对水电站的调度运行具有重要的现实意义。主要研究结论如下。

(1) 非弃水期水电站下游水位的变化过程受多种因素影响，本书针对现用方法水位预测误差较大的情况，提出利用 BP 神经网络算法模拟水电站运行过程与下游水位变化过程之间的关系，建立了基于监控数据的水电站下游水位变化过程预测模型。实际应用检验表明预测模型计算精度较高，该方法可以直接用于生产调度实践。

(2) 基于数据挖掘原理的 BP 神经网络模型预测效果较好，尤其针对运行时间长、资料详实的日调节或径流式水电站较为适用，如葛洲坝水电站。其原因在于葛洲坝水电站为径流式电站，运行水位变幅小，且水电站运行时间长，数据多，建模时输入数据中已包含各种工况，因此模型预测效果好。实际应用检验表明模型预见期内最大预测误差的绝对值小于 0.3m。

(3) 本书提出的预测方法还有其他方法不可比拟的优势，如利用该模型有可实现通过监控系统读取的水电站运行及计划数据直接预测下游水位变化过程的功能；该模型可进行计算时段为 1h 的水电站下游水位连续过程预测，较现用方法计算结果稳定，精度更高，同时避免了现用方法过程预测的误差累积；较高精度水动力模型，所需资料少，计算时间短，能较好应用于调度实际。然而，BP 神经网络模型的应用需水电站拥有多年详实的监测运行数据，在后期研究中可进一步分析缺少资料条件下的 BP 神经网络建模。

4.2.2 基于 LSTM 的上下游水位预测模型

前馈神经网络，其每个样本单独地输入到网络中去，样本与样本之前没有紧密的联系。当处理时间序列时，需要运用窗处理将多个时刻的数据扩展成一个较大维度的样本，并且，这种方式构造的神经网络具有固定的输入长度。如果要研究更长时间的数据之间的关系，则需要构造更大的样本。相比之下，循环神经网络(recurrent neural network，RNN)在研究时间序列方面就有较强的优势。循环神经网络通过特定的网络结构，将过去时刻的影响反映到了当前的预测之中，同时由于共享不同时刻的权值矩阵，减少了参数数目，使得训练效率大大提高，并且可以处理任意长度的时间序列数据。尽管理论如此，但实际上，原始的循环神经网络由于参数共享，在模型训练时涉及到多个时间步的乘法，极容易产生梯度消失或梯度爆炸的问题[158,159]，使得模型丧失了学习到更早信息的能力，这个问题也称为长期依赖问题。

长短时记忆网络(long short-term memory，LSTM)通过引入门的设置来决定控制信息的流动，很好地解决了这一问题。针对 BP 神经网络预测模型的不足，本小节提出了基于 LSTM 的改进预测方法，能够准确反调节电站的上下游水位。

1. LSTM 模型算法原理及改进

长短期记(long short-term memory，LSTM)有三个门：输入门、遗忘门和输出门，其基本结构如图 4-18 所示。其中，h_t 为隐含层的输出；c_t 是隐含层的状态单元，根据历史信息和当前信息来更新，表示当前时刻的单元状态；f_t 为遗忘门；i_t 为输入门；$\tilde{c}_t$ 为当前输入的单元状态；o_t 为输出门。

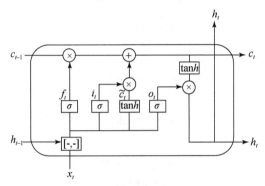

图 4-18　LSTM 的隐含层结构图

LSTM 中的每个门实际上就是一个全连接层，输出[0，1]之间的向量，用以控制信息的传递。门的激励函数为 sigmoid 函数，其原函数和导函数分别为

$$\sigma(x) = \frac{1}{1+e^{-x}}$$
$$\sigma'(x) = \sigma(x)(1-\sigma(x))$$

(4-42)

事实上，LSTM 有不同的变体形式。根据应用对象特点，本节研究采用图 4-19 所示的 LSTM 结构，每一个时间步都有输出，并且隐含层单元之间有循环连接。

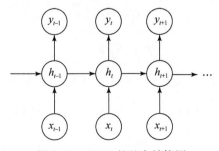

图 4-19　LSTM 的基本结构图

LSTM 的前向传播的公式包括

遗忘门，即

$$\mathrm{net}_{f,t} = W_{fh}h_{t-1} + W_{fx}x_t + b_f$$
$$f_t = \sigma(\mathrm{net}_{f,t})$$
(4-43)

输入门，即

$$\mathrm{net}_{i,t} = W_{ih}h_{t-1} + W_{ix}x_t + b_i$$
$$i_t = \sigma(\mathrm{net}_{i,t})$$
(4-44)

输出门，即

$$\mathrm{net}_{o,t} = W_{oh}h_{t-1} + W_{ox}x_t + b_o$$
$$o_t = \sigma(\mathrm{net}_{o,t})$$
(4-45)

当前输入的单元状态为

$$\mathrm{net}_{\tilde{c},t} = W_{ch}h_{t-1} + W_{cx}x_t + b_c$$
$$\tilde{c}_t = \tanh(\mathrm{net}_{\tilde{c},t})$$
(4-46)

当前的单元状态为

$$c_t = f_t \circ c_{t-1} + i_t \circ \tilde{c}_t$$
(4-47)

隐含层输出为

$$h_t = o_t \circ \tanh(c_t)$$
(4-48)

输出层为

$$\mathrm{net}_{y,t} = W_y h_t + b_y$$
$$y_t = \tanh(\mathrm{net}_{y,t})$$
(4-49)

式中，。为对应元素相乘；W_{fh}、W_{fx}、W_{ih}、W_{ix}、W_{oh}、W_{ox}、W_{ch}、W_{cx}、W_y 分别是对应的权重矩阵；b_f、b_i、b_o、b_c、b_y 为对应的偏置项。

LSTM 的训练算法仍然是误差反向传播算法。由于 LSTM 的前向传播过程是从左到右的有序传播，因此误差反向传播过程也是沿时间反向传递，称为 BPTT 算法（back-propagation through time，BPTT）。在本研究构造的 LSTM 中，要训练的参数包括权重矩阵 W_{fh}、W_{fx}、W_{ih}、W_{ix}、W_{oh}、W_{ox}、W_{ch}、W_{cx}、W_y 和偏置项 b_f、b_i、b_o、b_c、b_y。将误差沿时间反向传播，需要计算每个时刻的误差项。设 t 时刻真实值 d_t 与估计值 y_t 的误差为 e_t，0 到 T 时刻的总误差为 E，即

$$e_t = \frac{1}{2}\|y_t - d_t\|^2$$
$$E = \sum_{t=1}^{T} e_t$$
(4-50)

进一步可以计算各个梯度，式中 ∇ 为梯度，如 $\nabla_{\mathrm{net}_{y,t}}E$ 表示 E 对 $\mathrm{net}_{y,t}$ 的梯度，分别为

$$\nabla_{\mathrm{net}_{y,t}}E = \left(\frac{\partial y_t}{\partial \mathrm{net}_{y,t}}\right)^{\mathrm{T}}\nabla_{y_t}E = (y_t - d_t)\circ(1-y_t^2)$$
(4-51)

$$\nabla_{h_t}E = \left(\frac{\partial \mathrm{net}_{y,t}}{\partial h_t}\right)^{\mathrm{T}}\nabla_{\mathrm{net}_{y,t}}E + \left(\frac{\partial \mathrm{net}_{i,t+1}}{\partial h_t}\right)^{\mathrm{T}}\nabla_{\mathrm{net}_{i,t+1}}E + \left(\frac{\partial \mathrm{net}_{f,t+1}}{\partial h_t}\right)^{\mathrm{T}}\nabla_{\mathrm{net}_{f,t+1}}E +$$

$$\left(\frac{\partial \mathrm{net}_{o,t+1}}{\partial h_t}\right)^{\mathrm{T}} \nabla_{\mathrm{net}_{o,t+1}} \mathrm{E} + \left(\frac{\partial \mathrm{net}_{\tilde{c},t+1}}{\partial h_t}\right)^{\mathrm{T}}$$

$$\nabla_{\mathrm{net}_{c,t+1}^{\tilde{}}} E = W_y^{\mathrm{T}} \nabla_{\mathrm{net}_{y,t}} E + W_{\mathrm{ih}}^{\mathrm{T}} \nabla_{\mathrm{net}_{i,t+1}} \tag{4-52}$$

$$\nabla_{c_t} E = \left(\frac{\partial h_t}{\partial c_t}\right)^{\mathrm{T}} \nabla_{h_t} E + \left(\frac{\partial c_{t+1}}{\partial c_t}\right)^{\mathrm{T}} \nabla_{c_{t+1}} E = \nabla_{h_t} E \circ o_t \circ (1 - \tanh(^{c_t}) + \nabla_{c_{t+1}} E \circ f_{t+1} \tag{4-53}$$

由式(4-52)和式(4-53)可得

$$\nabla_{\mathrm{net}_{i,t}} E = \nabla_{c_t} E \circ \tilde{c}_t \circ i_t \circ (1 - i_t)$$

$$\nabla_{\mathrm{net}_{f,t}} E = \nabla_{c_t} E \circ c_{t-1} \circ f_t \circ (1 - f_t)$$

$$\nabla_{\mathrm{net}_{o,t}} E = \nabla_{h_t} E \circ \tanh(c_t) \circ o_t \circ (1 - o_t)$$

$$\nabla_{\mathrm{net}_{c,t}^{\tilde{}}} E = \nabla_{c_t} E \circ i_t \circ (1 - \tilde{c}_t^2) \tag{4-54}$$

进而得到权重矩阵和偏置项的梯度为

$$\begin{cases}
\nabla_{W_y} E = \sum_{t=1}^{T} (\nabla_{\mathrm{net}_{y,t}} E) h_t^{\mathrm{T}} \\[2mm]
\nabla_{W_{ih}} E = \sum_{t=1}^{T} (\nabla_{\mathrm{net}_{i,t}} E) h_{t-1}^{\mathrm{T}} \\[2mm]
\nabla_{W_{fh}} E = \sum_{t=1}^{T} (\nabla_{\mathrm{net}_{f,t}} E) h_{t-1}^{\mathrm{T}} \quad \begin{cases} \nabla_{b_y} E = \sum_{t=1}^{T} \nabla_{\mathrm{net}_{y,t}} E \\[2mm] \nabla_{b_i} E = \sum_{t=1}^{T} \nabla_{\mathrm{net}_{i,t}} E \\[2mm] \nabla_{b_f} E = \sum_{t=1}^{T} \nabla_{\mathrm{net}_{f,t}} E \\[2mm] \nabla_{b_o} E = \sum_{t=1}^{T} \nabla_{\mathrm{net}_{o,t}} E \\[2mm] \nabla_{b_c} E = \sum_{t=1}^{T} \nabla_{\mathrm{net}_{c,t}^{\tilde{}}} E \end{cases} \\[2mm]
\nabla_{W_{oh}} E = \sum_{t=1}^{T} (\nabla_{\mathrm{net}_{o,t}} E) h_{t-1}^{\mathrm{T}} \\[2mm]
\nabla_{W_{ch}} E = \sum_{t=1}^{T} (\nabla_{\mathrm{net}_{\tilde{c},t}} E) h_{t-1}^{\mathrm{T}} \\[2mm]
\nabla_{W_{ix}} E = \sum_{t=1}^{T} (\nabla_{\mathrm{net}_{i,t}} E) x_t^{\mathrm{T}} \\[2mm]
\nabla_{W_{fx}} E = \sum_{t=1}^{T} (\nabla_{\mathrm{net}_{f,t}} E) x_t^{\mathrm{T}} \\[2mm]
\nabla_{W_{ox}} E = \sum_{t=1}^{T} (\nabla_{\mathrm{net}_{o,t}} E) x_t^{\mathrm{T}} \\[2mm]
\nabla_{W_{cx}} E = \sum_{t=1}^{T} (\nabla_{\mathrm{net}_{c,t}^{\tilde{}}} E) x_t^{\mathrm{T}}
\end{cases} \tag{4-55}$$

由以上梯度公式就可以采用梯度下降法来更新权重和偏置项。

LSTM 的误差反向传播过程主要采用的是梯度下降法，在参数的训练阶段，梯度下降法的收敛速度是线性的，在迭代点逼近最优解时收敛速度较慢。因此本研究将梯度下降法与拟牛顿算法中的 Broyden-Fletcher-Goldfarb-Shanno（BFGS）算法相结合，在初始阶段误差比较大时，采用下降梯度法，当总误差减小到一定程度后，采用 BFGS 法来训练，并通过 Wolfe-Powell 线搜索来搜索合适的步长，提高了迭代效率。这样一来，就充分利用了拟牛顿算法超线性收敛的特点，此外，采用了非精确线搜索方法选取步长，使问题求解具有总体收敛的特征。

2. LSTM 预测模型的应用实例

本研究选取 2013 年 8 月 18 日至 2014 年 7 月 2 日三峡和葛洲坝非弃水期间的运行数据，输入变量为三峡上游凤凰山水位、三峡左岸电站总有功、三峡右岸电站总有功、地下电站总有功、电源电站总有功、葛洲坝大江电厂总有功、二江电厂总有功、自备电站总有功，输出变量为葛洲坝上游 5 号站水位、下游 7 号/8 号站水位，训练前先将数据进行标准化处理，消除量纲的影响。由于三峡的出库流量到达葛洲坝坝前需要一定的时间，所以三峡的水位和出力变化对葛洲坝水位的影响存在一定的滞后性，当预测葛洲坝上下游水位时，应综合之前多个时刻三峡和葛洲坝的出力情况以及三峡上游凤凰山的水位数据。

本研究将历史每 60 个时刻的数据通过隐含状态引入到下 6 个时刻的预测之中，每个时刻的输入为 8 维，隐含层为 20 维，输出为 3 维，采用 BPTT 算法进行训练。为了评估模型的预测效果，将预测误差的均值、标准差、平均绝对误差（MAE）和均方根误差（RMSE）作为评价指标，其中 MAE 和 RMSE 的计算公式为

$$\text{RMSE} = \sqrt{\frac{1}{N}\sum_{i=1}^{N}(y_i - \widehat{y_i})^2}$$

$$\text{MAE} = \frac{1}{N}\sum_{i=1}^{N}|y_i - \widehat{y_i}| \tag{4-56}$$

表 4-15 ~ 表 4-17 分别是 8 号站、7 号站和 5 号站连续 6 个时刻的预测误差的结果表，图 4-20 ~ 图 4-22 是预测误差直方图。

表 4-15 8 号站连续 6 时刻预测结果

时刻	均值	标准差	90% 区间	MAE	RMSE
1	0.00103	0.03479	[-0.04453, 0.05051]	0.02235	0.03479
2	-0.00195	0.05892	[-0.08036, 0.08103]	0.03647	0.05893
3	-0.00264	0.07873	[-0.11816, 0.11182]	0.04941	0.07874
4	-0.00281	0.09949	[-0.15017, 0.13852]	0.06098	0.09950
5	-0.00344	0.12134	[-0.18053, 0.17554]	0.07341	0.12134
6	-0.00180	0.14216	[-0.21852, 0.20157]	0.08558	0.14211

表 4-16 7 号站连续 6 时刻预测结果

时刻	均值	标准差	90% 区间	MAE	RMSE
1	0.00019	0.02935	[-0.03788, 0.04122]	0.01835	0.02934
2	-0.00181	0.04767	[-0.06963, 0.07494]	0.02924	0.04769
3	-0.00270	0.06438	[-0.09736, 0.09207]	0.03899	0.06441
4	-0.00319	0.08385	[-0.11939, 0.11650]	0.04895	0.08388
5	-0.00395	0.10217	[-0.15044, 0.13644]	0.05936	0.10220
6	-0.00364	0.11633	[-0.18360, 0.16356]	0.06903	0.11634

表 4-17 5 号站连续 6 时刻预测结果

时刻	均值	标准差	90% 区间	MAE	RMSE
1	0.00244	0.04558	[−0.06257，0.07198]	0.03019	0.04562
2	0.00276	0.07719	[−0.11416，0.11695]	0.05080	0.07720
3	0.00585	0.11831	[−0.16911，0.19073]	0.07808	0.11841
4	0.00305	0.16189	[−0.24648，0.26181]	0.10571	0.16185
5	0.00151	0.20470	[−0.33201，0.33171]	0.13461	0.20462
6	0.00129	0.24605	[−0.39902，0.41612]	0.16349	0.24595

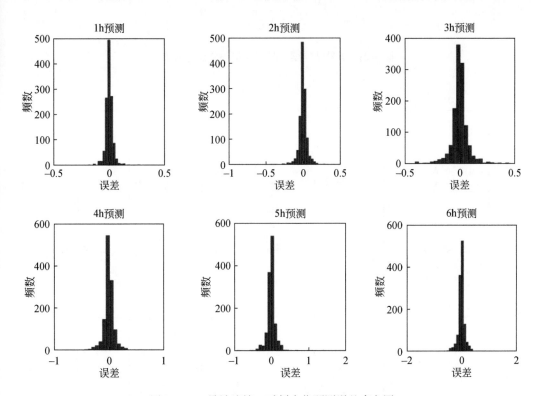

图 4-20 8 号站连续 6 时刻水位预测误差直方图

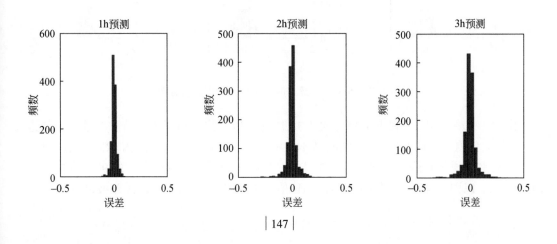

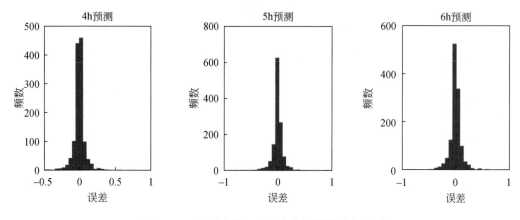

图 4-21 7 号站连续 6 时刻水位预测误差直方图

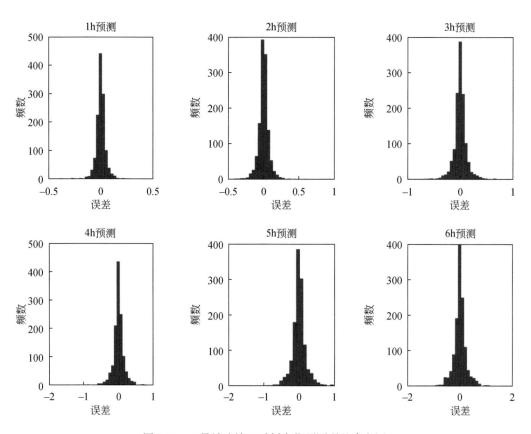

图 4-22 5 号站连续 6 时刻水位预测误差直方图

由图 4-20～图 4-22 和表 4-15～表 4-17 中还可以看出，对于 8 号站和 7 号站，其连续 6 个时刻的预测误差的 90% 分位区间基本在 ±0.2m 以内，而且 MAE 和 RMSE 值均较小，总体达到水位预测的精度要求。对于 5 号站，连续 3 个时刻的预测误差的 90% 分位区间控制在 ±0.2m 以内，但是 4 到 6 时刻的 MAE 值和 RMSE 值均比较大，误差波动性较大，这主要是因为5号站处于三峡和葛洲坝之间，水动力学特性远远比下游河道复杂，所以对于5号站水位的预测，建议采取连续3h预测，及时更新方法来确保预测的有效性。

总结来说，本研究将LSTM应用于梯级水库的下游电站的水位预测，考虑到上游电站的运行对下游电站水位的影响，以及时间的滞后性，将上游电站的水位以及出力等可观测数据放入模型之中，并采用梯度下降法与拟牛顿算法中的BFGS方法相结合来训练模型。最后以三峡葛洲坝梯级水电站为例，建立了基于LSTM的葛洲坝上下游水位的预测模型，结果表明模型实现了葛洲坝连续6h的下游水位准确预测，以及连续3h的上游水位准确预测，为科学的调度决策提供了更加可靠的理论支撑。

4.3 多模型耦合的枢纽水库电站群一体化调度

根据气象预报和水文预报进行的水库调度，能够使水库效益得到进一步发挥。然而，根据气象预报和水文预报进行的水库调度具有极大的不确定性，这种不确定性主要来源于未来降雨、径流的随机性，对于长期预报调度的负面影响更为显著。在气象预报、水文预报的现状科技水平下，如要在水库调度过程中，体现长期调度计划对中短期调度计划的指导作用，需要建立一种不同时间尺度调度计划编制模型的嵌套耦合机制。在水库电站群统一调度理论技术框架下，本书创建了多模型嵌套耦合的预报调度机制，通过将多尺度径流预测模型与多尺度发电调度模型嵌套耦合，来解决水调-电调非一致决策导致的风险冲突，实现了水库电站群兼顾多维安全(防洪、发电等功能事件维度)的集中统一调度。

4.3.1 水库电站群实时调度的理论研究

通常认为以小时为周期的调度为实时调度。为实现水库实时调度目标，本研究将水库调度期划分五个时间尺度，即需要建立五个层次的调度模型，包括年，消落期、汛期和回蓄期，月，旬，日。第一层，以年为调度期；第二层，分别以消落期、汛期和回蓄期为调度期；第三层，以月为调度期，旬为时段长；第四层，以旬为调度期，以日为时段长；第五层，以日为调度期，小时为时段长。

1. 预报调度模型的嵌套耦合交互机制

所谓多模型耦合，是为了充分利用精度较高的预报信息，将不同时间尺度的调度模型通过输入和输出相联系，来体现水库调度决策过程长期、中期、短期的有序、连贯的决策过程。为此，本研究提出了图4-23所示的多模型套接交互机制，模型间嵌套-耦合-交互机制本质上是上层模型对下层的控制以及下层信息向上层模型的反馈。越下层的优化调度模型，其所采用的来水预报预见期越短，因而该层调度模型所使用预报结果的精度越高，据此制定的水库调度计划可能越接近实际情况。

在图4-23示的流程机制中，通常将采用水库的实际水位作为各层优化调度模型起调水位，通过初始水位和与不同层级的预报入库径流过程，依次生成不同调度期的水库调度方案，在此过程中体现上层模型对下层模型的控制作用；然后依据方案实施后造成的实况

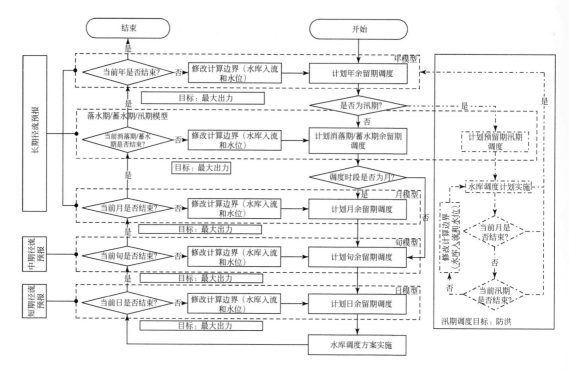

图 4-23　预报调度模型的嵌套-耦合-交互机制

与预期的差异，修正不同层级的预报入库径流过程，并以实际出现的当前水位为起调水位，调整后续余留期的优化调度方案，在此过程中体现下层模型对上层模型的信息反馈。在年调度期内，控制与反馈交替进行，以提高发电水头的长期效益和充分挖掘不同预见期来水预报的信息价值。

所设计机制强制要求上层模型面临时段的入库流量需采用下层模型调度期内的入库流量值，这样做既是为使不同层级调度模型的输入和输出衔接有序，也是为了确保各层模型同期来水的一致性。不过，水库调度运行的实际情况比较复杂，水库调度操作不仅与水库来水有关还与电网消纳能力有关。因而，即便按照最准确的径流预报编制水库调度计划，也可能会出现与实际运行要求不符合的情况，如果不确定性发生后，水库调度计划却没有及时修正，则会导致调度计划与实际情况相偏离，随着时间的推移，甚至出现重大偏离，造成水库运行操作的事故发生。

2. 水库电站调度耦合模型建模与求解

在本研究中，不同时间尺度的同类模型均采用相同的模型结构。譬如，针对非汛期时段建立以发电量最大为目标的调度模型，则该时段的旬、月、日及实时调度模型均采用发电量最大模型结构。特别是，本研究针对长中短套接的优化调度模型特点，提出了利用轮库迭代耦合增量动态规划(wheel reservoir iteration-incremental dynamic programming, WRI-IDP)算法和改进遗传算法(IGA)求解所创建的嵌套耦合模型，模型构造与模型求解方法详细见 4.3.2 节。

采用 IGA 进行模型求解的优势是结果生成比较快，WRI-IDP 算法计算结果较为精确，但是耗时较长，还时不时会出现"维数灾"。因而，该调度平台为满足实际调度需要，在编制实际调度方案时，首先采用 IGA 结果进行调度，等到后期 WRI-IDP 算法生成调度方案后，再根据后面计算结果进行修正操作。建立多时段套接优化调度模型的技术流程如下。

步骤 1：考虑到梯级水库电站群入库径流预报精度、上下游梯级水库电站群水流时间滞后影响，将优化调度期划分为五个时间尺度，包括年，消落期、汛期和回蓄期，月，旬和日。根据调度期，建立五个时间尺度的调度期的分层嵌套结构。

步骤 2：针对梯级水库电站群，建立以梯级水库电站群发电量最大为目标的调度模型。约束条件包括水量平衡、水力联系、出力函数、水库蓄水量、出库流量、电站出力、系统负荷、水位约束等。

步骤 3：为平衡计算效率和计算精度，同步采用轮库迭代耦合增量动态规划算法和改进遗传算法（IGA）求解调度模型。

步骤 4：将两种算法最早生成的调度方案用于指导实际调度。通常来说，IGA 效率快，采用该算法生成的调度方案要早于轮库迭代耦合增量动态规划算法。

步骤 5：以轮库迭代耦合增量动态规划算法求解得到的调度方案，如有（有可能会出现"维数灾"导致算法不收敛，导致无法获得计算方案），则将其作为基准方案，对采用遗传算法计算得到的方案进行修正或者替换，将其作为下一层的初始值。

4.3.2　调度模型构造及模型的求解方法

水库调度模型有很多种，根据目标划分，包括发电量最大、耗水量最小、发电效益最大、保证出力最大等，其中发电量最大调度模型应用最为广泛，本研究主要以发电量最大调度模型为例介绍调度模型的结构，其他种类的模型构造与此类似。

1. 发电量最大调度模型

1）目标函数
以调度期内系统发电量最大为优化目标，即

$$\max E = \sum_{j=1}^{n} \sum_{t=1}^{T} N_{j,t} \Delta t \tag{4-57}$$

式中，$N_{j,t}$ 为 j 库 t 时段的平均出力，$j=1, 2, \cdots, n$；T 为调度期；Δt 为时段长。

2）约束条件
（1）水量平衡。

$$V_{j,t+1} = V_{j,t} + (Q_{j,t} - q_{j,t}) \Delta t \tag{4-58}$$

式中，$V_{j,t}$、$V_{j,t+1}$ 分别为 j 库 t 时段始、末库蓄水量；$Q_{j,t}$ 为 j 库 t 时段入库流量；$q_{j,t}$ 为 j 库 t 时段出库流量。

（2）水力联系。

$$Q_{j,t} = \sum_{k \in \Omega_j} (Q_{q_{k,t}} + q_{k,t}) \tag{4-59}$$

式中，Ω_j 为与 j 库有直接水力联系的上游水库集合；$Q_{q_{k,t}}$ 为 k 库与 j 库之间区间入流。

（3）出力函数。

$$N_{j,t}=f_j(q_{j,t},H_{j,t}) \tag{4-60}$$

式中，$H_{j,t}$ 为 j 库 t 时段平均水头；$f_j(\cdot)$ 函数为水电站出力特性函数。

（4）水库蓄水量。

$$\underline{V_{j,t+1}}\leqslant V_{j,t+1}\leqslant\overline{V_{j,t+1}} \tag{4-61}$$

式中，$V_{j,t+1}$ 为水库蓄水量；$\overline{V_{j,t+1}}$、$\underline{V_{j,t+1}}$ 分别为第 j 库 t 时段末水库蓄水量上限、下限。

（5）出库流量。

$$\underline{q_{j,t}}\leqslant q_{j,t}\leqslant\overline{q_{j,t}} \tag{4-62}$$

式中，$q_{j,t}$ 为出库流量；$\overline{q_{j,t}}$、$\underline{q_{j,t}}$ 分别为第 j 库 t 时段出库流量上限、下限。

（6）电站出力。

$$\underline{N_{j,t}}\leqslant N_{j,t}\leqslant\overline{N_{j,t}} \tag{4-63}$$

式中，$N_{j,t}$ 为电站出力；$\overline{N_{j,t}}$、$\underline{N_{j,t}}$ 为第 j 库 t 时段电站出力上限、下限。

（7）系统负荷。

$$\sum_{j=1}^{n}N_{j,t}\geqslant\mathrm{ND}_t \tag{4-64}$$

式中，ND_t 为电力系统要求水库电站群提供的出力下限。

（8）水位约束。

水库上下限水位约束为 $\underline{Z_{j,t}}\leqslant Z_{j,t}\leqslant\overline{Z_{j,t}}$ （a）

水库水位变化幅度约束为 $|Z_{j,t+1}-Z_{j,t}|\leqslant\Delta Z_j$ （b） $\tag{4-65}$

调度期末水位控制为 $Z_{je}=Z_{je}^*$ （c）

式中，$Z_{j,t}$、$Z_{j,t+1}$ 为第 j 库 t 时刻和 $t+1$ 时刻水位；$\underline{Z_{j,t}}$、$\overline{Z_{j,t}}$ 分别为第 j 库 t 时刻允许下限水位和上限水位；ΔZ_j 为第 j 库水位容许变幅；Z_{je}、Z_{je}^* 分别为第 j 库调度期末计算水位和控制水位。

2. 调度模型的求解方法

1）动态规划法（DP）及其改进

（1）动态规划法。

DP 是将待解的问题分解为若干个子问题（阶段），按顺序求解子阶段，前一子问题的解为后一子问题的求解提供了有用的信息。在求解任一子问题时，列出各种可能的局部解，通过决策保留那些有可能达到最优的局部解，丢弃其他局部解。依次解决各子问题，最后一个子问题就是初始问题的解。其计算步骤详细如下。

a. 阶段与阶段变量。

将整个调度期 T 划分为 1，$\cdots$，t，$\cdots$，T 共 T 个时段，相应的时刻 $t\sim t+1$ 为面临时

段，时刻 $t+1 \sim T$ 为余留时段。图 4-24 以年为调度期，月为时段长的阶段示意图。

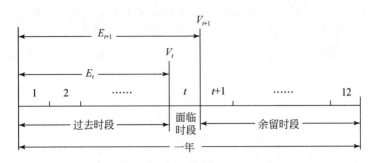

图 4-24 DP 的时段划分

b. 状态与状态变量。

选用每个阶段的水库蓄水量 V_t 作为状态变量，$t=1$，2，$\cdots$，$T+1$，记 V_t、V_{t+1} 分别为时段初、末的蓄水状态，同时 V_{t+1} 也是 $t+1$ 时段的初始蓄水状态。

c. 决策变量。

在某一阶段，水库状态给定后，可以取水库的下泄流量 q_t 为决策变量。

d. 状态转移方程。

水库的状态转移方程即为水量平衡方程，即

$$V_{t+1} = V_t + (Q_t - q_t) \Delta t \tag{4-66}$$

式中，V_t、V_{t+1} 分别为第 t 时段初、末水库蓄水量；Q_t 为第 t 时段的入库流量；q_t 为第 t 时段的出库流量；Δt 为第 t 时段的时段长。

e. 递推方程。

在求解水库最优调度问题时，主要是逐阶段使用递推方程择优。如果在第 k 阶段，当起始状态为 V_k 时的最优策略及其目标函数值 $E_k^*(V_k)$ 已经求出，那么第 $k+1$ 阶段，状态 V_{k+1} 的最优策略及目标函数为

$$E_k^*(V_k) = \max \{ f(V_{k+1}, Q_{k+1}, q_{k+1}) + E_k^*(V_k) \} \tag{4-67}$$

f. 罚函数。

在求解过程中，当最小出力、最小流量等约束条件不满足时，采用罚函数法处理，当决策满足约束条件时，以计算出力来计算面临时段效益；当决策不满足约束条件时，引进惩罚系数计算面临时段效益，即

$$f(\cdot) = (N(t) - \Delta N(t)) \Delta t \tag{4-68}$$

$$\Delta N(t) = \alpha (S(t) - \underline{S}(t))^\gamma \tag{4-69}$$

定义：

$$\alpha = \begin{cases} 1 & \text{如满足约束条件} \\ 0 & \text{如不满足约束条件} \end{cases} \tag{4-70}$$

式中，$f(\cdot)$ 为效益函数；$\Delta N(t)$ 为第 t 时段惩罚量；Δt 为计算时段；α 为惩罚系数；γ 为惩罚指数；$S(t)$ 为约束条件 S 的计算值；$\underline{S}(t)$ 为约束条件 S 的边界值。

（2）增量动态规划算法（incremental dynamic programming，IDP）。

DP 的优点显著，具有严格的理论解，在全局情况下绝对收敛，求解效率高[160]，但是它在处理具有时间高维、空间高维的强非线性问题时，容易出现"维数灾"。IDP 算法为 DP 的改进算法，采用逐次逼近的方法求解高维问题，在一定程度上能够减缓时间维度增加带来的"维数灾"。IDP 算法的求解步骤如下（图 4-25）。

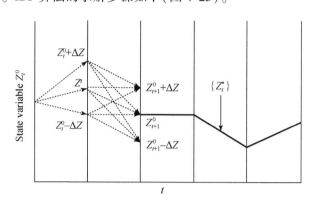

图 4-25　增量动态规划求解机制

步骤 1：根据入库径流过程在水库容许变化范围内，拟定一条符合约束条件和初始、终了条件的初始可行调度线（即可行轨迹）Z_t^0（$t=1$，2，…，T），由于在不发生弃水情况下，水头的最优利用就反映为库位越高越好。因此最优调度线的近似位置常可大致估出。

步骤 2：以初始可行调度线为中心，在其上下各取若干个水位增量（步长）ΔZ，形成若干个离散值的策略廊道。在 $t=1$ 和 $t=T$ 处，$\Delta Z=0$。

步骤 3：在所形成的策略"廊道"范围内，利用动态规划方法顺时序向后递推求解该策略走廊范围内的最优调度线 Z_t^*。

步骤 4：如果 $|Z_t^*-Z_t^0|>\varepsilon$，则令 $Z_t^0=Z_t^*$（$t=1$，2，…，T），按上述步骤 2~3 重新进行计算；如果 $|Z_t^*-Z_t^0|<\varepsilon$，说明对于所选步长已不能增优，应以所求调度线作为初始调度线，缩短步长继续进行优化计算，直到 ΔZ（步长）满足精度要求，此时最优调度线 Z_t^* 即为所求。

（3）轮库迭代耦合增量动态规划（WRI-IDP）。

轮库迭代方法（wheel reservoir iteration，WRI）是利用分布式计算和分布式内存，缓解随参与模型计算的水库数量增加带来的空间高维问题。本研究提出将增量动态规划与轮库迭代的计算方法结合使用，来求解梯级水库的联合优化调度问题。该方法基本步骤如下。

步骤 1：给定每一个水库一条初始调度线 $Z_{i,t}^0$（$i=1$，2，…，n；$t=1$，2，…，T）。

步骤 2：固定 $Z_{i,t}^0$（$i=2$，3，…，n；$t=1$，2，…，T），对第一个水库进行拟优化调度，得到最优调度线 $Z_{1,t}^*$。在计算的时候要注意各水库间的水力联系，出力值应为整个梯级出力值总和。

步骤 3：固定 $Z_{1,t}^*$、$Z_{i,t}^0$（$i=3$，4，…，n；$t=1$，2，…，T），对下一个水库进行优化计算，得到最优调度线 $Z_{2,t}^*$。

步骤 4：依次类推，得到每一个水库的最优调度线 $Z_{1,t}^*$，$Z_{2,t}^*$，$\cdots$，$Z_{n,t}^*$。

步骤 5：如果 $|Z_{i,t}^* - Z_{i,t}^0| < \varepsilon$，则此时的调度线为最优解，否则，令 $Z_{i,t}^0 = Z_{i,t}^*$ 转入步骤 2。

2）遗传算法（GA）及其改进

（1）实数编码遗传算法。

遗传算法为较传统的数学规划方法，求解条件要求低，具有隐并行性和普适性，因此被引入来解决优化调度问题并取得了一定的成果。实数编码遗传算法的应用方法介绍如下。

a. 编码方式及初始种群生成。

以库水位为基因以实数编码，种群大小为 Popsize，$i = 1 \sim$ Popsize。初始种群生成方式为

$$p_{i,j,t} = \underline{Z_{j,t}} + (\overline{Z_{j,t}} - \underline{Z_{j,t}}) \, \mathrm{Rnd} \tag{4-71}$$

式中，Rnd 为服从 $[0, 1]$ 均匀分布的随机数。

b. 适应度函数。

以发电效益之和作为适应度，将出力上下限、流量上下限约束构造为惩罚项。对水电站水库而言，出力上限约束以及最大出库约束通常可在计算中作阈值处理。所以，将最小出力约束、最小流量约束构造成惩罚项，适应度函数表达式为

$$\mathrm{Fit}_i = \sum_t \sum_j \left[N_{j,t} \Delta t \alpha_{j,t} + \mathrm{Inf}_j \min\left(\frac{N_{j,t} - \underline{N_{j,t}}}{\underline{N_{j,t}}}, 0 \right) + \mathrm{Inf}_j \min\left(\frac{q_{j,t} - \underline{q_{j,t}}}{\underline{q_{j,t}}}, 0 \right) \right] \tag{4-72}$$

式中，Inf_j 为罚因子，α 为惩罚系数。

c. 交叉算子。

采用单点交叉法，假设 i_1、i_2 个体在 pos 时间点进行交叉，即

$$p'_{k,j,t} = \begin{cases} p_{i_2,j,t}, t \geqslant \mathrm{pos} \\ p_{i_1,j,t}, t < \mathrm{pos} \end{cases} ; p'_{k+1,j,t} = \begin{cases} p_{i_1,j,t}, t \geqslant \mathrm{pos} \\ p_{i_2,j,t}, t < \mathrm{pos} \end{cases} \tag{4-73}$$

取交叉概率为 1，交叉后形成种群大小同为 Popsize 的 p' 群体。

d. 变异算子。

采用均匀变异的方式，以概率 pm 控制基因突变，在突变点产生新基因替换原基因，即

$$p''_{i,j,t} = \begin{cases} \underline{Z_{j,t}} + (\overline{Z_{j,t}} - \underline{Z_{j,t}}) \cdot \mathrm{Rndmut}, \mathrm{Rnd} \leqslant \mathrm{pm} \\ p_{i,j,t}, \mathrm{Rnd} > \mathrm{pm} \end{cases} \tag{4-74}$$

Rnd、Rndmut 均为 $[0, 1]$ 均匀分布的随机数；变异形成种群大小为 Popsize 的 p'' 群体。

e. 选择算子。

引入联赛法[161]：将父代群体 p、交叉群体 p'、变异群体 p'' 的 3 个 Popsize 种群汇聚为一个整体，对种群中的个体进行打分。这样三个 Popsize 种群汇聚成的一个大群体，其规模为 3×Popsize。群体中第 i 个个体的打分规则为：无重复随机抽取 num 个竞赛个体，以第 i 个个体的适应度超过竞赛个体适应度的计数作为第 i 个个体的得分 Score_i，即

$$\mathrm{Score}_i = \mathrm{Count}\{\mathrm{Fit}_i > \mathrm{Fit}_j \, | \, j \in \Omega_{\mathrm{num}}\} \tag{4-75}$$

大群体的所有个体依得分大小排序，选取排名在前 Popsize 的个体，组成一个新的群体，作为父代种群进入下一代进化。

f. 进化终止条件。

最优解维持 Snum 代不变或进化代数达到 Generation 代时算法终止，输出最优个体。

（2）遗传算法的改进方法。

遗传算法在求解水库优化调度问题时存在两个问题：随机的初始种群生成方式难以保证个体在解空间均匀分布，导致求解结果不稳定；由于水库水量平衡等条件约束，使交叉、变异操作常常导致可行解变成不可行解。因此，本研究中提出一种改进的遗传算法，针对遗传算法求解优化调度模型将破坏水量平衡、负荷约束的缺陷，设计了保障可行解的交叉、变异算子；针对遗传算法随机生成种群代表性不足的问题，引入了基于均匀设计的初始种群生成方式。两方面的改进详细说明如下。

a. 均匀设计的初始种群生成。

初始种群代表性不足的原因在于各维均匀分布的随机生成不能保证整个空间个体分布均匀。而均匀设计可以满足实验代表性的要求。均匀设计即以事先设计好的均匀表 $U_n(q^s)$ 安排实验，其中，U 表示均匀设计；n 表示实验次数；s 为因素数；q 为水平数。从全方案集中挑选具有代表性的实验方案集。

应用于水库调度时，基因（月初水位）作为实验因素，将水位取值范围离散作为因子水平，种群大小为实验次数。各均匀表共 n 行 s 列，行对应于种群个体，列对应各月水位。对于大小为 Popsize 的初始种群，首先生成均匀表 $U_{\text{popsize}}(\text{popsize}^{T+1})$，然后通过下式将表中元素转化为基因 P，即

$$P_{i,j,t} = \underline{Z_{j,t}} + \frac{\overline{Z_{j,t}} - \underline{Z_{j,t}}}{\text{Popsize}-1} \times (U_{i,t}-1) \tag{4-76}$$

式中，$t=1$，2，$\cdots$，$T+1$；年初水位 $\underline{Z_{j,1}} = \overline{Z_{j,1}} = Z_{j,s}^*$；年末水位 $\underline{Z_{j,T+1}} = \overline{Z_{j,T+1}} = Z_{j,e}^*$。

b. 操作算子的改进。

①交叉算子改进。为防止随机交叉操作将优良个体破坏，在进行交叉操作之前，增加交叉可行域判断步骤。设 i_1、i_2 个体在 pos 时刻交叉，如图 4-26 所示。具体步骤如下。

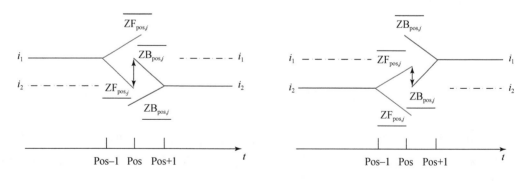

图 4-26　改进交叉操作示意图

步骤 1：如图 4-26（a），pos 时刻的水位受前后两时段约束。pos−1 时段由水量平衡、

出力上下限约束可顺推估算 pos 时刻水位的可行域 1：$\left[\underline{ZF_{pos,j}}, \overline{ZF_{pos,j}}\right]$，估算方法如下：

$$V_{pos-1,j} = Z_{V_j(p_{i_1,j,pos-1})} ; V_{pos+1,j} = Z_{V_j(p_{i_2,j,pos+1})} \tag{4-77}$$

$$\overline{VF_{pos,j}} = V_{pos-1,j} + \left[Q_{pos-1,j} - q_j(\underline{N_{pos-1,j}})\right]\Delta t \tag{4-78}$$

$$\underline{VF_{pos,j}} = V_{pos-1,j} + \left[Q_{pos-1,j} - q_j(\overline{N_{pos-1,j}})\right]\Delta t$$

$$\overline{ZF_{pos,j}} = V_{Zj}(\overline{VF_{pos,j}}) ; \underline{ZF_{pos,j}} = V_{Zj}(\underline{VF_{pos,j}}) \tag{4-79}$$

式中，$V_{t,j}$ 为 t 时刻 j 水库的库容；pos−1、pos、pos+1 为具体时刻；$q_j(\cdot)$ 为 j 水库出力—水量转化关系(单耗曲线)；$V_{Zj}(\cdot)$、$Z_{V_j(\cdot)}$ 分别为各库容曲线由库容查水位、由水位查库容。

同理，由 pos 时段水量平衡、出力上下限约束可逆推估算 pos 时刻水位的可行域 2：$\left[\underline{ZB_{pos,j}}, \overline{ZB_{pos,j}}\right]$

$$\overline{VB_{pos,j}} = V_{pos+1,j} - \left[Q_{pos,j} - q_j(\overline{N_{pos,j}})\right]\Delta t \tag{4-80}$$

$$\underline{VB_{pos,j}} = V_{pos+1,j} - \left[Q_{pos,j} - q_j(\underline{N_{pos,j}})\right]\Delta t$$

$$\overline{ZB_{pos,j}} = V_{Zj}(\overline{VB_{pos,j}}) ; \underline{ZB_{pos,j}} = V_{Zj}(\underline{VB_{pos,j}}) \tag{4-81}$$

交叉点水位同时满足前后两时段约束条件才可行，则 pos 时刻水位可行域为两域的交集，即

$$\Omega_{Z_{pos,j}} = \left[\underline{ZT_{pos,j}}, \overline{ZT_{pos,j}}\right] \cap \left[\underline{ZB_{pos,j}}, \overline{ZB_{pos,j}}\right] = \left[\max(\underline{ZT_{pos,j}}, \underline{ZB_{pos,j}}), \min(\overline{ZT_{pos,j}}, \overline{ZB_{pos,j}})\right] \tag{4-82}$$

令 $\underline{Z'_{pos,j}} = \max(\underline{ZT_{pos,j}}, \underline{ZB_{pos,j}})$，$\overline{Z'_{pos,j}} = \max(\overline{ZT_{pos,j}}, \overline{ZB_{pos,j}})$，则修正后的交叉算子为

$$p'_{k,j,t} = \begin{cases} p_{i_1,j,t}, & t < pos \\ \underline{Z'_{pos,j}} + (\overline{Z'_{pos,j}} - \underline{Z'_{pos,j}}) \cdot Rnd, & t = pos \\ p_{i_2,j,t}, & t > pos \end{cases} \tag{4-83}$$

步骤 2：类似地，图 4-26(b)，$V_{pos-1,j} = Z_{V_j(p_{i_2,j,pos-1})}$；$V_{pos+1,j} = Z_{V_j(p_{i_1,j,pos+1})}$，依据上述操作交叉生成另一个体 $p'_{k+1,t}$。

②异算子改进。在进行变异操作前，增加变异可行域判断步骤。设 i 个体在 pos 时刻变异，如图 4-27 所示。

将公式(4-77)改为 $V_{pos-1,j} = Z_{V_j(p_{i,j,pos-1})}$；$V_{pos+1,j} = Z_{V_j(p_{i,j,pos+1})}$，其余估算可行域的操作步骤跟交叉操作步骤 1 一致，修正后的变异算子为

$$p''_{i,j,t} = \begin{cases} \underline{Z'_{pos,j}} + (\overline{Z'_{pos,j}} - \underline{Z'_{pos,j}}) \cdot Rndmut, & Rnd \leqslant pm \\ p_{i,j,t}, & Rnd > pm \end{cases} \tag{4-84}$$

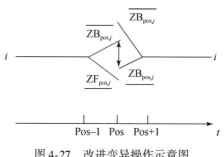

图 4-27 改进变异操作示意图

4.3.3 耦合模型及解方法的检验与应用

三峡—葛洲坝梯级水利枢纽工程是本研究的验证平台，在三峡—葛洲坝梯级中，三峡水利枢纽处于核心位置，葛洲坝是三峡的反调节水库，其调度运用受上游三峡的影响，三峡—葛洲坝梯级的位置见图 4-28，枢纽工程基本参数见表 4-18。

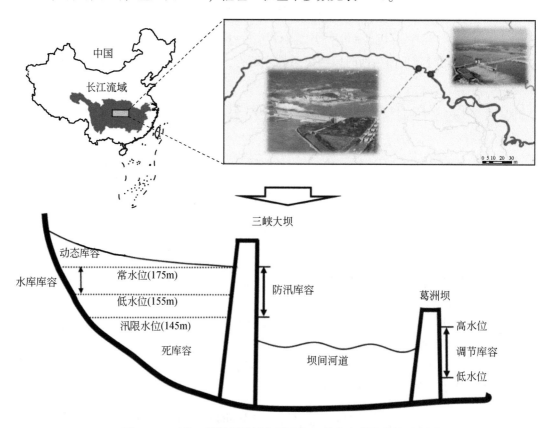

图 4-28 三峡—葛洲坝梯级位置及枢纽基本参数设定的示意图

表 4-18 三峡—葛洲坝梯级基本参数

三峡水利枢纽工程		葛洲坝水利枢纽工程	
设计洪水位/m	175	设计洪水位/m	66
校核洪水位/m	180.5	校核洪水位/m	67
正常蓄水位/m	175	正常运行水位/m	66
枯期消落水位/m	155	最低运行水位/m	63
防洪高水位/m	175	最高运行水位/m	66.5
汛限水位/m	145	汛期最低水位/m	63
调节库容/亿 m³	165	调节库容/亿 m³	0.85
防洪库容/亿 m³	221.5	防洪库容	—
装机容量/万 kW	2240	装机容量/万 kW	271.5
保证出力/万 kW	499	保证出力/万 kW	104

三峡水利枢纽工程 1994 年正式动工，2003 年水库开始蓄水，2009 年工程全部竣工。三峡大坝坝顶海拔 185m，按照千年一遇洪水设计，相应设计洪水位 175m，按照万年一遇洪水外加 10% 校核，相应校核洪水位 180.4m。正常蓄水位库容 393 亿 m³，兴利库容 165 亿 m³，防洪库容 221.5 亿 m³。水电站设计装机容量达 2240MW（不含 2 台 5 万 kW 的电源机组），为世界上装机容量最大的水电站，其中左岸电厂安装 14 台 70MW 机组，右岸电厂安装 12 台 70MW 机组，地下电厂安装 6 台 70MW 机组。

葛洲坝水利枢纽位于三峡坝址下游 38km，是三峡水利枢纽的航运反调节水库，配合三峡水库进行日调节下泄非恒定流的调节。葛洲坝水电站于 1971 年开工建设，1988 年全部竣工，是长江上第一座大型水利枢纽，也是世界上最大的径流式水电站。水库库容 15.8 亿 m³，反调节库容 8500 万 m³，具备日调节能力。水电站设计装机容量 271.5MW，其中单机容量 17MW 机组 2 台，单机容量 12.5MW 机组 19 台。

1. 改进遗传算法（IGA）的性能测试

遗传算法以适当牺牲计算精度的手段，避免动态规划高精度网格计算带来的维数灾问题，减少了计算时间。为利用 GA 高效的计算优势，本研究对遗传算法进行改进，使得改进后的算法能够更加适合长期–中期–短期调度期嵌套耦合调度模型求解。为能够直观展示算法改进后的效果，本节开展遗传算法改进前后的性能比较试验。此次试验将 WRI-IDP 算法计算结果作为比较基准。

1）试验参数设置

分别应用改进前后的遗传算法求解三峡—葛洲坝梯级水库发电优化调度问题，作为比较，以网格精度为 0.01m 的 WRI-IDP 算法求解结果为该精度条件下的全局最优解。随机生成种群以及随机算子操作时，同样对水位进行 0.01m 等精度离散。考虑到算法结果的随机性，统计 200 次独立求解的算法性能指标。本次试验分别统计算法的收敛率、平均计算时间、电能均值及标准差。各项指标分述为：①收敛：将局部收敛、全局收敛统一考虑，认为在指定进化代数内，算法终止时最优解维持了 Snum 代不变即视为收敛。②收敛率：

收敛的实验次数占总实验次数的比例。③平均计算时间、电能均值、标准差均对多次重复试验进行分项统计。

算例约束条件见表4-19，在该算例中，起调水位为174m，调度期末水位为173m。最小流量约束考虑航运、生态基流5000m³/s。改进前后的遗传算法采用相同的参数设置，采用如下参数：交叉率1、变异率0.1、竞赛个体num = Popsize、最优解不变代数Snum = 5、最大允许进化代数200代。为反映种群规模对算法性能的影响，设置4组种群规模方案：32（均匀表生成要求）、60、150、200。

表4-19　三峡水库调度的约束条件

时间	入库流量/(m³/s)	水位上限/m	水位下限/m	出力下限/万kW	出力上限/万kW
1月	4 290	175	155	499	1 820
2月	3 840	175	155	499	1 820
3月	4 370	175	155	499	1 820
4月	6 780	175	155	499	1 820
5月	12 100	175	155	499	1 820
6月	24 100	146	144.9	499	1 820
7月	25 000	146	144.9	499	1 820
8月	26 000	146	144.9	499	1 820
9月	23 500	146	144.9	499	1 820
10月	18 200	175	155	499	1 820
11月	10 000	175	155	499	1 820
12月	5 800	175	155	499	1 820

2）试验结果分析

三种算法求解发电优化调度结果见表4-20。图4-29为各算法平均条件下的最优解（最优水位过程线），图4-30为各算法平均条件下逐代可行解比例变化过程。

（1）平均条件下，改进算法的最优解距离全局最优解要比改进前的算法近，全局收敛性更好。

表4-20　不同算法求解发电优化调度结果统计表

算法名称	种群大小	收敛率/%	平均计算时间/s	平均电能/(亿kW·h)	电能标准差/(亿kW·h)
GA	32	65	8.457	970.02	3.42
	60	81	12.861	972.64	2.09
	150	98	23.354	974.88	1.55
	200	99	30.862	975.33	1.45

算法名称	种群 大小	收敛率 /%	平均计算 时间/s	平均电能 /(亿 kW·h)	电能标准差 /(亿 kW·h)
IGA	32	100	4.946	976.2	0.72
	60	100	11.013	976.25	0.63
	150	100	26.251	976.58	0.56
	200	100	38.092	976.73	0.46
WRI-IDP(Ref)			1305	977.2	

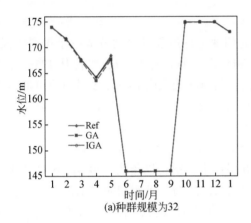 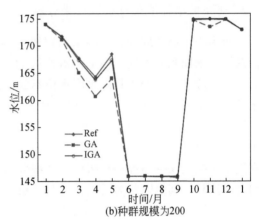

图 4-29 不同算法最优解比较图

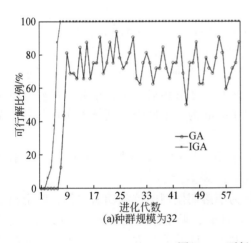 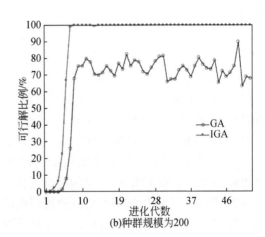

图 4-30 可行解比例变化过程图

(2) 改进前的算法可能将可行解破坏为不可行解,破坏比例最大为 21.8%。改进后算法的平均电能较高,主要由于改进操作算子的可行域检验使得个体被破坏的几率减小,算法能更稳定、高效地寻优。

(3) 改进算法收敛率高且电能标准差小,说明收敛更稳定。在种群数目少的时候两者的差异最为突出，主要原因在于均匀设计的初始种群代表性好，而随机生成的种群在解空间分布的任意性大；二者的差异随着种群大小的增加而减少。只有增大种群规模后，改进前算法的基因多样性才能有基本保证，也只有这样，改进前算法在解空间局部集中的几率才可能降低，计算精度才可以提高。

（4）改进算法的优势主要在于，以小的种群规模得到快速的高精度的收敛，当种群规模逐渐增大后，改进后的算法优势则不十分突出了。这是由于改进算法中增加了阈值估算操作，当种群规模增大后计算时间的增加反而较改进之前增加很多。

总体看来，改进后的算法与改进前相比，收敛性更好、计算精度更高。

2. 耦合模型解结果与调度效果分析

一年为一个循环周期。三峡水利枢纽一年的调度运行过程可以划分成三个重要阶段，即消落期、汛期和回蓄期。（1）消落期从11月初到次年的6月10日，水位从175m逐步消落，在一般来水年份4月末水库水位不低于枯水期消落低水位155m，5月份可以加大出力运行，逐步降低水库水位，一般情况下，5月底消落至155m，6月10日消落到145m。（2）汛期从6月11日~9月10日，水位在144.9~146.5m变动。（3）回蓄期从9月11日~10月底，从汛限水位开始起蓄，9月底不低于158m，10月底前蓄至汛末蓄水位175m。本研究进一步把三峡—葛洲坝梯级调度期细分为五层：第一层，以年为调度期，6月和9月以旬为时段长，其他以月为时段长。第二层，分别以消落期、汛期和回蓄期为调度期，消落期1~4月以月为时段长，5月1日~6月10日以旬为时段长；汛期以日为时段长；回蓄期9月11日~10月底以旬为时段长，11、12月以月为时段长。第三层，以月为调度期，旬为时段长。第四层，以旬为调度期，以日为时段长。第五层，以日为调度期，时为时段长。

在此基础上，本研究运用耦合调度模型实现了从年到日的调度计划编制，本小节以某年1月1日调度计划的编制为例，展示了调度计划从年计算到日的整个流程工作，见图4-31，对应的计算结果见表4-21~表4-27，表中显示自动生成调度计划严格满足了《水库调度规程》关于水位显著的要求，而且尽可能地减少了水电站弃水发生。考虑到水调与电调的衔接，本研究没有将日调度计划进一步细化到15min为一个间隔，其技术实现与其他调度期模型耦合相似，耦合模型详细工作流程如下。

（1）首先，求解得出年优化调度，得到消落期、汛期、蓄水期的期末水位分别是155.0m、146.5m和175.0m。年调度方案执行结果见表4-21。

（2）然后，①用年模型得到的消落期水位作为消落期模型的控制期末水位，制定消落期的消落方案。三峡水库消落期调度计划见图4-31（a），调度结果见表4-22。②用年模型得到的汛期水位作为汛期模型的控制期末水位，制定汛期的消落方案。三峡水库汛期调度计划见图4-31（b），调度结果见表4-23；③用年模型得到的蓄水期水位作为蓄水期模型的控制期末水位，制定蓄水期的消落方案。三峡水库蓄水期计划见图4-31（c），调度结果见表4-24。

（3）以消落期1月为例，以（2）中①计算的1月底水位作为月模型的控制期末水位，得到1月调度方案。三峡水库1月调度方案见图4-31（d），调度结果见表4-25。

（4）以消落期 1 月为例，以（3）中计算的 1 月上旬末水位作为旬模型的控制期末水位，得到 1 月上旬调度方案。三峡水库 1 月上旬调度方案见图 4-31（e），调度结果见表 4-26。

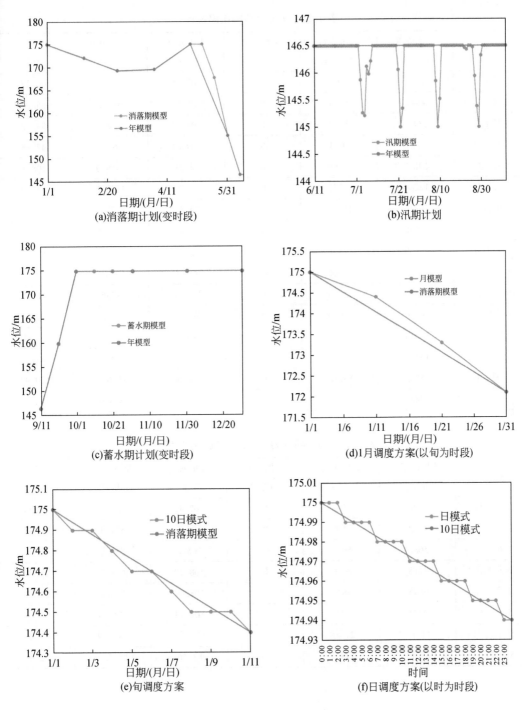

图 4-31 耦合模型自动生成年到日全套调度方案

（5）以消落期 1 月为例，以（4）中计算的 1 月 1 日末水位作为日模型的控制期末水位，得到 1 月 1 日逐时的调度方案。三峡水库 1 月 1 日调度方案见图 4-31（f），调度结果见表 4-27。

表 4-21　年方案执行结果统计

时间	入库流量 /（m³/s）	发电流量 /（m³/s）	弃水流量 /（m³/s）	发电水头 /m	平均出力 /万 kW	发电量 /亿度
1 月 1 日	4502	5600	0	107.45	541	40.25
2 月 1 日	4542	5603	0	105.65	532.2	35.77
3 月 1 日	5682	5600	0	105.18	529.9	39.42
4 月 1 日	8715	6674	0	109.04	655	47.16
5 月 1 日	10137	16299	0	98.01	1459.7	108.6
6 月 1 日	12240	17918	0	83.56	1353.6	32.49
6 月 11 日	16210	16210	0	79.52	1123.8	26.97
6 月 21 日	17040	17040	0	79.42	1178.9	28.29
7 月 1 日	22539	22539	0	78.68	1536.3	114.3
8 月 1 日	27787	25906	1881	77.91	1740.6	129.5
9 月 1 日	28830	25906	2924	77.75	1736	41.67
9 月 11 日	26670	17059	0	86.17	1345.7	32.3
9 月 21 日	24010	8840	0	101.2	813.1	19.51
10 月 1 日	15355	15355	0	108.13	1495.6	111.27
11 月 1 日	15825	15825	0	108.06	1540.5	110.92
12 月 1 日	5866	5866	0	108.9	574.9	42.78

表 4-22　消落期计划（变时段）执行结果统计

时间	入库流量/ （m³/s）	发电流量/ （m³/s）	弃水流量/ （m³/s）	发电水头 /m	平均出力 /万 kW	发电量 /亿度
1 月 1 日	4502	5601	0	107.45	541	40.25
1 月 11 日	4542	5600	0	105.5	531.3	36.98
2 月 1 日	5682	5601	0	105.2	530.1	39.44
3 月 1 日	8715	6640	0	108.99	651.5	46.91
4 月 1 日	9845	9845	0	108.64	962.9	23.11
5 月 1 日	9024	17157	0	104.24	1610.4	38.65
5 月 11 日	11415	21388	0	93.69	1819.9	48.05
5 月 21 日	12240	17918	—	83.56	1353.6	32.49

表 4-23　汛期计划执行结果统计

时间	水位/m	时间	水位/m	时间	水位/m
6 月 11 日	146.5	7 月 12 日	146.5	8 月 12 日	146.5
6 月 12 日	146.5	7 月 13 日	146.5	8 月 13 日	146.5
6 月 13 日	146.5	7 月 14 日	146.5	8 月 14 日	146.5
6 月 14 日	146.5	7 月 15 日	146.5	8 月 15 日	146.5
6 月 15 日	146.5	7 月 16 日	146.5	8 月 16 日	146.5
6 月 16 日	146.5	7 月 17 日	146.5	8 月 17 日	146.5
6 月 17 日	146.5	7 月 18 日	146.5	8 月 18 日	146.5
6 月 18 日	146.5	7 月 19 日	146.5	8 月 19 日	146.5
6 月 19 日	146.5	7 月 20 日	146.5	8 月 20 日	146.5
6 月 20 日	146.5	7 月 21 日	146.06	8 月 21 日	146.5
6 月 21 日	146.5	7 月 22 日	145	8 月 22 日	146.46
6 月 22 日	146.5	7 月 23 日	145.34	8 月 23 日	146.43
6 月 23 日	146.5	7 月 24 日	146.5	8 月 24 日	146.5
6 月 24 日	146.5	7 月 25 日	146.5	8 月 25 日	146.5
6 月 25 日	146.5	7 月 26 日	146.5	8 月 26 日	146.47
6 月 26 日	146.5	7 月 27 日	146.5	8 月 27 日	145.94
6 月 27 日	146.5	7 月 28 日	146.5	8 月 28 日	145.38
6 月 28 日	146.5	7 月 29 日	146.5	8 月 29 日	145
6 月 29 日	146.5	7 月 30 日	146.5	8 月 30 日	146.32
6 月 30 日	146.5	7 月 31 日	146.5	8 月 31 日	146.5
7 月 1 日	146.5	8 月 1 日	146.5	9 月 1 日	146.5
7 月 2 日	146.5	8 月 2 日	146.5	9 月 2 日	146.5
7 月 3 日	145.87	8 月 3 日	146.5	9 月 3 日	146.5
7 月 4 日	145.26	8 月 4 日	146.5	9 月 4 日	146.5
7 月 5 日	145.21	8 月 5 日	146.5	9 月 5 日	146.5
7 月 6 日	146.12	8 月 6 日	146.5	9 月 6 日	146.5
7 月 7 日	145.98	8 月 7 日	146.5	9 月 7 日	146.5
7 月 8 日	146.22	8 月 8 日	145.85	9 月 8 日	146.5
7 月 9 日	146.5	8 月 9 日	145	9 月 9 日	146.5
7 月 10 日	146.5	8 月 10 日	145.52	9 月 10 日	146.5
7 月 11 日	146.5	8 月 11 日	146.5	9 月 11 日	146.5

表 4-24 蓄水期计划(变时段)执行结果统计

时间	入库流量/ (m³/s)	发电流量/ (m³/s)	弃水流量/ (m³/s)	发电水头/m	平均出力 /万 kW	发电量 /亿度
9 月 11 日	26670	17059	2924	86.17	1345.7	32.3
9 月 21 日	24010	8840	0	101.2	813.1	19.51
10 月 1 日	18370	18370	0	107.76	1781.5	42.76
10 月 11 日	13670	13670	0	108.29	1333.2	32
10 月 21 日	14145	14145	0	108.25	1379.1	36.41
11 月 1 日	15825	15825	0	108.06	1540.5	110.92
12 月 1 日	5866	5866	0	108.9	574.9	42.78

表 4-25 1 月调度方案(以旬为时段)执行结果统计

时间	入库流量/ (m³/s)	发电流量/ (m³/s)	弃水流量/ (m³/s)	发电水头 /m	平均出力/ 万 kW	发电量 /亿度
1 月 1 日	4863	5603	0	108.61	547.8	13.15
1 月 11 日	4411	5601	0	108.19	545.8	13.1
1 月 21 日	4256	5650	0	107.49	545.9	14.41

表 4-26 旬调度方案(以日为时段)执行结果统计

时间	入库流量/ (m³/s)	发电流量/ (m³/s)	弃水流量/ (m³/s)	发电水头/m	平均出力 /万 kW	发电量 /亿度
1 月 1 日	4810	5514	0	108.9	540.5	1.3
1 月 2 日	4730	5552	0	108.97	544.5	1.31
1 月 3 日	4580	5519	0	108.93	541.1	1.3
1 月 4 日	4740	5562	0	108.98	545.5	1.31
1 月 5 日	4730	5552	0	108.93	544.3	1.31
1 月 6 日	4670	5609	0	108.89	549.7	1.32
1 月 7 日	4910	5614	0	108.71	549.5	1.32
1 月 8 日	5190	5542	0	108.55	541.7	1.3
1 月 9 日	5230	5582	0	108.58	545.7	1.31
1 月 10 日	5040	5627	0	108.5	549.7	1.32

表 4-27 日调度方案(以时为时段)执行结果统计

时间	入库流量/ (m³/s)	发电流量/ (m³/s)	弃水流量/ (m³/s)	发电水头/m	平均出力 /万 kW	发电量 /亿度
0:00	4810	5515	0	111.83	551	551
1:00	4810	5515	0	111.83	551	551

时间	入库流量/ (m^3/s)	发电流量/ (m^3/s)	弃水流量/ (m^3/s)	发电水头/m	平均出力 /万 kW	发电量 /亿度
2：00	4810	5515	0	111.82	551	551
3：00	4810	5511	0	111.82	550.6	551
4：00	4810	5515	0	111.82	551	551
5：00	4810	5515	0	111.82	551	551
6：00	4810	5514	0	111.81	550.9	551
7：00	4810	5515	0	111.81	551	551
8：00	4810	5511	0	111.81	550.5	551
9：00	4810	5515	0	111.81	550.9	551
10：00	4810	5515	0	111.8	550.9	551
11：00	4810	5515	0	111.8	550.9	551
12：00	4810	5515	0	111.8	550.9	551
13：00	4810	5515	0	111.8	550.9	551
14：00	4810	5515	0	111.79	550.9	551
15：00	4810	5511	0	111.79	550.5	550
16：00	4810	5515	0	111.79	550.9	551
17：00	4810	5515	0	111.79	550.9	551
18：00	4810	5514	0	111.78	550.8	551
19：00	4810	5515	0	111.78	550.9	551
20：00	4810	5511	0	111.78	550.4	550
21：00	4810	5515	0	111.78	550.8	551
22：00	4810	5515	0	111.77	550.8	551
23：00	4810	5515	0	111.77	550.8	551

总结来说，本研究提出的多时间尺度模型的嵌套耦合模式，能够自动生成长期–中期–短期套接的 5 层优化调度模型，特别是，该技术能支持编制最小时间间隔为一刻钟（15min）的调度计划，满足了该梯级水电站实时调度要求（<1h）。此外，本研究针对该耦合模型特点，研发出实用、高效的求解算法，包括 WRI-IDP 和改进遗传算法，解决了 DP、GA 等在用算法关于效率与精度的一些问题。

4.4 多源数据融合的梯调系统功能设计

本研究按照梯级调度通信工作流程，创新提出"气流—水流—电流"的增值描述模式，运用数据融合信息组（DFIG）理论融合预报调度等多源数据，将前文所述理论模型应用于多维安全调度系统平台设计，实践表明，该项科研工作不仅能够消除不同主题数据、不同来源数据之间的壁垒，而且通过专业模型提供满足日常调度的优化方案，从而确保了梯级水利枢纽多维安全调度实现。

4.4.1 梯级水利枢纽调度通信的多源数据

梯级水利枢纽调度通信所需数据来源于气象业务系统、梯级水库调度自动化系统、梯级水电站计算机监控系统等多个系统数据集，这些数据有以下四个特征：历史数据与实时数据并存、静态和动态数据并存、结构化和非结构化数据并存、观测数据与统计分析数据并存，因此需要根据应用主题以及数据来源进行分类。本研究按照梯级调度综合效益实现流程，提出利用"气流—水流—电流"的增值模式进行描述，由此分为气象数据、水文数据、电力数据三大主题数据，具体见图4-32。

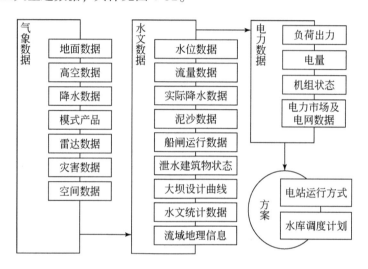

图 4-32　梯级水利枢纽调度通信的多源数据

1. 气象数据

包括：①地面数据(如气压、湿度、风速、风向、降水、气温等)、高空数据(如标准等压面、特性层、位势高度等)；②卫星数据(如红外云图、可见光云图等)、雷达数据(如降水回波等)、模式产品(如数值预报模式)、灾害资料(如历史暴雨资料)以及参与以上数据分析、展示的地形、流域边界等空间数据。以上数据通过气象业务系统进行收集管理分析及存储。此外，气象预报可以增长洪水预见期、提高预报精度，进而影响水库运行策略、发电计划编制和电站调峰，影响蓄水进程控制等。因此，金沙江-三峡梯级水库调度还需要准确的长江上游流域地区暴雨落区预报、连续暴雨的演变过程预报、中期降雨过程预报、长期降雨趋势预测以及特殊时段的降雨趋势预报。

2. 水文数据

包括：①实地调查、观测及计算研究所得与水文有关的各项资料。例如降水量、水位、流量、输沙量等，以及从这些资料通过统计在一定时期内的最大值、最小值、平均值、总量、过程线和等值线等衍生数据。②用于梯级水库调度的水文数据应包括流域内河道水文站流量、水位和流域内降雨量。③流域内控制性水库的出入库流量、蓄水量、河道重要断面的含沙量。④水库与流量水位计算有关的设计曲线(如库容曲线、NHQ 曲线、闸门泄流曲线、水位流量关系曲线等)。⑤通过分析预测水库上下游水位差以及流量、水量,结合水库以及电站的设计曲线,利用相关模型,结合流域水资源空间数据(如数字高程模型、地表分类数据、流域边界等)分析计算未来水库电站的电力负荷、运行方式等计划产品。

以上数据通过水情遥测及共享系统、通用业务系统、泥沙分析系统进行管理分析及存储。

3. 电力数据

包括:负荷出力、电量、机组状态、电力市场及电网外送能力等数据。电力数据参与水库调度中出入库流量计算,同时也作为梯级水库调度中重要的约束条件。以上数据通过梯级电力调度计算机监控系统与水库调度自动化系统进行数据传输。

上述气象、水文、电力主题数据,在其各自系统内部已有数据融合产品,如气象格点雨量和水文模型中的下垫面遥感数据等,但这些数据的融合不能满足系统应对复杂约束条件下的决策,必须通过融合体系设计,将气象、水文、电力三大主题数据集成。

4.4.2 多源数据融合思路与实现路径设计

多源数据融合的目的是将获得的多种数据进行关联及识别,以增加置信度,提高体系的可靠性。多源数据融合首要的目标是将来自多个业务系统的相关数据库的有关信息进行关联、整合、分析以获得更加全面、可靠的数据信息[162]。由于数据来自多个系统,会产生许多问题,如数据缺失、数据空间尺度和时间尺度不一致、数据异变、重复数据的取舍等造成的系统不确定性,对预报调度决策有决定性影响。为此,本研究开展了在用系统集成和多种模型融合两项工作,通过对多源数据体系的整体设计,来满足数据级、特征级和决策级的应用。

1. 多种类数据系统的集成设计

梯级水利枢纽调度通信系统作为包含气象、水文、电力等数据的综合系统,其原始数据在物理和逻辑结构上位于不同的安全区;在应用标准中需要满足气象、水利及电力等多个行业要求;在数据访问上需要调用不同的数据库接口;在数据互操作上,涉及多种文件格式的栅格和矢量空间数据。为此本研究提出如下集成方法。

(1)分区数据汇集:按照《电力监控系统安全防护总体方案》的要求,气象业务系统、决策支持系统等关联系统位于信息管理大区,梯级电力调度计算机监控系统位于生产控制大区中的控制区。以上系统通过纵向隔离装置进行数据交换,并将所有数据同步至位于信息管理大区的通用业务系统中,实现跨系统分区数据汇集(图 4-33)。

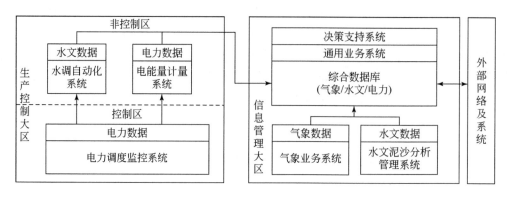

图 4-33 多源数据集成结构图

（2）统一跨行业标准：针对气象、水利、电力不同行业下的数据采用多种方式进行融合，对数据时标、元数据进行统一描述，通过以调度业务为核心的主数据管理平台，将数据放在统一标准、统一描述下进行处理，消除不同行业定义数据中的差异[10]。为此，编制《水资源软件系统开发规范》、《梯级水电站水库调度计算及运行指标统计规范》、《梯级调度自动化系统总体技术要求》等企业标准。

（3）数据访问互操作：气象及水文数据中涉及大量不同格式的空间数据，如格点雨量、流域边界、地表地形等，由于这些数据生产软件以及空间坐标系的差异，需要进行统一数据转换，必须依靠主流的空间数据处理软件开展工作。

2. 基于信息组理论的融合模型

多源数据融合模型有很多种，其中数据融合信息组（DFIG）可以有效描述复杂的工业过程［图 4-34（a）］，因而被本研究采用，在该技术框架下，本研究创建了符合实际的情况的融合模型［图 4-34（b）］，根据梯级水库调度应用的实际要求，数据融合主要采用以下 2 种路径：① 同类数据的数据融合。部分数据由于来源不同，范围密度不同，在传统系统应用中，不同的业务模型分别调用各自系统的相同类型的数据，产生相应的模型计算结果，部分结果因不同源的数据，会产生部分歧义。在多源数据融合的系统中，同类数据通过数据同化技术，实现数据范围密度一致，确保业务模型中输入数据的一致性。例如，气象雨量与遥测雨量的融合。②不同数据通过模型生成指导决策的知识表示。例如，水文预报系统利用雨量、流量、下垫面等信息的分析，实现水库断面洪水预报过程。

各级功能定义如下：L0（数据评估），在数据关联的基础上评估各类系统能否从流域及电站获取可靠数据；L1（水情及电站状态监测），在数据评估的基础上，估计和预测流域水雨情及电站工况；L2（预报及调度计划编制），流域水雨情对电站的影响，电站调度对流量出入库的影响；L3（方案适应性评估），预报及调度计划是否满足未来可能发生的情况；L4（实时调度优化），自适应地获取和处理数据，以支持调度目标实现；L5（信息发布及共享），针对不同用户，如决策层，外部机构，如航运、电网等部门的多样决策要求，发布和共享预报和调度结果；L6（调度目标执行管理），自适应地对水库水位进行控制，以便在受到各种外界因素约束的情况下支持上级调度机构的决策和行动。

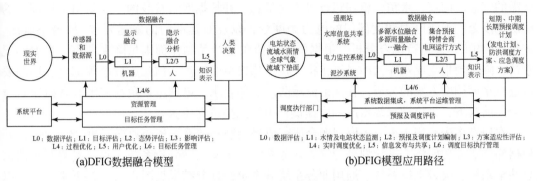

(a)DFIG数据融合模型　　　　　　　　　　(b)DFIG模型应用路径

图 4-34　基于信息组理论的融合模型

在以上模型的实现过程中需要对数据融合进行分类。由于多源数据融合的实现位于不同的抽象层次,可分为数据级融合、特征级融合和决策级融合(图 4-35)。

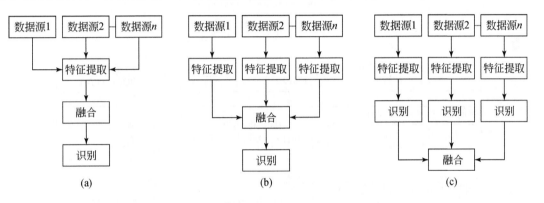

图 4-35　三种融合模型路径图(a. 数据级 b. 特征级 c. 决策级)

在以上特征提取、融合、识别的过程中需要依靠数据挖掘相关方法[12],利用综合平均、卡尔曼滤波、贝叶斯估计、神经网络等对来源不同的数据进行去重、补缺、校正,消除数据的歧义。实现多源数据融合,为调度执行部门提供决策支持。

通过采用多源数据融合的系统与传统系统有以下主要区别:①同类型数据,最终形成标准数据,作为不同业务系统模型的共同输入;②传统的气流—水流—电流(降雨产生水流,水流产生电力)的信息传递,已不适应电力市场环境下水库调度,如受电区域严寒或炎热会直接要求梯级电站增加发电负荷,从而影响水流,形成了气流—电流—水流的非传统信息传递,因此,必须将来源不同的主题数据按标准结构进行存储,打通不同主题数据中的技术壁垒,实现专业系统对跨主题数据的无缝访问,有利于大数据时代下的数据处理和分析。

4.4.3　梯级水利枢纽调度通信系统的功能设计

梯级调度通信(简称梯调)系统是一个综合业务系统,它能及时、准确地采集梯级调度所需的气象、雨情、水情、枢纽运行等实时信息，并根据实时接收的上级防汛指挥部门的防洪调度令、上级电力调度部门的电力调度令，以及航运部门的航运要求(如最小航深、流量)等约束信息进行综合分析，根据气象数值预报产品制作面雨量降水预报，根据实况水情、降水预报完成水库入库径流预报，按照梯级枢纽防洪、航运、发电等综合利用的要求进行水库调度方案的分析，在保证流域防洪总体要求、电网电力负荷需求和各枢纽自身安全的前提下，为流域梯级水库调度提供长中短期决策支持。

本研究率先运用4.3节多模型融合研究成果绘制梯调系统核心数据流图(图4-36)，并根据梯调业务功能将大系统划分为气象业务系统、水文泥沙分析系统、水情遥测及水情信息共享系统、决策支持系统、通用业务系统等系统，划分结果见图4-37。接下来，主要以金沙江下游—三峡梯级的调度通信平台系统为例(图4-38)，介绍各子系统功能及其业务应用。

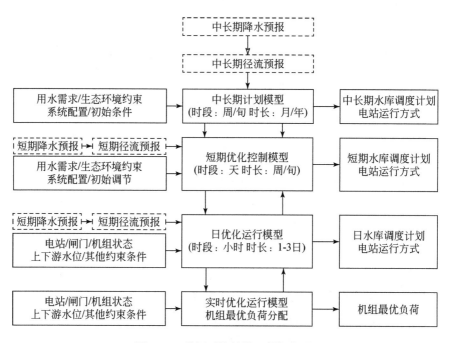

图 4-36　梯调系统的核心数据流图

气象业务系统：该系统接收气象数据信息文件总数达55万多份/d，气象观测站区域涉及国内全境、欧亚、北半球(地面站约6500多个，高空站约500多个站，为世界气象组织规定的发报站)。同时，通过长江流域水雨情监测系统，实时接收长江流域703个国家级自动气象站、12000多个区域级加密自动气象站的降水资料。该系统是以数值天气预报及其延伸产品为基础，综合利用各种气象信息和客观预报方法的天气预报业务系统，是国家气象数据在三峡梯级水库调度中的重要应用。

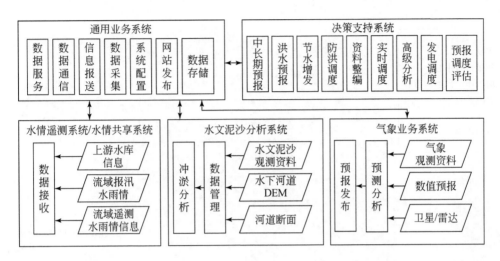

图 4-37　梯调系统结构关系图

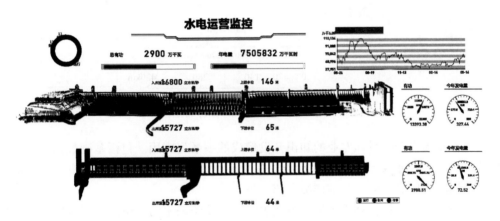

图 4-38　新型梯调系统日常监视软件界面设计成果

水情遥测及水情共享系统：金沙江下游—三峡梯级水库调度自动化系统自建遥测站 617 个（图 4-39），分布在云南、四川、贵州、重庆、湖北五个省市，覆盖流域面积约 54.5 万 km²。集成国际最先进的遥测设备，可在 10min 内收齐全部遥测数据，代表了该领域的国际先进水平。同时，通过报汛委托和信息共享，实时接收 346 个报汛站信息，覆盖范围上至金沙江石鼓站，下至长江中游汉口站的广大流域。2014 年以来建成长江上游流域水库信息共享系统，通过共享系统收集上游水库水雨情、水库运行、预报及调度计划、调度决策等信息。实现上游流域包括金沙江、乌江、嘉陵江、雅砻江等 21 个主要控制性大型水库基本参数信息、运行信息的共享。系统为金沙江下游—三峡梯级水库调度、水情预报提供实时、准确的水情信息，满足了金沙江下游梯级白鹤滩水电站、乌东德水电站筹建期水情服务的需要。

决策支持系统：水库调度决策支持系统是梯级水库调度自动化系统的重要组成部分，是在全面分析水库调度目标和日常业务需求的基础上，应用水文、最优化理论、数据挖

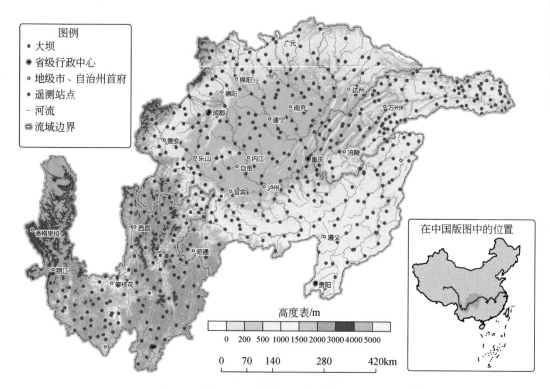

图 4-39　水情遥测站点分布图

掘、人工智能等多个学科和专业的知识开发形成的一系列应用。包括基础数据管理、短期流量预报、中长期水文预报、防洪调度、发电调度、实时调度、资料整编、节水增发计算、预报调度评估等功能，分别详细介绍如下。

（1）短期流量预报：利用水情遥测及水情共享系统采集的水位流量雨量数据，运用合适的产汇流模型和河道演进模型，对水库重要断面预见期内的入库来水进行预报计算，为防洪、发电调度提供依据。预见期为 72h，特殊情况可达 108h。

（2）中长期水文预报：利用前期水文气象资料，利用成因分析、数理统计等方法，对重要断面未来较长时期的水文情势进行定量的预测，为中长期发电计划制作提供依据，预见期通常包括次年、次月、次旬及未来 12 个月、3 个月、1 周。

（3）发电调度：在确定性来水的前提下，根据水库调度规程，制定在给定调度期内的水库优化运行的调度计划和运行方式。研究如何对来水进行合理蓄放，包括中长期发电调度、短期发电调度、模拟仿真等。

（4）实时调度：在给定实时出力计划和实时入库流量预报的前提下，对梯级水库运行趋势进行预测，具有在线运行、模拟仿真、决策干预、滚动计算等功能。

（5）防洪调度：在设定入库洪水过程后，根据水库防洪调度规则，计算制定梯级水库泄流过程，发挥水库最大综合效益。

（6）资料整编：对历史水位、流量、降雨、输沙量等时间序列数据进行分析整理，对场次洪水进行摘录、统计，为模型参数率定等应用提供便利。

（7）节水增发计算：以水能利用提高率为主要指标，进行考核计算，结果比较分析，实现科学、客观、定量地评价水库调度工作。

（8）预报调度评估：金沙江下游—三峡水库调度系统已运行多年，积累了大量数据，这些数据既有通过水情遥测及水情共享系统采集的原始数据，也有通过决策支持系统的各种模型计算而来的分析数据。利用原始数据和分析数据开展预报调度评估是修正、完善决策支持系统计算模型，发掘梯级水库调度潜能的关键。预报调度评估包括：①水文预报成果评估，即在分析不同预报软件评估结果的基础上，建立实时预报修正方法，提出预报软件改进方法，提高模型预报精度。②梯级水库群调度运行评估主要包括评估已制作的长、中、短期方案，给出评估结果及意见；评估集合调度方案集，按照指定目标集给出推荐的方案次序；利用评估结果修正、完善优化调度模型。③资源评估，即以水库调度规程、最优调度方式等为评估基础，制定评估标准，对梯级水库调度运行综合效益进行分析；评估防洪、发电等综合效益中作为执行机构所产生的效益；评估流域环境变化、调度规则改变、综合利用需求变化对调度运行的影响；评估金沙江下游—三峡的各水电站对发电的相对贡献率。

水文泥沙分析系统：水库泥沙问题是水电站工程规划、设计、施工、运行过程中的技术难题之一，关系到水利枢纽综合效益的发挥和使用寿命。该系统管理金沙江下游—长江中游部分河段水文泥沙观测资料、水下 DEM、河道断面等资料。水文泥沙分析系统对三峡和金沙江下游水利工程相关的水文泥沙观测数据进行科学分析和分类管理。系统准确采集、处理、分析库区、坝间及坝下游部分河段的河道变化信息和水文泥沙信息，展示和预测流域上游来沙量及其变化情况，为研究水库枢纽的泥沙运动变化规律和坝址下游河道变化规律提供依据，为流域梯级水库进行水沙联合调度，进而为延长水库使用寿命、充分发挥水库综合效益提供科学依据和技术支持。

通用业务系统：该系统是气象业务系统、水文泥沙分析系统、水情遥测及水情信息共享系统、决策支持系统的支撑系统，数据服务、数据存储、网站发布、信息报送、系统配置等功能都在该系统中进行集成，是面向用户与系统、实现功能交互的基础平台。通用业务系统极为重要，为此建立跨越宜昌、成都两地，具有双机热备的私有云，部分重要数据同步至武汉总部数据中心，实现武汉、宜昌、成都、昆明、北京均可通过内部网络访问。

4.4.4 实时调控技术应用与调度效果提升

金沙江下游—三峡梯级水库的调度通过多源数据融合和多专业模型耦合，为梯级水利枢纽智慧化运行提供了科技支撑。本节前述系统平台是梯级调度通信的中枢，负责采集长江上游水雨情信息，根据防洪、发电、航运等目标，优化调整枢纽运行，最大发挥梯级枢纽综合效益，特别地，它集成了多模型耦合的水库电站群实时调度技术，通过短期、中期、长期模型，对不同系类的方案进行滚动计算，在增加水头、增发电量的同时，最大程度满足地全年不同时期的防洪、航运等需求。此外，它还在长江流域防洪中发挥了重要作用，2020 年、2021 年长江流域洪水防御中，会商专家利用系统确定水库调度计划及水电站运行方式，发挥了三峡水库拦洪错峰的作用，若没有水库调度多源数据融合的应用，三峡水库是无法高效地实现防洪目标的。此外，新技术应用还取得其他显著经济社会效益，包括但不限于：①通过准确预报水电站上游水位、融合长江上游流域水雨情数据信息，向电网公司提供准确、及时的梯级电站出力计划，提升了梯级发电收益。②通过实时调度技术精准控制水库水位，在汛期预计来水偏枯的情况下，安排水电站水库水位贴近允许的上限运行，结合汛末洪水过程，积极抬高水电站水库水位，争取到了电站经济效益最大化。③优化调度洪水，通过提前腾空部分库容和拦洪水尾巴等方法，争取多发电。④在非弃水期，机组出力运行区域对水轮机效率影响明显，在此期间，合理安排机组，提高发电效率；⑤葛洲坝水电站水库水位对三峡尾水位有一定顶托作用，实时调度技术能够及时合理动态调整水库水位，从而既保证了航运安全，也考虑了梯级电站发电最大化。

4.5 本章小结

本章介绍了天然河流上水库电站群的多维安全调度理论技术创建的细节和技巧，包括揭示了水轮机组轴系振动机理，创建了水电站经济运行下的机组避振调度模型、梯级反调节水电站水位预测模型和多模型耦合的水库电站群调度方法等，在此基础上，探索了新一代梯级水利枢纽调度系统的技术实现路径，创新发展了天然河流水利枢纽群实时调度理论及多维安全调度技术。详细如下。

(1) 研究揭示了水利枢纽运行阶段的风险主要源自流域水文与电网源荷的不确定性及其在时空上的错配，认为减小风险的关键则在于水调与电调的过程适配。

(2) 创建了梯级水库多尺度模型耦合机制，特别是提出了多模型集成的技术框架，将不同时间尺度的径流预报模型和发电调度模型通过输入和输出相联系，下层模型调度期内的输出作为上层模型当前面临时段的输入，从而确保了模型系统各组件的输入与输出衔接一致、信息状态同步更新，并且使得梯级水库长期、中期和短期调度决策过程有序、连贯，大大降低了中长期计划更新不及时、电调和水调缺乏衔接导致的偏离、冲突等风险。

(3) 针对现用方法水位预测误差较大的情况，提出了利用 BP 神经网络算法预测梯级反调节水电站下游水位的方法，建立了基于监控数据的 BP 神经网络预测模型，在进行时段为 1h 的水电站下游水位连续预测过程中，较现用方法计算结果更稳定，精度更高，累积误差也就更小。

(4) 针对 BP 模型在处理大时间序列数据效率下降，精度降低等不足，创造性地运用 LSTM 预测梯级下游电站的水位，创建了基于 LSTM 的梯级反调节电站水位预测模型，实现了葛洲坝连续 6h 的下游水位准确预测，以及连续 3h 的上游水位准确预测。

(5) 揭示了水轮机轴系振动机理，发明了水轮发电机组避振运行技术，通过有功功率在梯级上的重新分配与动态平衡，解决了水电站带负荷运行时轴系振动增大致使机组故障、发电效率降低这一棘手难题。

(6) 提出了"气流—水流—电流"的增值描述模式，创造性地运用数据信息组（DFIG）理论融合预报调度等多源数据，通过开展系统集成与数据融合工作，设计将前文所属理论模型应用于梯级水利枢纽调度通信系统平台研发，后期的平台应用实践表明，本研究创建的理论技术成果不仅提升水利枢纽的综合效益，还促进了梯级水库电站群多维安全调度的实现。

|第5章|　水网节点工程群的闭环联动控制原理及应用

水网在常态运行时通常是多种水工建筑物组合输水，各建筑物之间衔接段的水力过程特别复杂，倘或处理不当，衔接段进、出流量不平衡有可能会危及工程自身安全[163,164]。本章分析了水网中现存的四种典型衔接方式，创建了供水-发电串联，供水-发电并联，倒虹吸进、出口闸门，调节池引、分水口闸门等闭环联动模式及自动控制算法，并拟将该技术应用于工程实践。

5.1　多类型工程联合自动控制原理

5.1.1　供水-发电并联联动运行机制

供水-发电并联联动逻辑如图 5-1(a)所示，引水闸门与水电站机组并联，一般情况下，利用小水电站的发电尾水向下游引水渠道供水，当发电厂甩负荷后，渠道流量将发生骤变，需要及时开启引水闸。控制上要求，时刻关注下游引水渠和机组的流量变化，一旦发生故障，同步开启水库上引水闸，使控制点水位波动(时变幅、日变幅)严格控制在安全范围内，尽可能避免流量发生骤变。

5.1.2　供水-发电串联联动运行机制

供水-发电串联联动逻辑如图 5-1(b)所示，水电站利用上游水库的泄水进行发电，小水电站发电尾水直接进入引水渠，当尾水量超出引水渠所需引水量(或超过渠道过流能力)时，多余水量排入河道。控制要求上游水电站机组、引水闸门启闭控制需及时满足下游引水渠道的时变用水需求(不少 & 不多)，严格避免供水不足，并尽量减少弃水。所设计的控制算法，须要能够根据下游引水干渠流量的变化，同步调整电厂的引水闸和贯流机组状态。其中，下游干渠水流监测量通常是由闸门开度和控制点水位反算出来。

5.1.3　倒虹吸进、出口闸门联动机制

倒虹吸进、出口闸门联动控制逻辑如图 5-1(c)所示。倒虹吸的运行控制比较复杂，倒虹吸进口要求水流稳定，流速分布均匀，须满足最少水深要求，在充水和运行过程中应严格避免在管道内部出现无压流，尤其是流量大、深沟大跨度的倒虹吸工程，当上游流量

突变后，下游闸门人工无法及时调整，就会发生事故，因此，需要根据水位进行进出口闸门的联动控制。

5.1.4 调节池引、分水口闸门联动机制

湖泊、洼地等形成的调节池，其容量有限，一旦下游出流流量发生变化，必须及时调整上游的引水，维持水面稳定，以满足城市水面的生态、景观要求，此外，维持调节池水位相对稳定，也有利于其他分水口的稳定取水需要，因而，需要调节池的引水闸门与多个分水口闸门的联动控制，调节池引、分水口闸门联动控制逻辑见图 5-1(d)。

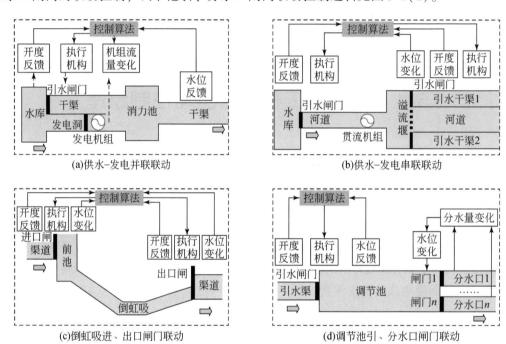

图 5-1　水网多类型工程联动运行逻辑

5.2 联动控制核心算法的创新应用

本小节所述研发的多类型工程联合自动控制技术，首次在北疆额河水网工程尝试应用，为北疆额河供水工程无人值守全自动化运行提供了科技支撑，见图 5-2(a)。北疆额河供水网络的联动控制分组见图 5-2(b)。控制算法是联合自动控制的核心，然而，我们之前在联动自动控制算法方面缺少必要的知识与经验积累，项目经过多次改进，才确定了现在在用的控制器设计。

本研究首先采用了在工业控制中使用较多的 PID 控制器。主要考虑到 PID 控制器发展较早，技术成熟，在工业控制中广泛应用，算法简单、鲁棒性好、可靠性高。然而，在实际运行过程中发现，PID 在大流量或小流量工况下，控制效果较目标实现的偏差过大，这

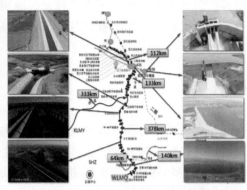

(a)多种类水工程群组成的水网　　　　　　(b)水网四个关键节点所采用的控制模式

图 5-2　我国北疆额尔齐斯河水网工程应用案例

是因为参与联动的工程结构型式复杂，调控下的水流形态多样，特别是控制点的水位－流量呈现非唯一对应关系，难以建立十分精确的数学模型。然后，项目组引入了模糊控制器（fuzzy control，FC），它是一种建立在专家经验基础上的控制器，现场实验结果显示，数学模型的不精确并没有对模糊控制器的控制性能带来大的影响，但是，模糊控制器消除系统稳态误差的性能比较差，也就是在设计流量（中流量）运行时，响应速度、控制精度等指标均明显弱于 PID 控制。

北疆额尔齐斯河水网项目最终采用并联模糊 PID 控制设计，如图 5-3 所示。并联模糊 PID 控制策略的关键节点联动闭环控制实施后，关键节点由之前的 20 人值守实现了无人值守，调节池水位最大变幅由之前"米"级降低到"分米"级，发现故障到处理，需要人工复核故障的响应时间从 15min 提高到秒级，从计算到操作再到完成控制时间从之前的 30min 缩短到秒级，保证了渠道供水水位稳定，边坡及管道结构安全。

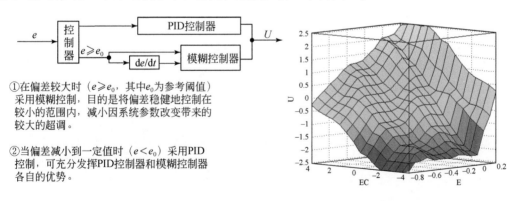

①在偏差较大时（$e \geqslant e_0$，其中e_0为参考阈值）采用模糊控制，目的是将偏差稳健地控制在较小的范围内，减小因系统参数改变带来的较大的超调。

②当偏差减小到一定值时（$e < e_0$）采用PID控制，可充分发挥PID控制器和模糊控制器各自的优势。

(a)PID-FC并联控制结构　　　　　(b)输入-输出响应曲面连续、平滑

图 5-3　PID-FC 算法设计及性能测试

隶属函数选择和模糊推理原则制定是模糊控制的两个核心，模糊推理的形式为：若 $E = A_i$ 和 $EC = B_i$，则 $U = C_i$。其中，A_i 为目标和实际偏差的模糊子集。采用何种隶属度函数

才能具有较好的灵敏度以及稳定性和鲁棒性，需要多次尝试才能得到。模糊推理是控制实施的具体规则，需要设计者把握受控河网水动力特征，若要将多类型工程联合自动控制技术应用于更多类型水网工程，上述两点将会是后续研究的核心工作。

5.3 本章小结

以往成果主要集中在同一类型工程群的联合调度与自动控制方面，针对大量、不同类型工程群的联动联调研究较少，在复杂水网节点工程群的智能控制方面研究基本上属于空白。为此，本研究创立了供水-发电并联联动，供水-发电串联联动，倒虹吸进、出口闸联动，调节池引、分水闸联动四种闭环控制模式，理论和算法在北疆额尔齐斯河水网工程应用，破解了现有模式下水网流量变化大、水工设备安全防护难、人工响应不及时等诸多难题，实现了复杂工况下水网关键节点工程群智能、快速响应。

第6章 复杂构造水网自主运行控制理论的实践研究

分散河网工程群的自动联动控制绝非现有湖(库)群调度与河(渠)运行控制技术的简单集成,而是一项非常复杂的系统工程。基于水网工程过流能力分析成果,本章主要针对不同类型水网工程(群)联调联控及环形水网水资源统一调度控制的总装集成难题,提出了复杂水网"常态—应急—常态"适应性运行新机制,建立了平原城市环形水网基于水资源统一调度的自动联动控制理论模型,从而有效支撑了城市水系联排联调智慧水务平台研发。

6.1 水网工程过流及水力特性量化分析

水网问题虽然可简化成一维问题来研究[165,166],但必须考虑在各类水网工程处的水流衔接情况。本节从能量守恒的角度出发,分析闸堰、水泵、倒虹吸、渡槽、隧道和涵洞等水工建筑的过流特点,推导出各类水网工程的过流调节能力数值分析方法。

6.1.1 闸堰过流分析及数学表达

闸下过流属于急变流,可能出现闸孔自由出流、闸孔淹没出流、堰流自由出流、堰流淹没出流等多种流态及其相互之间的转换。各种不同的流态其过流计算方法差异很大,而且闸孔出流与堰流是密切相关。在一定边界条件驱动下,需要首先进行流态判断:首先,应根据闸门开度与上、下游水位差之间的关系判定是属于闸孔出流还是属于堰流;然后,进一步判定闸孔出流是淹没出流还是自由出流,堰流是自由出流还是淹没出流。

(1)闸孔出流。

当 $h_{\text{test}} > h_d$ 时为自由出流,$Q_f = \varphi \varepsilon G_0 w \sqrt{2g(Z_u - Z_w - \varepsilon G_0)}$ (6-1)

当 $h_{\text{test}} \leqslant h_d$ 时为淹没出流,$Q_s = \mu G_0 w \sqrt{2g(Z_u - Z_d)}$ (6-2)

式中,Q_f 和 Q_s 分别为自由出流和淹没出流过闸流量;φ 为自由出流流量系数(0.85~0.95);ε 为闸门收缩系数;w 为闸门宽度;Z_u 和 Z_d 分别为上、下游水位,Z_w 为闸门底坎高程;μ 为淹没出流流量系数(0.65~0.70);h_d 是闸门下游侧水深;h_{test} 定义如下

$$h_{\text{test}} = \frac{\varepsilon G_0}{2} \left[\sqrt{1 + \frac{8 Q^2}{g w^2 (G_0 \varepsilon)^3}} - 1 \right]$$

式中,Q 为 Q_f 或 Q_s,即为自由出流或淹没出流的过闸流量。闸孔流量是上下游水位和闸门开度的函数。

a. 利用泰勒级数展开自由出流公式 $\sum Q_i = \sum Q_o$,得到双向追赶方程式(6-3)的

系数

$$\begin{cases} Q_j = \alpha_j + \beta_j Z_j + \gamma_j Z_m (j = m-1, m-2, \cdots, 1) \\ Q_j = \theta_j + \eta_j Z_j + \xi_j Z_1 (j = 2, 3, \cdots, m) \end{cases} \tag{6-3}$$

$$\alpha_1 = \varphi\varepsilon w(G_0^n + \Delta G_0^n)[2g(Z_u^n - Z_w - \varepsilon G_0^n)]^{\frac{1}{2}} - \varphi\varepsilon G_0^n(\varepsilon\Delta G_0^n + 1)[2g(Z_u^n - Z_w - \varepsilon G_0^n)]^{-\frac{1}{2}};$$

$$\beta_1 = \varphi\varepsilon G_0^n w[2g(Z_u^n - Z_d^n - \varepsilon G_0^n)]^{-\frac{1}{2}}, \xi_1 = 0;$$

$$\theta_2 = \varphi\varepsilon w(G_0^n + \Delta G_0^n)[2g(Z_u^n - Z_w - \varepsilon G_0^n)]^{\frac{1}{2}} - \varphi\varepsilon G_0^n(\varepsilon\Delta G_0^n + 1)[2g(Z_u^n - Z_w - \varepsilon G_0^n)]^{-\frac{1}{2}};$$

$$\eta_2 = 0; \gamma_2 = \varphi\varepsilon G_0^n w[2g(Z_u^n - Z_d^n - \varepsilon G_0^n)]^{-\frac{1}{2}}。$$

b. 利用泰勒级数展开淹没出流公式(6-2)，得到双向追赶方程式(6-3)的系数

$$\alpha_1 = \mu G_0^n w\sqrt{2g(Z_u^n - Z_d^n)} + \mu\Delta G_0 w\sqrt{2g(Z_u^n - Z_d^n)} - \frac{\mu G_0^n w(Z_u^n - Z_d^n)^{\frac{1}{2}}}{\sqrt{2g}};$$

$$\beta_1 = \mu G_0^n w[2g(Z_u^n - Z_d^n)]^{-\frac{1}{2}}; \xi_1 = -\mu G_0^n w[2g(Z_u^n - Z_d^n)]^{-\frac{1}{2}};$$

$$\theta_2 = \mu G_0^n w\sqrt{2g(Z_u^n - Z_d^n)} + \mu\Delta G_0 w\sqrt{2g(Z_u^n - Z_d^n)} - \frac{\mu G_0^n w(Z_u^n - Z_d^n)^{\frac{1}{2}}}{\sqrt{2g}};$$

$$\eta_2 = -\mu G_0^n w[2g(Z_u^n - Z_d^n)]^{-\frac{1}{2}}; \gamma_2 = \mu G_0^n w[2g(Z_u^n - Z_d^n)]^{-\frac{1}{2}}。$$

（2）堰流。

当$(Z_d - Z_w) \leqslant (Z_u - Z_w)^{\frac{2}{3}}$时为自由出流，$Q_f = \mu_f w\sqrt{2g}(Z_u - Z_w)^{\frac{3}{2}}$ 　　(6-4)

当$(Z_d - Z_w) > (Z_u - Z_w)^{\frac{2}{3}}$时为淹没出流，$Q_s = \mu_s w\sqrt{2g(Z_u - Z_d)}(Z_d - Z_w)$ 　　(6-5)

式中，w为堰宽；μ_f和μ_s分别为自由出流和淹没出流的流量系数，其中μ_f为0.36~0.57，μ_s的取值一般为μ_f的2.598倍；其余参数物理意义与闸孔出流相同。从堰流出流公式看出，流量是上、下游水位的函数。

a. 利用泰勒级数展开自由出流公式(6-4)，得到双向追赶方程式(6-3)的系数

$$\alpha_1 = \mu_f w_w \sqrt{2g}(Z_u^n - Z_w)^{\frac{3}{2}} - \frac{3}{2}\mu_f w_w \sqrt{2g}(Z_u^n - Z_w)^{\frac{1}{2}}Z_u^n; \quad \beta_1 = \frac{3}{2}\mu_f w_w \sqrt{2g}(Z_u^n - Z_w)^{\frac{1}{2}}; \quad \xi_1 = 0;$$

$$\theta_2 = \mu_f w_w \sqrt{2g}(Z_u^n - Z_w)^{\frac{3}{2}} - \frac{3}{2}\mu_f w_w \sqrt{2g}(Z_u^n - Z_w)^{\frac{1}{2}}Z_u^n, \quad \eta_2 = 0; \quad \gamma_2 = \frac{3}{2}\mu_f w_w \sqrt{2g}(Z_u^n - Z_w)^{\frac{1}{2}}。$$

b. 利用泰勒级数展开淹没出流公式(6-5)，得到双向追赶方程式(6-3)的系数

$$\alpha_1 = \mu_s w_w \sqrt{2g}[(Z_u^n - Z_d^n)^{\frac{1}{2}}(Z_d^n - Z_w)]$$

$$+ \mu_s w_w \sqrt{2g}\left[(Z_d^n - Z_w) \cdot \frac{1}{2}\frac{1}{\sqrt{Z_u^n - Z_d^n}}(Z_d^n - Z_u^n) + (Z_u^n - Z_d^n)^{\frac{1}{2}}(-Z_d^n)\right];$$

$$\beta_1 = \mu_s w_w \sqrt{2g}(Z_d^n - Z_w) \cdot \frac{1}{2}\frac{1}{\sqrt{Z_u^n - Z_d^n}};$$

$$\xi_1 = \mu_s w_w \sqrt{2g}\left[(Z_u^n - Z_d^n)^{\frac{1}{2}} - (Z_2^n - Z_w) \cdot \frac{1}{2}\frac{1}{\sqrt{Z_u^n - Z_d^n}}\right];$$

$$\theta_2 = \mu_s w_w \sqrt{2g}[(Z_u^n - Z_d^n)^{\frac{1}{2}}(Z_d^n - Z_w)]$$

$$+ \mu_s w_w \sqrt{2g}\left[(Z_d^n - Z_w) \cdot \frac{1}{2}\frac{1}{\sqrt{Z_u^n - Z_d^n}}(-Z_u^n + Z_d^n) + (Z_u^n - Z_d^n)^{\frac{1}{2}}(-Z_d^n)\right];$$

$$\eta_2 = \mu_s w_w \sqrt{2g} \left[(Z_u^n - Z_d^n)^{\frac{1}{2}} - (Z_2^n - Z_w) \cdot \frac{1}{2} \frac{1}{\sqrt{Z_u^n - Z_d^n}} \right];$$

$$\gamma_2 = \mu_s w_w \sqrt{2g} (Z_d^n - Z_w) \cdot \frac{1}{2} \frac{1}{\sqrt{Z_u^n - Z_d^n}}。$$

6.1.2 分、退水闸过流及数学公式

分、退水闸是位于渠道或河道上分配水量或宣泄洪水的闸门，在水网水动力模型中，通常将其作为集中旁侧出流处理。设分水闸在某个时刻的分水流量为 $Q_{集}$，且流入为正、流出为负，并忽略分(退)水闸处包含水头和流速水头在内的总水头损失，由此得到分(退)水闸所在 i 河段的河段方程，即

$$\begin{cases} Q_i = Q_{集} + Q_{i+1} \\ Z_i = Z_{i+1} \end{cases} \tag{6-6}$$

上式联立第 $i-1$ 段和第 $i+1$ 段的河段方程，得到第 i 断面的追赶方程，即

$$Q_i = \alpha_{i+1} + Q_{集} + \beta_{i+1} Z_{i+1} + \xi_{i+1} Z_N$$

则双向追赶方程式(6-3)的系数为 $\alpha_i = \alpha_{i+1} + Q_{集}$；$\beta_i = \beta_{i+1}$；$\xi_i = \xi_{i+1}$。同理，得到第 $i+1$ 断面的追赶系数为 $\theta_{i+1} = \alpha_i - Q_{集}$；$\eta_{i+1} = \beta_i$；$\gamma_{i+1} = \xi_i$。

6.1.3 泵站运行特性及流量计算

泵站若位于河道侧，采用分、退水闸过流计算公式；若位于河道内，就需分析泵的运行性能，寻找水泵流量与净扬程之间的函数关系，建立泵站河段的双向追赶方程。

泵站运行特性为：随着进水池与出水池水位差增加，水泵负荷增大，流量就会减小；反之，流量会增加。单泵运行时，流量公式可以用下式表示

$$Q_p = f(Z_{pu} - Z_{pd}) Q_{pd} \tag{6-7}$$

式中，Q_p 为水泵流量；Q_{pd} 为水泵额定流量或在设计扬程时的水泵流量；Z_{pu} 为外水位或出水池水位；Z_{pd} 为内水位或进水池水位。

泵的出流系数可采用多次函数进行拟合，即

$$f(\Delta Z_p) = f(Z_{pu} - Z_{pd}) = a \left(\frac{\Delta Z_p}{\Delta Z_{pa}} \right)^3 + b \left(\frac{\Delta Z_p}{\Delta Z_{pa}} \right)^2 + c \left(\frac{\Delta Z_p}{\Delta Z_{pa}} \right) + d$$

式中，ΔZ_p 为净扬程，$\Delta Z_p = Z_{pu} - Z_{pd}$；$\Delta Z_{pa}$ 为额定扬程或设计扬程；$f(Z_{pu} - Z_{pd})$ 是依赖于净扬程(外水位与内水位之差)的出流系数。

拟合计算之后，利用泰勒级数对上式多次函数方程展开、合并，得到 $n+1$ 时层的水泵流量 Q_p 与进出水池水位 Z_{pu} 和 Z_{pd} 之间的线性关系，与式(6-3)的型式进行对比，便获取双向追赶方程(6-3)的系数，之后，即可与水网方程耦合整体计算。

6.1.4 倒虹吸有压无压过流公式

倒虹吸在正常运行过程中需处于满流有压输水状态，故此，利用有压管道公式计算其

过水能力，公式为

$$Q=Q_u=Q_d=\mu A \sqrt{2g(Z_u-Z_d)}=K\sqrt{Z_0}=K\sqrt{(Z_u-Z_d)}$$

$$\mu=\left(1+\xi_f+\sum\xi_j\right)^{-\frac{1}{2}}=\left(1+\frac{\lambda L}{d}+\sum\xi_j\right)^{-\frac{1}{2}} \tag{6-8}$$

式中，μ 为管道流量系数；ξ_f 为沿程阻力系数；$\sum\xi_j$ 为局部阻力系数之和，由闸墩、门槽、管道进口、管身管道和管道出口几部分阻力系数组成；Q 为管道过水流量；A 为管道过水面积；Z_0 为包含行进流速水头的上下游水位差，即总水头损失；Z_u 和 Z_d 分别为上游、下游水位；λ 为单位长度阻力；d 为圆管内直径。系数 K 根据设计流量 Q_s 下的设计水头损失 Z_{0s} 求得，即

$$K=\frac{Q_s}{\sqrt{Z_{0s}}}$$

利用泰勒级数倒虹吸过流公式，并与式(6-3)进行型式比对，即可得到倒虹吸所在河段的双向追赶系数

$$\alpha_1=0;\beta_1=\mu A\sqrt{2g}(Z_u-Z_d)^{-\frac{1}{2}};\xi_1=-\mu A\sqrt{2g}(Z_u-Z_d)^{-\frac{1}{2}};$$
$$\theta_2=0;\eta_2=-\mu A\sqrt{2g}(Z_u-Z_d)^{-\frac{1}{2}};\gamma_2=\mu A\sqrt{2g}(Z_u-Z_d)^{-\frac{1}{2}}。$$

6.1.5 其他水网工程的过流计算

水网中的渡槽、隧道和涵洞等通常为多孔并联设计，进出口处分别存在水流分叉和汇合的现象，水流形态复杂，需其作为单独河段。若忽略水头损失，该段水流满足质量守恒和能量守恒方程。

河段进出口水量相等，且为各孔过水水流之和，即

$$Q_i=Q_{i+1}=\sum_{k=1}^{N}Q_k \tag{6-9}$$

河段进出口水位及各孔进出口水位相等，即

$$Z_i=Z_{i+1}=Z_i^k=Z_{i+1}^k \tag{6-10}$$

式中，Q_i 和 Q_{i+1} 分别为与交叉点 i 和 $i+1$ 连接的河段干渠的总流量；Q_k 为交叉点处第 k 个分支的流量；N 为分支渠段的总数；Z_i 和 Z_{i+1} 为交叉点处的水位；Z_i^k 和 Z_{i+1}^k 分别为第 K 个分支渠道在交叉点 i 和 $i+1$ 处的水位。

实际上，这类建筑物可以作为分（退）水闸过流计算的特例，即在分（退）水闸计算模式中的双向追赶系数中 $Q_集$ 为 0，即可得到这类建筑物过流计算的双向追赶系数为 $\alpha_i=\alpha_{i+1}$；$\beta_i=\beta_{i+1}$；$\xi_i=\xi_{i+1}$；$\theta_{i+1}=\alpha_i$；$\eta_{i+1}=\beta_i$；$\gamma_{i+1}=\xi_i$。

6.2 适合实时控制的水网通道运行方式

本节从有助于平原城市水网日常调度目标实现的角度出发，结合闸控河道自身特点，分析给出干、支流河段宜采用的运用方式及其控制结构。水网调度目标有很多，仅水网供

水调度而言，就分轮流供水、计划供水和按需供水三种主要方法，不同的供水方法对应不同的配水灵活性、用户方便性和控制系统复杂性，适用于不同类型的河、渠。本节从平原城市水网非恒定流输水过程的无人值守运行角度出发，提出适合控制实现的常态和应急调度控制方法。

6.2.1 常态工况下水网通道运行方式

在常态工况下，根据水位控制点（支枢点）位置选取的不同，水网通道运行方式主要包括四种：闸前常水位（下游常水位）、闸后常水位（上游常水位）、等容积控制和控制容量法[167]。表 6-1 为各运行方式的适用性条件。

表 6-1 各控制方式的适用性及应用条件

控制方式	适用性	应用条件					
		水平渠顶	实时上游水位信息	实时下游水位信息	弃水及供水不足	中央集中监控系统	复杂程度
上游常水位	按需供水	需要	需要	不需要	不易产生	不需要	简单
下游常水位	计划供水	不需要	不需要	需要	极易产生	不需要	较简单
等体积	计划及按需供水	需下半段渠池水平渠顶	需要	需要	不宜产生	不需要	较简单
控制蓄量法	计划及按需供水	不需要	需要	需要	不宜产生	需要	复杂

1. 闸前常水位运行方式

闸前常水位运行方式如图 6-1 所示，各河段的下游端水深保持相对稳定，流量变化时水面线绕此支枢点转动。目前大多数的河道按照该方式运行。在闸前常水位运行方式下，渠道的尺寸和超高可以达到最小，从而降低了工程建设费用。闸前常水位运行方式的缺陷也比较明显：①易造成水量损失；②下游用户可能供水不足；③运行预测较为困难。闸前常水位运行方式的这些缺点要求提高供水计划与需水计划的一致性，并增强快速协调整个渠道控制作用的能力。

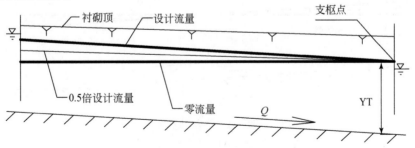

图 6-1 闸前常水位

注：Q 为流量，YT 为闸前常水位控制点。

2. 闸后常水位运行方式

闸后常水位运行方式如图6-2所示，渠池水面以渠池上游末端为轴运动，使上游端保持定水深。闸后常水位运行方式下渠岸必须是水平的以容纳零流量情况下的渠道内的水体。闸后常水位运行方式适用于需求型河道，如果用于供给型河道，不仅运行效率低下，而且水平河堤建设费用的增加很不合理。

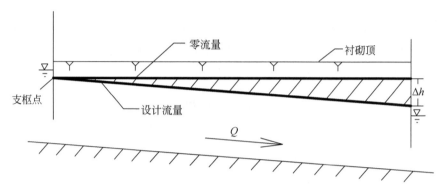

图 6-2　闸后常水位

注：Q 为流量，Δh 为闸前水位最大变幅。

3. 等容积控制运行方式

等容积控制运行方式立足于在任一时间内使每一河段都保持相对稳定的蓄水量。当流量从一种稳定状态转变到另一种稳定状态时，水面以位于河段中点附近的支枢点为轴转动，如图6-3所示。等体积控制运行能迅速改变整个河道的水流状态。等容积控制运行的一个缺点是各河段的下游需要增加衬砌高度，其衬砌增加高度为水平河堤运行方法所需要增加高度的一半。

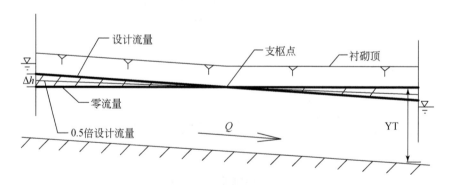

图 6-3　等容积控制

注：Q 为流量，YT 为闸前常水位控制点。

4. 控制容量法运行方式

控制容量法通过控制一个或多个河段中的蓄水量来实现河网水系工况的转变（图6-4），是现有运行方式中最为灵活的，容易适应各类运行工况。但控制蓄量法比较复杂，且是对控制系统要求较高的一种，较适合具有大断面、实时性运行要求高的长距离河道。目前，城市闸控河网的干、支流多采用闸前常水位方式运行，但在某些河段及特定运行工况下，也需要采用其他运行方式。

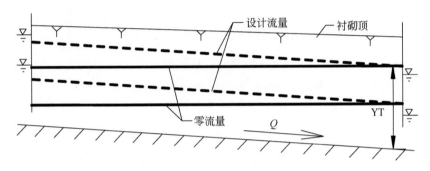

图 6-4 控制容量法

注：Q 为流量，YT 为闸前常水位控制点。

5. 通道单渠段控制架构

闸前常水位是水网最常用的运行方式[168]，本小节重点阐述采用此种运行方式的水网通道控制架构设计及实现，其他运行方式下设计思路与此类似，故不再赘述。由前文得知，与闸前常水位运行相匹配的是下游控制模式。下游控制所需信息由下游的传感器测量或依据水管人员制定的下游配水计划而定，它是将下游渠侧分水口的需求传送到上游供水源（或渠首）。以往，此模式下的控制方式主要有就地人工控制、就地自动控制和远程监测控制三种，智能程度不高。为此，创建了闸前常水位运行的自动控制模式，见图6-5，

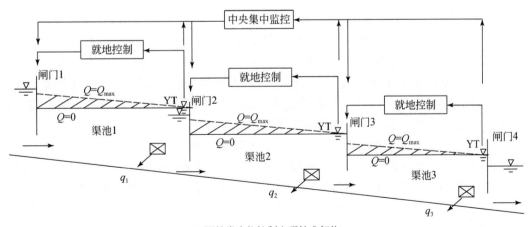

(a)闸前常水位控制实现技术架构

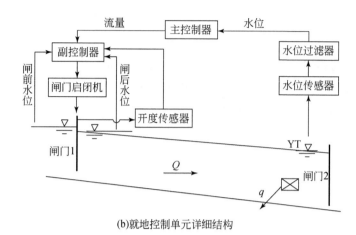

(b)就地控制单元详细结构

图 6-5　闸前常水位运行的下游全自控模式

注：Q 为流量，Q_{max} 为最大流量，YT 为闸前常水位控制点，q、q_1、q_2、q_3 为分水流量。

其中，中央集中监控的任务是"粗调"，它根据已知的分水计划，考虑渠池间的时间滞后等因素，制定出各闸门控制流量。就地控制的任务是"微调"，消除任何已知和未知扰动影响，保持闸前常水位的实现。尽管如此，单一渠段、串联输水通道的下游全自控模式仍十分简单，水网由多条通道组成，而水网的外部环境又在时刻发生变化，因此，复杂河网的运行方式更为灵活，实际调度中，经常会改变运行方式，给复杂水网自动控制系统设计带来困难，有关运行方式转换时机及其自动控制方法将在后文详细叙述。

6.2.2　水网应急调度的自动控制实现

水体污染、工程破坏等水网常态运行可能遭遇的高概率风险，风险事故发生后，需要立即采取紧急处理措施，本小节以城市水网最常见污染事故为例，探讨了此种风险的自动控制实现。

1. 应急调度控制策略

水网出现水体污染后，事故河段上游段的渠池调控策略目的在于保证上游渠池的正常分水，最终控制点水位能快速恢复至正常运行水位，以及应急调控过程中水位不至于太高甚至超过允许水位以至于发生漫溢。事实上，城市水网一般会在通道关键节点设置退水闸，防止下游闸门紧急关闭后，上游渠池水位壅高出现漫溢，然而启用退水闸会造成弃水，因而，实际调度过程中，应尽量减少使用退水闸。

本节创造性地将应急调控分为 2 个阶段：状态调整阶段和水位控制阶段，并对不同的阶段采取不同的调控策略。状态调整阶段主要通过选择合适的关闸持续时间，尽可能地降低闸前水位壅高，再通过实时蓄量反馈来指导闸门调节过程，以实现在这一阶段结束后闸前水位降低在设计水位附近。在闸前水位接近设计水位时，可以采用 PI 控制算法来进行稳态水位误差消除。

第一步：基于蓄量反馈的状态控制阶段。采用实时的蓄量反馈信息来进行闸门调整。

根据分水计划及最下游需水量可以推求目标蓄量。当实时蓄量比目标蓄量大，则上游闸门过闸流量小于渠池出流流量，直到满足实时蓄量接近于目标蓄量，并使得上游流量等于渠池出流流量。

第二步：基于水位反馈的自动化控制阶段。通过第一步闸群集中调度调节，使得渠池到达目标流量，此时，事故上游渠池水面线也接近于全渠道正常运行时的水面线，即当前状态接近于目标流量下的运行状态，满足线性化的假设，可以适用于自动化控制算法。此时，再将控制权限交给闸控系统，即可实现水位的精确控制。

2. 蓄量反馈状态控制阶段

渠池在最终稳定时，要求达到两个要求：①进出口流量平衡，满足供水需求；②控制点水位达到设计水位。设定以控制点水位为基准水位，按照目标流量推求的水面线为目标水面线，目标水面线下渠池的蓄量为目标蓄量。一方面，需要调节闸门流量使得闸门流量等于目标流量，另一方面还要保证水面线达到目标水面线。而水面线达到目标水面线可以转变为流量达到目标流量时，蓄量达到目标蓄量。而当全线的水量平衡满足时，闸门的流量达到目标流量。因此，这里以实时的蓄量和下游闸门的实时流量作为反馈值，通过实时流量以及目标蓄量和实时蓄量的差值来进行实时流量调整。基本的计算公式为

$$Q_{i-1}^t = \begin{cases} \dfrac{V_i^t - V_i^{\text{target}}}{T} + Q_i^t + d_i, & \dfrac{V_i^t - V_i^{\text{target}}}{T} + Q_i^t + d_i > 0 \\ 0, & \dfrac{V_i^t - V_i^{\text{target}}}{T} + Q_i^t + d_i < 0 \end{cases} \tag{6-11}$$

其中，实时的蓄量计算为

$$V_i^t = V_i^0 + \sum_{j=1}^{j=t-1} (Q_{i-1}^j - Q_i^j - d_i^j)\Delta t \tag{6-12}$$

式中，T 为时间常数，T 值越小，上游流量调整过程越快，T 值越大，上游流量调整过程越慢，后面计算表明 T 值的大小对整体的时间影响不大，这里取 T 值为600s；Δt 为调控的时间间隔，取值为600s；Q_i^t 为渠池 i 在 t 时刻流量。Q_{i-1}^j、Q_i^j 为渠池 i 在 j 时刻上、下游闸门的过闸流量，其中最靠近事故段的闸门的流量为按照事故段的事故处理要求设定的，为给定值，其余的按照公式(6-11)递推；d_i 为渠池内的分水流量；d_i^j 为渠池 i 在 j 时刻的分水流量；V_i^0 为应急调控开始时刻的体积，这可以通过初始流量与初始水面线计算得到；V_i^t 为 t 时刻的计算蓄量；V_i^{target} 为目标蓄量，可通过目标流量和目标水面线计算得到。

对于渠池 i 而言，假设其下游节制闸过闸流量和渠池内分水不变，按照式(6-11)计算，则渠池上游的过闸流量变化过程如图6-6所示。其中，Q_2 为按照式(6-11)计算得出来的第一步流量。按照公式(6-11)，Q_1 到 Q_2 是瞬时变化的。在正常的分水变化情况下，按照蓄量补偿算法，渠池的流量变化是瞬时的，由于流量变化较小，因此可认为闸门的操作是瞬时的，这种假设是成立。而在应急过程中，由于水量变化较大，闸门开度变幅较大，闸门的操作可以分解为多步完成。此时就可以考虑闸门关闸时间对闸前水位变化过程的影响。

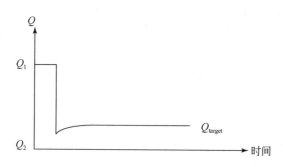

图 6-6 渠池上游闸门按照式(6-11)进行调整的过闸流量变化过程

对某一渠池而言，在上、下游同时采取关闸措施的情况下，闸前的水位壅高最为显著，在关闸过程中应该重点关注。下面给出闸门关闭导致水位壅高的计算案例，分析不同关闸时间对闸前水位的壅高影响(图 6-7)。

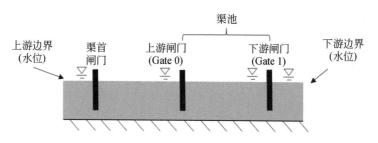

图 6-7 识别关闸时间对节制闸闸前水位影响而设定的情景

这里对一个时滞时间为 50min、初始水深为 3.1m 的渠池的上、下游关闸过程设置了不同的时间。由于上游流量对下游水位的影响滞后时间为 50min，在下游闸门关闸过程中和已经关闭不动作的情况下，上游关闸对下游水位可能不影响。因此对下游关闸时间设置了 2 个值，10min(远小于时滞时间)和 70min(大于时滞时间)，并根据下游关闸时间设置了不同的上游关闸时间。

图 6-8 为不同 Gate 0、Gate 1 关闸时间组合下 Gate 1 闸前水位变化过程。对比图 6-8(a)和图 6-8(b)中工况，可以看出延长 Gate 1 关闸时间对减小 Gate1 闸前水位壅高有利；对比图 6-8(a)或者图 6-8(b)中不同的 Gate 0 的关闸时间，可以看出延长 Gate 0 关闸时间对减小 Gate1 闸前水位壅高不利；而且在 Gate 1 的关闸时间大于时滞时间的情况下，缩短 Gate 0 关闸时间能更显著的降低 Gate 1 的闸前水位壅高。而在 Gate 1 关闸时间为 10min，小于时滞时间的情况下，缩短 Gate 0 关闸时间对 Gate 1 闸前水位壅高减小的幅度不大。但是，如果 Gate 1 闸前水位处在造成危险的边缘，通过缩短上游的关闸时间来尽可能降低下游节制闸闸前水位也是必要的。由于输水渠段的不同渠池具有不同的水力响应特性，而且工程设计上允许的壅高也不一样。因此，可以通过合理地进行关闸时间分配，来保证各渠池闸前水位壅高在合理范围以内。

由于闸门关闸时间都是其关闸间隔的倍数，因此，对关闸时间优化选择可通过穷举法来进行筛选。这里，只需建立其优化评选标准。在标准中，除了考虑水位，还需要考虑关

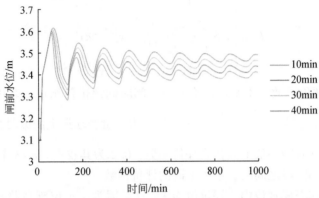

(a)下游闸门(Gate1)关闸时间为10min时上游闸门(Gate 0)不同关闸时间工况

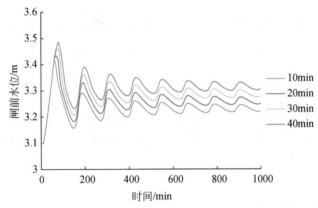

(b)下游闸门(Gate1)关闸时间为70min时上游闸门(Gate 0)不同关闸时间工况

图 6-8   上下游闸门不同关闸时间组合下下游闸门（Gate 1）闸前水位变化过程

闸时间的差异。这是因为在上游关闸时间较下游关闸时间较长的情况下，又会造成蓄量增加，延长蓄量调整的时间。

首先，是考虑水位壅高可能带来的不安全因素。渠池的设计水位（运行水位）可作为控制点水位即x_n^{stage}，在工程非正常运行过程中，允许存在一定程度的壅高，这里定义最大可允许壅高水位为警戒水位$x_n^{warning}$，即超过这个水位渠池属于较危险状态。而一旦水位继续上升，达到预警水位x_n^{Emer}，则认为水位已经很危险，继续上升可能会造成漫溢，影响到工程安全，此时需要立刻停止闸门操作，同时开启退水闸。因此，时间调控的目标在于尽可能保持水位在警戒水位和预警水位范围以内。由于不同的水位壅高带来的影响不一样，因此，当水位壅高处于不同的阶段时，赋予不同的评价值。

其次，为考虑时间差值带来的影响。在评价函数中需要考虑关闸时间差值问题，对差值过大进行惩罚，最终形成评价指标为

$$J = \sum_{n=1}^{N} E_n - 0.2 \max\left(\frac{t_1 - t_2}{t_2}, \frac{t_2 - t_3}{t_3}, \cdots, \frac{t_N - t_{N-1}}{t_N} \right) \tag{6-13}$$

其中，

$$E_n = \begin{cases} 1, & x_n^{\max} < x_n^{\text{warning}} \\ 0.5\dfrac{x_n^{\max}-x_n^{\text{warning}}}{x_n^{\text{emer}}-x_n^{\text{warning}}}, & x_n^{\text{warning}} < x_n^{\max} < x_n^{\text{emer}} \\ 1, & x_n^{\text{emer}} < x_n^{\max} \end{cases} \tag{6-14}$$

式中，J 为总的评价函数，由水位评价值与关闸时间评价值组成。其中，关闸时间评价值

为 $0.2\max\left(\dfrac{t_1-t_2}{t_2}, \dfrac{t_2-t_3}{t_3}, \cdots, \dfrac{t_N-t_{N-1}}{t_N}\right)$。这是因为蓄量变动最大的渠段会影响整体的稳定时

间，所以选择关闸时间差值最大作为评价函数，0.2 为其权重。E_n 为渠池 n 水位的评价值，当水位值在不同的阶段之间时，给予不同的评价函数。

（1）当水位在警戒水位内，评价值为 1。这是因为，水位壅高并不是越小越好，有可能会造成关闸时间过长，所以在低于警戒水位时就统一赋值为 1。

（2）当水位在预警水位和警戒水位之间时，评价值为 $0.5\dfrac{x_n^{\max}-x_n^{\text{warning}}}{x_n^{\text{emer}}-x_n^{\text{warning}}}$

这样高于警戒水位后，最大值是接近于 0.5 而不是 1，对其进行一定程度的惩罚。

（3）当水位值超过预警水位时，评价值为 –1，采用较大惩罚。选取的控制参数就为各闸门的关闭时间 t_n。由于事故渠段上游段最下游闸门同时也是事故渠段的上游节制闸，因此其关闸时间由事故段决定。因此，关闸时间 t_n 为确定的。而上游闸门的关闸时间 t_n ($n = 0, 1, 2, \cdots, N-1$) 则是可以通过评价函数进行筛选的。通过评价函数进行关闸时间筛选，可以得到最优的关闸时间组合。

3. 水位稳定误差控制

由第一步实现了从大流量输水到小流量输水的转换，且通过满足目标蓄量来实现了渠池水位稳定后控制点水位再设计水位。但是式(6-11)中的基本计算参数为流量，由于蓄量难以准确计算，稳定运行后控制点水位一般难以到达设计水位，而是在一个事先不确定的水位上。但是严格意义上的控制要求水位稳定在设计（或正常运行）水位，一是因为正常运行后需要一个基准水位来进行渠池的运行情况判别，并以此计算水位差来进行闸门调整；二是因为自动化控制算法也需要一个基准水位点和基准水面线来推求控制参数，而且控制参数也是根据控制工况来推求的，不是根据实时信息进行计算的，尽管 PI 控制参数具有很好的鲁棒性，但是只有在目标工况下才能保证控制效果最好以及不会发生自动化算法失效。

PI 控制的设计逻辑是使用比例控制 P 使系统过渡过程较快地稳定，使用积分控制 I 使稳态控制无差。对于下游常水位运行方式的渠道，其采用的是上游渠道控制，PI 控制器需根据下游的水位误差输出上游的流量或者闸门操作。

给定目标值 $r(t)$ 与系统实际输出值 $c(t)$ 的控制偏差为

$$e(t) = r(t) - c(t) \tag{6-15}$$

PI 控制律为

$$U(t) = K_p\left[e(t) + \frac{1}{T_I}\int_0^t e(t)\,dt\right] \tag{6-16}$$

式中，K_p 为比例系数；T_I 为积分时间常数；$U(t)$ 为 PI 输出值。现阶段应用较多的 PI 控制器，其输出都采用流量输出，再根据流量反算节制闸开度。

PI 控制器在渠道中的应用方式见图 6-9，PI 控制算法的根本在于目标值的确定，以及控制算法参数的选择。在事故状态下，控制点水位可以不用在设计（或正常运行）水位下工作，但是仍需要事先设定一个基准点来进行运行过程中的自动化控制。此时工况下的控制点水位目前是由专家组会商确定（本研究是由 PCsP 平台直接给出事故工况下的新稳态计算结果），这样一来，一旦确获得控制点水位的目标值，然后，采用目标工况下的目标水面线和目标流量下的渠池特性来进行 PI 参数推算，利用 PI 控制来消除最终的稳态误差。

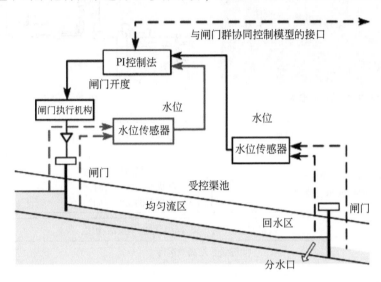

图 6-9　应急调度中 PI 的通信控制方式

在应急工况下，PI 参数推算不可能通过反复的精细化调试完成，应事先建立 PI 参数估算方法，并运用状态在线辨识法快速完成参数率定工作，如本例中渠道 PI 参数估计公式为

$$k_p = 0.57 \frac{A_d}{\tau_d} \tag{6-17}$$

$$T_i = 3.33 \tau_d \tag{6-18}$$

式中，A_d 为渠池的回水区面积；τ_d 为上游流量对下游的影响滞后时间。这些参数可通过渠池的模拟响应曲线或者实际的响应曲线得到。

6.2.3　水网通道水流控制中泵的运用

在水网中，闸是水流调节的最主要设施，泵作为闸的重要补充，实现闸门的容错调节以及紧急状态下的非常规调度。泵组只有需要反向输水的时候才开始工作，首先进行梯级泵站的扬程分配，然后各泵站依据所在河道的水位控制目标，进行合理机泵运行组合和变频调节，使得河道水位始终处于可允许的最大波动范围内，且实现泵组能耗最低

（图6-10）。图6-10(b)中：1为河道(下)；2为拦污栅；3为进水池；4为进水管；5为泵组；6为出水管；7为传动装置；8为电动机；9为出水池；10为河道(上)；11为泵站厂房。

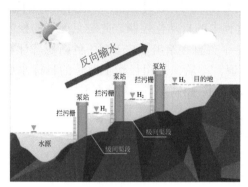

(a)梯级泵站反向输水

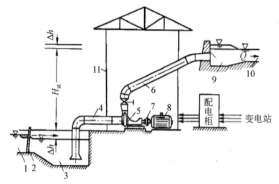

(b)单泵站结构

☐ 梯级泵站间扬程分配模型
- 扬程分配策略
- 考虑各泵站性能参数
- 考虑梯级间水力特性

☐ 泵站机组间流量分配模型
- 机组间流量分配策略
- 考虑各机组性能参数
- 考虑泵最长运行时间
- 考虑泵的检修时间组合

空间尺度：调蓄湖、库-河、渠-梯级泵站-单泵站-机组

(c)梯级泵站高效运行

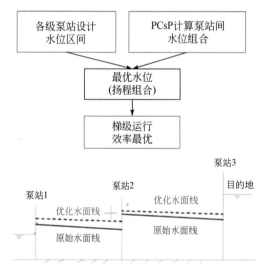

(d)梯级泵站间的扬程分配

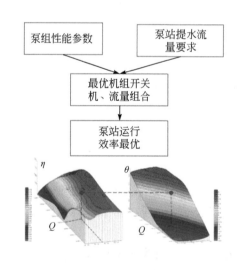

(e)泵站机组间的流量分配

图6-10　泵站子系统

1. 梯级泵站间的扬程分配

梯级泵站间的扬程分配模型是根据"效率越高、任务越重"的分配原则，结合各泵站水力关系，对各泵站扬程进行分配，"不计一站得失"，以求达到多级泵站整体运行效率最优，见图 6-11(d)。梯级泵站间扬程分配的数学模型如下。

（1）目标函数。

$$\text{Max}\eta_{\text{pcs}} = \text{Max}(\eta_{\text{ps}} \times \eta_{\text{cs}}) = \text{Max}\, \frac{\sum\limits_{j=1}^{n}(h_j - h_j') - \sum\limits_{j=1}^{n}S_{j,j+1}(Q, h_{j+1}')}{\sum\limits_{j=1}^{n}\dfrac{h_j - h_j'}{\eta_{\text{pump}}(Q_j, H_j)}} \tag{6-19}$$

式中，η_{pcs} 为梯级泵站系统效率，h_j 为第 j 级泵站出水池水位，h_j' 为第 j 级泵站入水池水位，$S_{j,j+1}(Q, h_{j+1}')$ 为第 j 级和第 $j+1$ 级泵站间渠道进出、水池的水力损失；$\eta_{\text{pump}}(Q_j, H_j)$ 为第 j 级泵站在全站抽水流量为 Q_j，扬程为 H_j 条件下，通过泵站内各抽水机组优化运行获得的泵站内最优运行效率。

（2）约束条件。

a. 泵站进水池水位范围约束：$\text{Min}\, h_j' \leqslant h_j' \leqslant \text{Max}\, h_j'$。

b. 泵站出水池水位约束：$\text{Min}\, h_j \leqslant h_j \leqslant \text{Max}\, h_j$。

c. 各级沿程约束：$\text{Min}\, H_j \leqslant H_j \leqslant \text{Max}\, H_j$。

d. 级间水位关系约束：$h_{j+1}' = h_j - S_{j,j+1}(Q, h_{j+1}')$。

e. 流量约束：$Q_{\text{min}} \leqslant Q_j \leqslant Q_{\text{max}}$。

2. 泵站机组间的流量分配

单级泵站机组间的流量分配模型，是指泵在事先给定扬程、流量下，结合泵站内各抽水装置性能曲线，考虑单机组流量等约束，对各机组流量进行了重新分配，"不计一机组得失"，以求达到单级泵站整体运行效率最优。方案参数包括开机台数、各机组水泵叶片角度及转速等。泵站机组间流量分配的数学模型如下。

（1）目标函数。

$$\text{Max}\eta_{\text{pump}} = \text{Max}\, \frac{\sum\limits_{i=1}^{m}P_i'(Q_i, H_j)}{\sum\limits_{i=1}^{m}P_i(Q_i, H_j)} = \text{Max}\, \frac{\sum\limits_{i=1}^{m}\rho g\, Q_i(\theta_i, n_i)\, H_j}{\sum\limits_{i=1}^{m}\rho g\, Q_i(\theta_i, n_i)\, \dfrac{H_j}{\eta_{\text{set},i}}} \tag{6-20}$$

式中，P_i' 为第 i 台泵站机组运行功率；P_i 为第 i 台泵站机组功率；ρ 为水密度；g 为重力加速度；$Q_i(\theta_i, n_i)$ 为第 i 台泵站机组的流量，当时段内扬程 H_j 给定的情况下，其叶片安放角为 θ_i、机组转速为 n_i；$\eta_{\text{set},i}$ 为第 i 个泵站机组的抽水效率。

（2）约束条件。

a. 泵组功率约束：$P_i(Q_i, H_j) \leqslant P_{\text{max}}$。

b. 泵组过流约束：$Q_{\text{min}} \leqslant Q_i \leqslant Q_{\text{max}}$。

3. 泵站机组模型求解方法

上述两个模型均可以采用动态规划方法求解。以单泵站多机组的流量分配为例，即式

（6-20），详细动态规划求解过程如下。

首先，将泵站内可投入运行的机组进行编号，每台机组可等效为一个时间阶段。①阶段 m：假定泵站有 m 台机组，则需划分为 m 个阶段；②决策变量 Q_i：第 i 阶段分配的流量，即分配给第 i 台机组的流量；③状态变量 KQ_i：可供分配给第 1 阶段至第 i 阶段的流量。

然后，分别建立动态规划递推方程和状态转移方程，即

规划递推方程： $F_i(KQ_i) = \min\left[P_i(Q_i) + F_{i-1}(KQ_{i-1})\right]$ 　　　　　（6-21）

状态转移方程： $KQ_{i-1} = KQ_i - Q_i$ 　　　　　　　　　　　　（6-22）

式中， $F_i(KQ_i)$ 表示阶段初总抽水量为 KQ_i 时，自阶段 i 到阶段 1 的累积最小输入功率； $P_i(Q_i)$ 表示阶段 i 抽水量为 Q_i 时的输入功率； $F_{i-1}(KQ_{i-1})$ 表示余留期（从 $i-1$ 阶段到第 1 阶段）累积最小输入功率。

最后，进行逆递推序求解，在求解过程中，可先把状态变量 KQ_i 进行区间离散化，离散的区间取决于计算的精度。

6.3　水网工程运行协同的实时控制实现

本节主要开展了不确定因素影响下的网状水系适应性运行机制研究，建立闸-坝-泵协同控制模式及实时控制方法，并尝试将该调控理论方法推向工程应用。

6.3.1　多目标风险调度的均衡决策方法

平原水网实质上是一个开放的系统，其调度运行时刻受其所处的外部环境的影响，这既包括，具有复杂多时间尺度和不确定性特征的水网来流，也包括具有显著空间分布不均衡性及时段变化特征的区域用水。此外，不同区域的水网调度目标之间可能存在巨大差异，即便同一地区在不同时段调度目标亦有差别，形成了不确定条件下的多目标风险调度，关键是这些分时段的调度目标，还存在不可公度的特点（图6-11）。从数学角度上讲，水网水资源统一调度为多目标、群决策的高度非线性模型的求解问题，从问题本身的结构上来看，模型各变量之间的关系复杂，各目标之间相互矛盾、相互竞争，模型解由非劣解支配，孰优孰劣比较难以判断。

本研究采用了非线性映射方法（包括支持向量机）分析了一体化调度的风险与效益消长关系，将含有随机变量的风险型多目标决策问题转化为基于综合风险值最小的方案优选问题，应用人工智能（AI）算法（支持向量机、随机森林、神经元网络、深度学习等）优化现有的湖、库水量调度规则，提取出河、渠非恒定流输水过程控制的目标设定。

支持向量机是将有限的样本信息通过某种非线性映射把输入空间映射到一个高维的特征空间，然后在特征空间中寻找最优超平面。对于一个样本集合 $H = \{(x_i, y_i), i = 1, 2, \cdots, n\}$，其中，$x_i$ 为输入向量，y_i 为输出向量，n 为样本总数；从中找到一个函数 $f(x) = \omega \cdot \phi(x_i) + b$，使之通过样本训练后，对样本以外的 x，通过 f 找出对应的 y。根据结构风险最小化原理，函数估计问题就转化为使下面风险函数最小的 $f(x)$，即

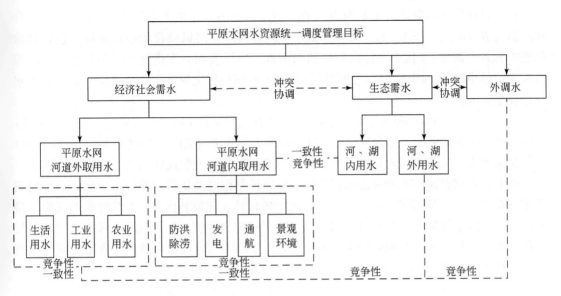

图 6-11 平原水网水资源日常调度管理目标

$$f(x) = \min Q(\omega, b) = \frac{1}{2} \|\omega^2\| + \tau\, R_{\text{emp}} \qquad (6\text{-}23)$$

式中，$\|\omega^2\|/2$ 反映了回归函数 $f(x)$ 的泛化能力，是正则化部分；τ 为惩罚因子；R_{emp} 是经验风险。式(6-23)的优化问题为

$$\min\phi(\omega, \varepsilon, \varepsilon') = \frac{1}{2}\omega^{T\omega} + \tau\sum_{i}^{l}(\xi_i + \xi'_i) \qquad (6\text{-}24)$$

$$(\omega^T\phi(x_i) + b) - y_i \leqslant \varepsilon + \xi_i$$

$$y_i - (\omega^T\phi(x_i) + b) \leqslant \varepsilon + \xi'_i$$

$$\xi_i \geqslant 0, \xi'_i \geqslant 0, i = 1, \cdots, l$$

式中，l 为样本容量；ε 为不敏感损失函数；ξ，ξ' 为 ε 的松弛变量。目标函数的前一部分代表函数的复杂性，即拟合能力；后一部分代表训练集的平均损失，即泛化能力。

利用对偶原理、拉格朗日乘子法和核技术，得到上述优化问题的对偶形式为

$$\max\phi(\mu_i, \mu'_i) = -\frac{1}{2}\sum_{i,j=1}^{l}(\mu_i - \mu'_i)(\mu_j - \mu'_i)k(x_i - x_j) + \sum_{i=1}^{l}\left[\mu'_i(y_i - \varepsilon) - \mu_j(y_i + \varepsilon)\right]$$

$$(6\text{-}25)$$

式中，$0 \leqslant \mu_i$，$\mu'_i \leqslant \tau$，$i = 1, \cdots, l$；$\sum_{i=1}^{l}(\mu_i - \mu'_i) = 0$；$k(x_i - x'_i)$ 为核函数。常用核函数包括线形函数、多项式核函数、径向基核函数、Sigmoid 核函数等。最终由上述优化方程可得到回归支持向量机的模型为

$$f(x) = \sum_{i=1}^{l}(\mu_i - \mu'_i)k(x_i, x_j) + b \qquad (6\text{-}26)$$

如果所建多目标风险决策模型的各目标之间相互矛盾，它的解必然由非劣解支配。如何从诸多非劣解方案集中选出最优方案是决策者最关心的问题。

设多目标决策问题的方案集为 $D=(D_1,D_2,\cdots,D_n)$，并定义第 i 个调度方案的综合风险值为 $R_i=f(P)$，$i=1,2,\cdots,n$。式中，P 为调度方案风险评价指标向量，包括目标函数中的各个指标；f 代表支持向量机回归函数。决策者在方案优选时希望调度方案的综合风险值越小越好，因此将所建的多目标风险决策模型转化为基于综合风险值最小的方案优选模型。即

$$R=\min(R_1,R_2,\cdots,R_n),R_i=f(D_i);D_i\in D;i=1,2,\cdots,n \tag{6-27}$$

式中，R 为所求的最小的综合风险值；D_i 为调度方案集 D 中第 i 个调度方案。式(6-27)可看作是调度方案的综合风险值与各个风险评价指标间复杂的非线性函数关系的逼近问题。

然后，将试点地区水网常态运行调度、应急控制调度及执行效果等历史数据，分门别类进行机器学习，利用式(6-26)进行响应曲面的设计、建模和优化，并结合水槽试验结果构造的完整样本数据库，就可以应用式(6-27)进行方案评价，综合风险值最小的方案即为最优方案。这样，一旦明确获知决策者的偏好，多维不确定性联合调度的方案生成问题就可以转化为多输入-单输出的支持向量机函数回归问题。

在实践中，我们发现支持向量机尽管理论上能够保证模型参数为全局最优解，并能解决小样本、高维数、非线性和局部极值问题，但当水网结构复杂、数据信息量显著增大时，容易导致 CPU 计算负担大大增加，造成参数率定耗时较长，甚至难以有效识别目标特征。而以神经元为代表的 AI 算法，则需要较大的数据样本才能获得良好的学习效果。因此，为避免单一方法可能造成决策上的偏差，本研究采用了不同结构、原理的算法为调度决策提供技术支撑。

6.3.2 水网工程群的自动联动控制技术

环形水网在城市水资源统一调度中有独特的优势，即通过闸、坝与泵的联合运用，可以人为地改变环网中水流的自然流向，让其中的水"循环流动"。正因如此，我国平原城市大量采用了这种类型的水系连通模式，如京津冀、长三角和珠三角的河流水系多已成环网状态(图6-12)。统一调度是城市水资源管理的核心内容，而水网工程则是具体落实调度管理目标的唯一手段。以往虽有水资源统一调度的思维，城市河网工程群的控制运用事实上却是相对独立的，多级闸门、梯级水库和泵站多采用单体独立控制、人工经验协调的调度模式。本研究突破以往的相对分离的调研究思路，将水网工程群作为一个整体，根据水利工程管理机构与当地水行政主管部门的隶属关系，并考虑工程位置及其在城市水资源调度中的地位、作用，将水网工程群划分为湖库水量调度、闸群实时控制和泵站补充调控三个子系统，绘制出环形河网工程群水力联系图。

在此基础上，进一步考虑与现有的城市水资源监测自动化系统兼容，为此，本研究提出如图6-12所示的复合控制结构，在上层的稳态优化层对各个子系统进行集中优化，获得现状条件下的全局最优方案，进而将计算得到的稳态最优值传递到动态控制层；在下层的动态控制层使用分布式 MPC 算法(模型)，充分考虑各个子系统的之间关联，以降低动态层求解的计算复杂度，提高控制的实时性。

假设试点城市平原水网是由 $L=N($湖、库子系统$)+M($闸门子系统$)+P($泵站子系统$)$

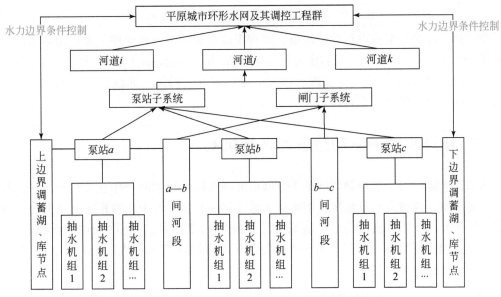

图 6-12　平原城市环形水网工程群之间的水力联系

子系统构成，任意一个子系统 l 的 MPC 模型结构如下

$$\hat{y}_{l,PM}(k) = \hat{y}_{l,p_0}(k) + \sigma_{ll}\Delta u_{l,M}(k) + \sum_{l=1,l\neq o}^{L} \sigma_{lo}\Delta u_{o,M}(k) \qquad (6\text{-}28)$$

式中，$\hat{y}_{l,PM}(k)$ 为子系统 l 在未来 P 个时刻内的输出值；$\hat{y}_{l,p_0}(k)$ 为当前时刻的初始值；σ_{ll} 为子系统 l 的输出得阶跃响应系数；σ_{lo} 为其余子系统对当前子系统 l 的输出得阶跃响应系数；u_o 为控制时域内的增量向量；M 为控制时域。

则子系统的性能指标表示如下

$$\min_{\Delta U_M(k)} J(k) = \left\| \omega_l(k) - Y_{l,P_0}(k) - \sigma_{ll}\Delta u_{l,M}(k) - \sum_{l=1,l\neq o}^{L} \sigma_{lo}\Delta u_{o,M}(k) \right\|_{Q_l}^2$$
$$+ \left\| \Delta u_{l,M}(k) \right\|_{R_l}^2 + \left\| u_M(k-1) + \Delta u_{l,M}(k) - u_M^*(k) \right\|_{S_l}^2 \qquad (6\text{-}29)$$

式中，$Q_l = \text{block-diag}\{Q_{l,1}, \cdots, Q_{l,p}\}$ 为子系统输出误差权矩阵；$R_l = \text{block-diag}\{R_{l,1}, \cdots, R_{l,p}\}$ 为输入变化量的权矩阵，目的是抑制输入变化，使其变化不过于强烈，保证系统控制的稳定性；$S_l = \text{block-diag}\{S_{l,1}, \cdots, S_{l,p}\}$ 为当前时刻计算出的即时控制量与上层优化计算出的输入误差权矩阵；$u_M(k-1)$ 为上一时刻的控制量；$u_M^*(k)$ 为上层稳态优化计算得到的最优控制量取值。$u_M^*(k)$ 是由前文所述的第一层的库–湖实时调度模型，第二层的闸、泵子系统数学模型，逐层求解获得的，包括控制点的目标水位和流量两个变量的取值。$u_M^*(k)$ 项的存在是为了确保闸、泵水力设施按照设定目标实施控制。

最后，引入 H_∞ 鲁棒控制策略以提升子系统根据所辖片区河网情况进行适应性调整的自主决策能力，主要是利用 H_∞ 范数求解式(6-29)，计算出子系统 l 的最优控制增量($\Delta u_{l,M}$)序列，即

$$\Delta u_{l,M} = (\sigma_{ll}^T Q_l \sigma_{ll} + R + S_l)^{-1} \times \sigma_{ll}^T Q_l \times \left[\omega_l(k) - \hat{y}_{l,P_0}(k) \right.$$

$$-\sum_{l=1,l\neq o}^{L} \sigma_{ll}\Delta u_{o,M}(k) - S_l u_M(k-1) + S_l u_M^*(k)] \tag{6-30}$$

类似地,逐个子系统进行建模求解,可获得城市河网中所有受控子系统面向当前时刻的最优控制序列。进一步,利用纳什均衡(Nash equilibrium)和帕累托最优(Pareto optimality)方法对每个子系统变量进行协调,可以获取大时滞、非线性、强耦合水网系统的稳态控制与动态控制的平行控制方案。

6.3.3 环形水网的主动适应性运行机制

常态经济运行与应急控制调度是平原城市河网调控运行的两个相互关联的部分,若各汊点流量平衡、控制点水位稳定,即可认为城市河网当前正处于相对稳定的平衡态。可一旦出现突发事件,如水质污染、工程破坏等,河网则需要紧急改变当前的运行状态,为此,本研究创建了现新—旧态之间平稳过渡的环形水网适应运行机制(图6-13),实现了城市日常调度及突发事件的全自动化治理(图6-14)。

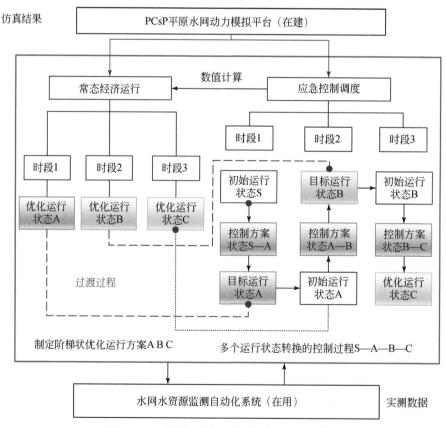

图 6-13 "常态—应急—常态"平稳过渡机制

本研究设计的"常态—应急—常态"平稳过渡机制见图6-14。在常态运行时,调度目标是及时满足区域防洪除涝、发电、航运、造景及生态等功能对水资源的需求,追求的是一种高效、经济的运行方式；应急运行的控制目标是创造有利救援条件、及时消除事故（或事件）影响，并尽快回归到正常运行状态。

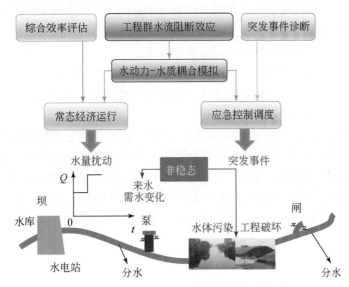

图6-14　日常调度及突发事件的全自动化治理

注：Q 为流量，t 为时间。

事实上，我国平原城市水网，尤其是中心城区的水网，若外界环境发生较大变化，水资源监测自动化系统均可"事先"（事实发生前）获知信息，如预测、遥测专业模块提供上游突发来水、强降水产汇流等预测、预报信息，用水需求骤增、骤减等则由自动化系统中的用户计划办公审批模块获知。这些均可看作为常态平衡的扰动，使用 PCsP 评估其对水网冲击的影响，利用前述技术、模型和算法，确定出河、湖、库、渠预蓄预泄控制目标，闸、泵群实施预调，这种自动化实现方式，称为"预防控制型自动化"。

如果遇突发污染、沉船、闸门启闭故障等事故，PCsP 立即模拟分析事件的最大影响的范围，划分小、中、大事故隔离区（阶梯状优化运行方案 A、B、C），发挥调控工程群的水流阻断作用，创造有利救援条件，使得事故区河网尽快解列运行，这种自动化实现方式，称为"事件驱动型自动化"。事故消除后，调蓄水库、湖泊联合泵站等进行补给调度，通过多运行状态转化（S—A—B—C），回归至日常运行状态。

这样一来，通过主动的流量、水位控制，实现了水网日常调度及突发事件的全自动化治理。

6.4　本章小结

本章研究突破了以往水网中河渠湖库和闸坝泵相对分离的调度控制模式，特别是创建了环形水网基于水资源统一调度的自动联动控制理论、方法和模型，填补了相关理论研究的空白。所取得的创新和突破如下。

（1）借助多模块联动的 PCsP 解析水网并行模拟控制器，构建了环形水网综合模拟模型(即数字孪生水网)，运用多属性群决策中的冲突测定与协调方法，明晰刻画了资源均衡配置下的环网水资源统一调度风险及规避对策行为。

（2）率先建立了平原城市环形水网多维安全调度模型，研发出兼顾多维调控目标的结构性风险快速测定方法及系统，使得决策系统在所有已知设定工况下一刻钟内（<15min）即可确定面临时段的水网工程群统一调度最优方案。

（3）采用不确定分析模型的非线性映射方法对河网中的控制对象进行划分和归类，特征相似控制对象采用统一配置和运行方式，设置子监控中心进行在线反馈控制，最大限度地提高复杂水网主动适应运行能力。

（4）提出了闸–坝–站群自动、联动控制策略，成功将自主开发的闸群扰动可预知算法、闸门鲁棒控制模型、河流枢纽安全调度技术等推广应用于试点城市环形河网的运行控制中，为平原城市环形河网实时调度自动控制系统设计提供了模型方法支撑。

（5）提出了环形水网"常态—应急—常态"平稳过渡机制，通过主动的水位、流量控制，实现了城市水网日常调度及应急调度的全自动化治理。

第7章 结论与总结

7.1 主要结论

本书综合运用智能水网理论、闸群控制策略、湖-库综合调度技术、自动化技术、智能控制技术等相关专业知识，创建了现代水网智能控制论，成果集成了智能水网控制理论研究实验平台、闸群无人值守控制方法及模型、河流枢纽群实时安全调度理论技术、水网节点工程群联合自动控制模式、智能水网运行控制机制五项行业领先技术及自主知识产权，它以水网水资源统一调度控制为突破点，通过自动化、智能化与智慧化技术手段，实现水网工程群全方位智能控制管理，在面向水网的工程群智能控制方向上取得理论创新与突破，详述如下。

（1）创建了具有完全自主知识产权的现代水网智能控制理论实验平台，特别是，该平台技术实现了集群计算、多核平台下已有成熟程序多模块联动的并行化改造，不仅使已有专业模型、专家知识、经验等得到了很好地传承和共享，而且创新了数字孪生水网的搭建方法。

（2）在"统筹联动、总体设计、一体成型"的新理念下，提出了闸群预知调度模型、闸门鲁棒控制算法及智能耦联模式、控制系统及平台，应对渠道谐振、控制失稳等相关风险和复杂异常工况，促成了闸控河流无人值守自动化运行。

（3）建立了河流枢纽多功能模型综合动态调度理论、模型和技术框架，提出了梯级水力发电系统的等效整体建模方法，打通了制约水调-电调、水动-电动联合自动化实现的壁垒，是对大江大河流域水网工程群联合调度理论技术的重要创新突破。

（4）创立了供水-发电并联联动，供水-发电串联联动，倒虹吸进、出口闸联动，调节池引、分水闸联动四种闭环控制模式，破解现有模式下水网流量变化大、水工设备安全防护难、人工响应不及时等诸多难题，实现了复杂工况下水网关键节点工程群智能、快速响应。

（5）提出了水网"常态—应急—常态"平稳过渡的适应性运行新机制，建立了平原城市环形水网基于水资源统一调度的自动联动控制理论模型。

7.2 创新总结

本书在理论、方法和技术应用方面均取得了重大突破，取得创新性成果归纳提炼如下。

（1）利用已有成熟模型程序，通过多模型组合、多进程并行来解决工程自动调节运行下复杂水网水动力模拟难题，突破了摒弃现有成熟模型程序，重新开发并行计算平台的主流设计理念。

（2）定量揭示了多闸门联合运用下的明渠输水过程水动力响应机理，提出了闸群预知调度–闸门鲁棒控制模型及复合非线性反馈控制方法，丰富和发展了线性闸控渠道自主运行控制调度理论。

（3）创建了河流枢纽多尺度模型的嵌套耦合调度机制，发明了梯级水库防洪–发电实时调度、下游电站弃水控制及机组避振运行方法及模型系统，创新了天然河流水利枢纽群实时调度理论及多维安全调度技术。

（4）研发出供水–发电串联、并联，倒虹吸进、出口闸，调节池引、分水闸四种联动闭环控制模式、方法及系统，破解水网流量变化大、水工设备响应不及时等难题，使得水网节点工程群的总体响应速度由分钟级升至秒级。

（5）提出了水网"常态—应急—常态"平稳过渡的适应性运行新机制，建立了平原城市环形水网基于水资源统一调度的自动联动控制理论模型，支撑了城市水系联排联调智慧水务平台研发。

参 考 文 献

［1］窦明，于璐，靳梦，等．淮河流域水系盒维数与连通度相关性研究［J］．水利学报，2019，50（6）：670-678.

［2］Zheng H，Lei X，Shang Y，et al. Parameter Identification for Discharge Formulas of Radial Gates based on Measured Data［J］. Flow Measurement and Instrumentation，2017，58（C）：62-73.

［3］Wu D，Su Y，Xi H，et al. Urban and agriculturally influenced water contribute differently to the spread of antibiotic resistance genes in a mega-city river network［J］. Water Research，2019，158：11-21.

［4］尚毅梓，王建华，陈康宁，等．智能水网工程概念辨析及建设思路［J］．南水北调与水利科技，2015，13（3）：534-537.

［5］沙慧．大型水利枢纽工程水文测报新技术的应用［J］．科技经济导刊，2018，26（22）：41，43.

［6］胡四一．加快国家水资源监控能力项目建设［J］．水利信息化，2013，6：1-4.

［7］王浩，雷晓辉，尚毅梓．南水北调中线工程智能调控与应急调度关键技术［J］．南水北调与水利科技，2017，15（2）：1-8.

［8］Lei X，Zheng H，Shang Y，et al. Assessing emergency regulation technology in the Middle Route of the South-to-North Water Diversion Project，China［J］. International Journal of Water Resources Development，2018，34（3）：405-417.

［9］孔佑鹏．南水北调中线工程调度运行的自动化管理研究［J］．水电工程，2016，8：106，159.

［10］范光伟，高薇，张婉．国内外调水工程运行管理系统［J］．科技创新与应用，2019，30：183-184.

［11］Israel M，Lund J R. Recent California Water Transfers：Implications for Water Management［J］. Natural Resources Journal，1995，35：1-32.

［12］Wahlin B，Clemmens B. Water System Operator Training for the Central Arizona Project//Crookston B M，Tullis B P. Hydraulic Structures and Water System Management［M］. Portland：6th IAHR International Symposium on Hydraulic Structures，2016：97-106.

［13］Gastélum J R，Cullom C. Application of the Colorado River Simulation System Model to Evaluate Water Shortage Conditions in the Central Arizona Project［J］. Water Resources Management，2013，27：2369-2389.

［14］Ren N，Wang Q，Wang Q，et al. Upgrading to urban water system 3.0 through sponge city construction［J］. Frontiers of Environmental Science & Engineering，2017，11：9.

［15］柴天佑．工业过程控制系统研究现状与发展方向［J］．中国科学：信息科学，2016，8：1003-1015.

［16］Zodrow K R，Li Q，Buono R M，et al. Advanced Materials，Technologies，and Complex Systems Analyses：Emerging Opportunities to Enhance Urban Water Security［J］. Environmental Science & Technology 2017，51（18），10274-10281.

［17］Makropoulos C K，Natsis K，Liu S，et al. Decision support for sustainable option selection in integrated urban water management［J］. Environmental Modelling & Software，2008，23（12）：1448-1460.

［18］Schramm E，Kerber H，Trapp J H，et al. Novel urban water systems in Germany：Governance structures to encourage transformation［J］，Urban Water Journal，2018，15：6，534-543.

［19］Olsson G. Controlling Urban Drainage Systems//Mannina G. New Trends in Urban Drainage Modelling Udm：

2018[M]. Green Energy and Technology. Berlin：Springer，2019.

[20] Iwasaki S. Bridging the Distances Between Far Water and Near Water：Case of Yanagawa City from Japan//Ray B，Shaw R. Urban Drought. Disaster Risk Reduction（Methods，Approaches and Practices）[M]. Berlin：Springer，2019.

[21] Kim J. Accelerating our current momentum toward smart water[J]. Smart Water，2018，3：2.

[22] Buyalski C P，Serfozo E A. Electronic filiter level offset（EL-FLO）plus reset equipment for automatic control of canals[R]. Denver：Engineering Research Center，U. S Bureau of Reclamation，1979.

[23] Zheng H Z，Lei X H，Shang Y Z，et al. Sudden water pollution accidents and reservoir emergency operations：Impact analysis at Danjiangkou Reservoir[J]. Environmental Technology，2017，39（6）：787-803.

[24] 闫堃，钟平安，万新宇. 滨海地区水资源多目标优化调度模型研究[J]. 南水北调与水利科技，2016（1）：59-66.

[25] 曹慧群，李晓萌，罗慧萍. 大东湖水网连通的水动力与水环境变化响应[J]. 人民长江，2020，51（5）：54-59.

[26] 冶运涛，黑鹏飞，梁犁丽，等. 流域水量调控非恒定流数值计算模型[J]. 应用基础与工程学报，2012，21（5）：865-879.

[27] 黑鹏飞，假冬冬，尚毅梓，等. 计算河流动力学[M]. 北京：海军出版社，2016.

[28] 唐洪武，雷燕，顾正华. 水流模拟智能化问题的探讨[J]. 水科学进展，2004，15（1）：129-133.

[29] 徐祖信，卢士强. 平原感潮河网水动力模型研究[J]. 水动力学研究与进展，2003，18（2）：176-181.

[30] Sellin R H J. Unsteady Flow in Open Channels//Flow in Channels. Civil Engineering Hydraulics. London：Palgrave，1969.

[31] 韩龙喜，张书农，金忠青. 复杂河网非恒定流计算模型—单元划分法[J]. 水利学报，1994，2：52-56.

[32] 孙志林，陈永明，夏珊珊，等. 基于混合模型的河网输水能力计算[J]. 河海大学学报（自然科学版），2010，38（2）：144-148.

[33] 朱德军，陈永灿，王智勇，等. 复杂河网水动力数值模型[J]. 水科学进展，2011，22：204-207.

[34] 王家彪，雷晓辉，廖卫红，等. 随机游动法在环状河网计算中的应用研究[J]. 系统工程理论与实践，2016，36（8）：2169-2176.

[35] 唐洪武，雷燕，顾正华. 河网水流智能模拟技术及应用[J]. 水科学进展，2008，19（2）：232-237.

[36] Fang S，Wei J，Wu B，et al. Simulation of transport channel in China's middle route south-to-north water transfer project[J]. Tsinghua Science and Technology，2009，14（3）：367-377.

[37] Shang Y，Guo Y，Shang L，et al. Processing conversion and parallel control platform：A parallel approach to serial hydrodynamic simulators for complex hydrodynamic simulations[J]. Journal of hydroinformatics，2016，18（5）：851-866.

[38] 白玉川，万艳春，黄本胜，等. 河网非恒定流数值模拟的研究进展[J]. 水利学报，2000，12：43-47.

[39] 吴晓玲，向小华，李菲菲，等. 平原区河网水流计算校正模型[J]. 河海大学学报（自然科学版），2012，40（1）：48-51.

[40] 吴寿红. 河网非恒定流四级解法[J]. 水利学报，1985，8：42-50.

[41] Niadu B J，Bhallamudi S M，Narasimhan S. GVF Computation in Tree-Type Channel Networks[J]. Journal of Hydraulic Engineering，1997（8）：700-708.

［42］李义天. 河网非恒定流隐式方程组的汊点分组解法［J］. 水利学报, 1997, 3: 49-57.

［43］李义天, 唐伟明. 河网汊点分组解法的自动分组技术及优化［J］. 武汉大学学报(工学版). 2008, 41 (3): 13-15, 19.

［44］吴保生, 尚毅梓, 崔兴华, 等. 渠道自动化控制系统及其运行设计［J］. 水科学进展, 2008, 19 (5): 746-755.

［45］Wahlin B, Zimbelman D. Canal automation for irrigation systems［J］. American Society of Civil Engineers, Reston, VA 20191, 2014.

［46］Stringam B L, Gill T, Sauer B. Integration of irrigation district personnel with canal automation projects［J］. Irrigation Science, 2016, 34(1): 33-40.

［47］Clemmens A J. Application of software for automatic canal management(SacMan) to the WM lateral canal［J］. Journal of Irrigation and Drainage Engineering, 2009, 136(7): 451-459.

［48］Mareels I, Weyer E, Su K O, et al. Systems engineering for irrigation systems: Successes and challenges［J］. Annual Reviews in Control, 2005, 29(2): 191-204.

［49］Tariq J A, Latif M. Improving operational performance of farmers managed distributary canal using SIC hydraulic model［J］. Water Resources Management, 2010, 24(12): 3085-3099.

［50］Malaterre P, Rogers D, Schuurmans J. Classification of canal control algorithms［J］. Journal of Irrigation and Drainage Engineering, 1998, 124(1): 3-10.

［51］Rogers D C, Goussard J. Canal control algorithms currently in use［J］. Water Resources Engineering, 2010, 124(1): 16-20.

［52］Soler J, Gómez M, Rodellar J, et al. Application of the GoRoSo feedforward algorithm to compute the gate trajectories for a quick canal closing in the case of an emergency［J］. Journal of Irrigation and Drainage Engineering, 2013, 139(12): 1028-1036.

［53］Lozano D, Mateos L. Evaluating the effects of constructing a tail reservoir in a canal with automatic distant downstream control［J］. Journal of Irrigation & Drainage Engineering, 2016, 143(3): B5016001.

［54］Shang Y, Liu R, Li T, et al. Transient flow control for an artificial open channel based on finite difference method［J］. Science China Technological Sciences, 2011, 54(4): 781-792.

［55］范杰, 王长德, 管光华, 等. 渠道非恒定流水力学响应研究［J］. 水科学进展, 2006, 17(1): 55-60.

［56］Vincevicius A, Shah R, Forsyth G, et al. Hydraulic modelling of 450 km canals owned by Murray irrigation using HEC- RAS- model development, calibration and lessons learnt［C］. 13th Hydraulics in Water Engineering Conference. Sydney: Engineers Australia, 2017, 169-176.

［57］尚毅梓, 吴保生, 李铁键, 等. 闸前常水位输水渠道运行过程调控系统［J］. 清华大学学报(自然科学版), 2010, 50(12): 1915-1919.

［58］Cui W, Chen W, Mu X, et al. Canal controller for the largeset water transfer project in China［J］. Irrigation and Drainage, 2015, 63(4): 501-511.

［59］Horváth K, Galvis E, Rodellar J, et al. Experimental comparison of canal models for control purposes using simulation and laboratory experiments［J］. Journal of Hydroinformatics, 2014, 16(6) 1390-1408.

［60］Zamani S, Parvaresh R A, Isapoor S. The Effect of Design Parameters of an Irrigation Canal on Tuning of Coefficients and Performance of a PI Controller［J］. Irrigation and Drainage, 2015, 64(4): 519-534.

［61］Shahdany S M H, Majd E A, Firoozfar A, et al. Improving operation of a main irrigation canal suffering from inflow fluctuation within a centralized model predictive control system: Case study of Roodasht Canal, Iran［J］. Journal of Irrigation and Drainage Engineering, 2016, 142(11): 05016007.

［62］Li Y. Offtake feedforward compensation for irrigation channels with distributed control［J］. IEEE Transactions on Control Systems Technology, 2014, 22(5)：1991-1998.

[63] Aguilar J V, Langarita P, Rodellar J, et al. Predictive control of irrigation canals- robust design and real-time implementation[J]. Water Resources Management, 2016, 30(11)：3829-3843.

[64] Malaterre P O. PILOTE：Linear quadratic optimal controller for irrigation canals[J]. Journal of Irrigation and Drainage Engineering, 1998, 124(4)：187-194.

[65] Clemmens A J. Water-level difference controller for main canals[J]. Journal of Irrigation and Drainage Engineering, 2012, 138(1)：1-8.

[66] Clemmens A J, Schuurmans J. Simple optimal downstream feedback canal controllers：Theory[J]. Journal of Irrigation and Drainage Engineerin, 2004, 130(1)：26-34.

[67] Hashemy S M, Monem M J, Maestre J M, et al. Application of an in-line storage strategy to improve the operational performance of main irrigation canals using Model Predictive Control [J]. Journal of Irrigation and Drainage Engineering, 2013, 139(8)：635.

[68] 尚毅梓，假冬冬，吴保生. 扰动可预知算法在实际渠道上的应用[J]. 水力发电学报. 2012, 1(2)：103-110.

[69] Soler J, Gamazo P, Rodellar J, et al. Operation of an irrigation canal by means of the passive canal control[J]. Irrigation Science, 2015, 33(2)：95-106.

[70] 邓铭江，黄强，张岩，等. 额尔齐斯河水库群多尺度耦合的生态调度研究[J]. 水利学报, 2017, 48(12)：1387-1398.

[71] Kumar S, Tiwari M K, Chatterjee C, et al. Reservoir inflow forecasting using ensemble models based on neural networks, wavelet analysis and bootstrap method [J]. Water Resources Management, 2015, 29(13)：4863-4883.

[72] You J Y, Cai X M. Determining forecast and decision horizons for reservoir operations under hedging policies[J]. Water Resources Research, 2008, 44(11)：2276-2283.

[73] Uysal G, Şensoy A, Şorman A A, et al. Basin/Reservoir system integration for real time reservoir operation[J]. Water Resources Management, 2016, 30(5)：1653-1668.

[74] 刁艳芳，王本德. 基于不同风险源组合的水库防洪预报调度方式风险分析[J]. 中国科学(技术科学)，2010, 40(10)：1140-1147.

[75] 于凤存，方国华，王文杰，等. 基于多目标遗传算法的南水北调东线工程湖泊群优化调度研究[J]. 灌溉排水学报, 2016, 35(3)：78-85.

[76] Young G K. Finding reservoir operating rules[J]. Journal of the Hydraulics Division, 1967, 93(6)：297-321.

[77] Gauvin C, Delage E, Gendreau M. A successive linear programming algorithm with non-linear time series for the reservoir management problem[J]. Computational Management Science, 2017, 15(1)：1-32.

[78] Tsai W P, Chang F J, Chang L C, et al. AI techniques for optimizing multi-objective reservoir operation upon human and riverine ecosystem demands[J]. Journal of Hydrology, 2015, 530：634-644.

[79] Jiang Z, Qin H, Ji C, et al. Two dimension reduction methods for multi-dimensional Dynamic Programming and its application in cascade reservoirs operation optimization[J]. Water, 2017, 9(9)：634.

[80] Saadat M, Asghari K. Reliability improved stochastic dynamic programming for reservoir operation optimization[J]. Water Resources Management, 2017, 31(6)：1795-1807.

[81] Davidsen C, Pereira-Cardenal S J, Liu S, et al. Using stochastic dynamic programming to support water resources management in the Ziya River Basin, China [J]. Journal of Water Resources Planning and Management, 2016, 141(7)：04014086.

[82] 纪昌明, 李传刚, 刘晓勇, 等. 基于泛函分析思想的动态规划算法及其在水库调度中的应用研究[J]. 2016, 47(1): 1-9.

[83] Koutsoyiannis D, Economou A. Evaluation of the parameterization-simulation-optimization approach for the control of reservoir systems[J]. Water Resources Research, 2003, 39(6): 1170.

[84] 郭旭宁, 胡铁松, 李新杰, 等. 配合变动分水系数的二维水库调度图研究[J]. 水力发电学报, 2013, 32(6): 57-63.

[85] 李昱, 彭勇, 初京刚, 等. 复杂水库群共同供水任务分配问题研究[J]. 水利学报, 2015, 46(1): 83-90.

[86] Ashofteh P S, Haddad O B, Loáiciga H A. Evaluation of climatic-change impacts on multiobjective reservoir operation with multiobjective Genetic Programming [J]. Journal of Water Resources Planning and Management, 2015, 141(11): 04015030.

[87] Afshar A, Massoumi F, Afshar A, et al. State of the art review of ant colony optimization applications in water resource management[J]. Water Resources Management, 2015, 29(11): 3891-3904.

[88] Zhang Y, Jiang Z, Ji C, et al. Contrastive analysis of three parallel modes in multi-dimensional dynamic programming and its application in cascade reservoirs operation[J]. Journal of Hydrology, 2015, 529(Part 1): 22-34.

[89] 王元元, 陆志华, 马农乐, 等. 太湖流域河湖连通工程调度模式综述[J]. 人民长江, 2016, 47(2): 10-13, 32.

[90] 黄强, 沈晋, 李文芳, 等. 水库调度的风险管理模式[J]. 西安理工大学学报, 1998, 14(3): 230-235.

[91] 郭生练, 陈炯宏, 刘攀, 等. 水库群联合优化调度研究进展与展望[J]. 水科学进展, 2010, 21(4): 496-503.

[92] 刘建林, 马斌, 解建仓, 等. 跨流域多水源多目标多工程联合调水仿真模型-南水北调东线工程[J]. 水土保持学报, 2003, 117(1): 75-79.

[93] 吴恒卿, 黄强, 徐炜, 等. 基于聚合模型的水库群引水与供水多目标优化调度[J]. 农业工程学报, 2016, 32(1): 140-146.

[94] Jothiprakash V, Ganesan S. Single reservoir operating policies using genetic algorithm[J]. Water Resources Management, 2006, 20(1): 917-929.

[95] Chen S, Shao D, Li X, et al. Simulation-Optimization modeling of conjunctive operation of reservoirs and ponds for irrigation of multiple crops using an improved artificial bee colony algorithm[J]. Water Resources Management, 2016, 30(9): 1-19.

[96] 王本德, 周惠成, 卢迪. 我国水库(群)调度理论方法研究应用现状与展望[J]. 水利学报, 2016, 47(3): 337-345.

[97] 于冰, 梁国华, 何斌, 等. 城市供水系统多水源联合调度模型及应用[J]. 水科学进展, 2015, 26(6): 874-884.

[98] 董增川, 卞戈亚, 王船海, 等. 基于数值模拟的区域水量水质联合调度研究[J]. 水科学进展, 2009, 20(2): 184-189.

[99] Tilmant A, Fortemps P, Vanclooster M. Effect of averaging operators in fuzzy optimization of reservoir operation[J]. Water Resources Management, 2002, 16(1): 1-22.

[100] Chen S Y, Go Y. Variable fuzzy sets and its application in comprehensive risk evaluation for flood-control system[J]. Fuzzy Option and Decision Making, 2006, 5(2): 153-162.

[101] 姚荣, 贾海峰, 张娜. 基于模糊物元和熵权迭代理论的水库兴利调度综合评价方法[J]. 水利学

报，2009，40（1）：115-121.

[102] 曲力涛，周叶. 水轮发电机组典型转子动力学问题研究[J]. 大电机技术，2020，（4）：24-28.

[103] 梁晓东. 大型水轮发电机组运行稳定性研究[J]. 机电信息，2016，（33）：27-28.

[104] 蒋云钟. 加强水资源监控能力建设为水资源双控行动提供支撑[J]. 中国水利，2016，13：7-9.

[105] O'Dwyer A. Handbook of PI and PID Controller Tuning Rules[M]. London：Imperial College Press，2006.

[106] Friedland B. Advanced Control System Design[M]. New Jersey：Prentice Hall，1996.

[107] 柴天佑. 复杂工业过程运行优化与反馈控制[J]. 自动化学报，2013，39：1744-1757.

[108] 管光华，王长德，范杰，等. 鲁棒控制在多渠段自动控制的应用[J]. 水利学报，2005，36（11）：1379-1391.

[109] Shang Y，Shang L. Algorithm for canal gate operation to maintain steady water levels under abrupt water withdrawal[J]. Irrigation and Drainage，2016，65：741-749.

[110] 尚毅梓，吴保生，李铁键，等. 渠道分水扰动可预知算法设计与仿真[J]，水科学进展，2011，22（2）：242-248.

[111] San-Millan A，Feliu-Talegón D，Feliu-Batlle V，et al. On the modelling and control of a laboratory prototype of a hydraulic canal based on a TITO fractional-order model[J]. Entropy，2017，19(8)：401.

[112] Yager R R，Zadeh L A. An Introduction to Fuzzy Logic Applications in Intelligent Systems[M]. Norwell：Kluwer Academic Publisher，1992.

[113] Pan Y，Liu Y，Xu B，et al. Hybrid feedback feedforward：An efficient design of adaptive neural network control[J]. Neural Networks，2016，76：122-134.

[114] 李灿灿，展永兴，岳晓红，等. 太湖流域阳澄淀泖区水网有序流动调度方案研究[J]. 人民长江，2017，48（16）：25-30.

[115] 桑国庆，马兆龙，张晶，等. 梯级泵站输水系统优化运行及控制综述[J]. 济南大学学报（自然科学版），2015，29(6)：459-464.

[116] Shang Y，Shang L. Automatic channel control system and its design and operation[M]. Deutschland/Germany：Lap Lambert Academic Publishing，2017.

[117] 吴宏鑫，王迎春，邢琰. 基于智能特征模型的智能控制及应用[J]. 中国科学 E 辑：技术科学，2002，32：805-816.

[118] Fu Y，Chai T. Nonlinear multivariable adaptive control using multiple models and neural networks[J]. Automatica，2007，43：1101-1110.

[119] Seatzu C. Design of decentralized constant volume controllers for open channels by sloving a least squares problem[J]. International Journal of Systems Science，2000，31(6)：759-770.

[120] Albuquerque F G，Labadie J W. Optimal nonlinear predictive control for canal operations[J]. Journal of Irrigation and Drainage Engineering，1997，123(1)：45-54.

[121] Sawadogo S，Malaterre P O，Kosuth P. Multivariable optimal control for on-demand operation of irrigation canals[J]. International Journal of Systems Science，1995，26(1)：161-178.

[122] Sawadogo S，Fayel R M，Malaterre P O，et al. Decentralized adaptive predictive control of muti-reach irrigation canal[J]. International Journal of systems science，2001，32(10)：1287-1296.

[123] Shang Y Z，Wu B S，Li T J，et al. Fault-Tolerant Technique in the Cluster Computation of the Digital Watershed Model[J]. Tsinghua Science and Technology，2007，12(S1)：162-168.

[124] Shang Y Z，Jin Y，Wu B S. Fault-Tolerant Mechanism of the Distributed Cluster Computers. Tsinghua Science and Technology，2007，12(S1)：186-191.

[125] El F H，Georges D，Bornard G. Optimal control of complex irrigation systems via decomposition coordination

and the use of augmented Lagrangian[C]. San Diego: Proceedings of the IEEE International Conference on Systems, Man and Cybernetics, 1998: 3874-3879.

[126] Li J P, Mutka M W. Real time virtual channel flow control[J]. Journal of Parallel and Distributed Computing, 1996, 32: 49-65.

[127] Gomez M, Rodellar J, Mantacon J A. Predictive control method for decentralized operartion of irrigation canals[J]. Applied Mathematical Modelling, 2002, 26(11): 1039-1056.

[128] 崔广柏, 陈星, 向龙, 等. 平原河网区水系连通改善水环境效果评估[J]. 水利学报, 2017, 48(12): 1429-1437.

[129] 黄草, 陈叶华, 李志威, 等. 洞庭湖区水系格局及连通性优化[J]. 水科学进展, 2019, 30(5): 661-672.

[130] 李原园, 黄火键, 李宗礼, 等. 河湖水系连通实践经验与发展趋势[J]. 南水北调与水利科技, 2014, 12(4): 81-85.

[131] 夏军, 高扬, 左其亭, 等. 河湖水系连通特征及其利弊[J]. 地理科学进展, 2012, 31(1): 26-31.

[132] 张建云, 刘九夫, 金君良. 关于智慧水利的认识与思考[J]. 水利水运工程学报, 2019, 12(6): 1-7.

[133] 杨明祥, 蒋云钟, 田雨, 等. 智慧水务建设需求探析[J]. 清华大学学报(自然科学版), 2014, 54(1): 133-136, 144.

[134] Shang Y Z, Guo Y X, Shang L, et al. Processing conversion and parallel control platform: A parallel approach to serial hydrodynamic simulators for complex hydrodynamic simulations[J]. Journal of hydroinformatics, 2016, 18(5): 851-866.

[135] Cao Y, Ye Y, Liang L, et al. A Modified Particle Filter-Based Data Assimilation Method for a High-Precision 2-D Hydrodynamic Model Considering Spatial-temporal Variability of Roughness: Simulation of Dam-Break Flood Inundation[J]. Water Resources Research, 2019, 55(7): 6049-6068.

[136] Zhang B, Shen W. Note on finite difference domain decomposition algorithm for the solution of heat equation[J]. Journal of Numerical Methods and Computer Application. 2002, 2: 81-90.

[137] Sen D J, Garge N K. Efficient algorithm for gradually varied flows in channel networks[J]. Journal of Irrigation and Drainage Engineering, 2002, 128(6): 351-357.

[138] IsIam A, Raghuwanshi N S, Singh R, et al. Comparison of gradually varied flow computation algorithms for open-channel network[J]. Journal of Irrigation and Drainage Engineering, 2005, 131(5): 457-465.

[139] Yen J, Lin C. Method of flow controlled by weirs in open-channel networks[J]. Journal of Kao Yuan Institute of Technology, 2001, 8(1): 1-10.

[140] 尚毅梓, 吴保生, 李铁键, 等. 闸前常水位输水渠道运行过程调控系统[J]. 清华大学学报(自然科学版), 2010, 50(12): 1915-1919.

[141] Corriga G, Fanni A, Sanna S, et al A constant volume control method for open channel operation[J]. International Journal Modeling and simulation, 1982, (2): 108-112.

[142] Ellerbeck M B. Model predicative control for an irrigation canal[D]. Netherland: Delft University, 1995.

[143] Schuurmans J, Clemmens A J, Dijkstra S, et al. Modeling of irrigation canals for controller design[J]. Journal of Irrigation and Drainage Engineering, 125(6): 338-344.

[144] 王光谦, 黄跃飞, 魏家华, 等. 南水北调中线工程总干渠糙率综合论证[J]. 南水北调与水利科技, 2006, 4(1): 8-14.

[145] Lei X H, Zheng H Z, Shang Y Z, et al. Assessing emergency regulation technology in the Middle Route of the South-to-North Water Diversion Project, China[J]. International Journal of Water Resources Development, 2018, 34(3): 405-417.

[146] Shang Y Z, Li X F, Gao X R, et al. Influence of Daily Regulation of a Reservoir on Downstream Navigation[J]. Journal of Hydrologic Engineering, 2019, 24(5): 07019001.

[147] Shang Y, Fan Q X, Shang L, et al. Modified genetic algorithm with simulated annealing applied to optimal load dispatch of the Three Gorges Hydropower Plant in China[J]. Hydrological Sciences Journal, 2019, 64(9): 1129-1139.

[148] 刘俊伟, 王建军. 葛洲坝水电站下游水位经验计算方法探索[J]. 水电自动化与大坝监测, 2011, 35(4): 77-80.

[149] 尚毅梓, 郭延祥, 李晓飞, 等. 小南海水电站日调节非恒定流对通航的影响[J]. 水利水电科技进展, 2015, 35(4): 65-69.

[150] Shang Y Z, Xu Y, Shang L, et al. A method of direct, real-time forecasting of downstream water levels via hydropower station reregulation: A case study from Gezhouba Hydropower Plant, China[J]. Journal of Hydrology, 2019, 573: 895-907.

[151] 张英贵. 电力系统中水电厂群日优化运行[M]. 武汉: 华中理工大学出版社, 1994.

[152] 徐鼎甲. 进行日调节时水电站下游水位的计算[J]. 水利水电技术, 1995(4): 2-4.

[153] KNANINA E D. A simple procedure for pruning back-propagation trained neural networks[J]. IEEE Transcations on Neural Networks, 1990, 1(2): 239-242.

[154] 刘志武, 张继顺, 杨旭. 三峡–葛洲坝梯级电站耗水率计算方法改进[C]//大型水轮发电机组技术论文集, 北京: 中国水力发电工程学会, 2008, 6: 327-332.

[155] 侯媛彬, 杜京义, 汪梅. 神经网络[M]. 西安: 西安电子科技大学出版社, 2008.

[156] 葛哲学, 孙志强. 神经网络理论与MATLAB R2007实现[M]. 北京: 电子工业出版社, 2007.

[157] 崔东文. 多重组合神经网络模型在年径流预测中的应用[J]. 水利水电科技进展, 2014, 34(2): 59-63.

[158] BENGIO Y, FRASCONI P, SIMARD P. The problem of learning long-term dependencies in recurrent networks[J]. IEEE International Conference on Neural Networks, 1993, 3(3): 1183-1188.

[159] BENGIO Y, SIMARD P, FRASCONI P. Learning long-term dependencies with gradient descent is difficult[J]. IEEE Transactions on Neural Networks, 1994, 5(2): 157-166.

[160] Saadat M, Asghari K. Reliability improved stochastic dynamic programming for reservoir operation optimization[J]. Water Resources Management, 2017, 31(6): 1795-1807.

[161] Yang J, Soh C. Structural optimization by genetic algorithms with tournament selection[J]. Journal of Computing in Civil Engineering, 1997, 11(3): 195-200.

[162] 陈科文, 张祖平, 龙军. 多源信息融合关键问题、研究进展与新动向[J]. 计算机科学, 2013, 40(8): 6-13.

[163] Shang Y Z, Lu S B, Ye Y T. China'energy-water nexus: Hydropower generation potential of joint operation of the Three Gorges and Qingjiang cascade reservoirs[J]. Energy, 2018, 142: 14-32.

[164] 鲁仕宝, 尚毅梓, 李雷. 城市供水优化调度研究[M]. 北京: 中国原子能出版社, 2016.

[165] 冶运涛, 黑鹏飞, 梁犁丽, 等. 流域水量调控非恒定流数值计算模型[J]. 应用基础与工程学报, 2012, 21(5): 865-879.

[166] 黑鹏飞, 假冬冬, 尚毅梓, 等. 计算河流动力学[M]. 北京: 海军出版社, 2016.

[167] 吴保生, 尚毅梓, 崔兴华, 等. 渠道自动化控制系统及其运行设计[J]. 水科学进展, 2008, 19(5): 746-755.

[168] Shang Y Z, Rogers P, Wang G Q. Design and evaluation of control systems for a real canal[J]. Science China Technological Sciences, 2012, 55(1): 142-154.